20世纪名流别墅

20世纪名流别墅

[英] 德扬·苏季奇
[奥] 图尔加·拜尔勒 著
汪丽君 舒平 钟声 译

中国建筑工业出版社

著作权合同登记图字：01-2001-3526 号

图书在版编目(CIP)数据

20 世纪名流别墅／（英）苏季奇等著；汪丽君等译．
—北京：中国建筑工业出版社，2002
ISBN 7-112-04996-2

Ⅰ.20… Ⅱ.①苏… ②汪… Ⅲ.住宅－建筑设计－世界 Ⅳ.TU241

中国版本图书馆 CIP 数据核字(2002)第 005704 号

Home-The Twentieth-Century House by Deyan Sudjic with Tulga Beyerle

本书经 Laurence King Publishing 出版公司授权本社在中国翻译、出版、发行中文版

责任编辑：董苏华　张惠珍

20 世纪名流别墅

［英］德扬·苏季奇 著
［奥］图尔加·拜尔勒
　　　汪丽君　舒平　钟声　译

*

中国建筑工业出版社出版、发行(北京西郊百万庄)
新 华 书 店 经 销
深圳市彩帝印刷实业有限公司印刷

*

开本：635×965 毫米　1/10　印张：24 2/5
2002 年 6 月第一版　　2002 年 6 月第一次印刷
定价：**168.00** 元
ISBN 7-112-04996-2
TU·4457(10499)

本社网址：http：//www.china-abp.com.cn
网上书店：http：//www.china-building.com.cn

目 录

右图：皮埃尔·沙雷奥(Pierre Chareau)和贝尔纳德·比若维(Bernard Bijovet)的作品细部，位于巴黎，1932年建。该作品影响了一代建筑师

Introduction

绪言

我们都着迷于住宅。当然，对于我们自己的家，那是我们日复一日、年复一年都生活的地方，它从物质上和精神上给予我们遮护和安逸。当我们生病时它是我们静养的场所，同时它也是庆祝我们生活中重大事件的场所。更为重要的是，它帮助我们明确人生中的角色。直到我们祖父母时代，它仍是我们从出生到死亡都愿意生活的地方。对于拥有一个家这个当前普遍存在的现象而言，它的存在既形成了社会安定的基础，同时从相反的角度来看，它又引发了相当大的经济危机。

住宅与我们生活中的变化息息相关——我们结婚、生子、离婚、再婚、逐渐变老——这构成了我们的生活，并为人生的旅程提供了一个现实的记忆。基于这些物质与精神上的需求，住宅通常也是人们幻想富足生活的焦点所在。别人的住宅似乎比我们自己的更令我们着迷，它们吸引着我们本能地窥探。

我们在口味和形式上都有自己的偏爱，这从我们对地毯、窗帘甚至家具的选择中获得体现。这些显著而琐碎的细节纵容了关于住宅建筑肤浅探讨的自我宣传。

家反映了我们看待自己的方式，或者更确切地说，它反映了我们希望自己看起来是什么样子，就像我们穿的衣服一样。其中不仅包含着功能上的定位，在感情上也是如此。和服装一样，住宅是由传统和违反传统的愿望共同塑造的。时髦在服装和住宅中一样适用，特别体现在技术和材料上。

此外，还有一种更加纯洁，但同样影响深远的因素在起作用。我们知道住宅的基本形态。不管背景和文化是怎样的，我们都会被童年第一次看到的洋娃娃住宅的样子所影响，而这种影响由此成为想象中的象征力量。自此以后我们都建立起了这样的“房子”观念——坡屋顶、开窗、开门等等。这些景象一直伴随着我们，虽然我们从来没有，或者将来也永远不会在这样的地方生活。这种景象必然成为住宅建筑讨论的界限。

由此，我们就被抽象中的住宅观念——不是被我的住宅或你的住宅，而是被住宅概念本身——所禁锢了。住宅就在构成现代生活的各个重大因素的焦点之上，其形式反映了我们对家庭、社会典范、爱情、金钱、记忆、阶级和性别的态度。住宅付款的方式也不只是整个经济系统的结晶。住宅之间的关系也反映了城市的基本结构。住宅界定了道路和邻里，后者形成了整个城市。其形式和位置决定了工作和生活的关系，而且在各个水平上形成了人与人之间的关系。家是为整个家族设计的吗？她能否让社交变得轻松舒适？或者标准的住宅过小，以至于没有足够的空间完成一些活动——就像当代的日本，只能将社交活动由私人住宅移至一些类似酒馆、商店之类公共的空间？

家是可以养家糊口的地方吗？这是18世纪伦敦东区的常见现象。哈诺特的纺织工就是这样建立起自己的阁楼工作间，这在亚洲的“商店住宅”中仍很普遍。居民在其中生活和工作，睡在位于街面和上部储藏间之间的空间里。

住宅告诉我们技术的影响，

①理查德·罗杰斯，《建筑》，1975年。见《福斯特、罗杰斯和斯特林，英国新建筑》，伦敦，1986年。

并提供观察人类生活其他各方面的视角，从我们保持卫生的方法到向世界证明自己重要性的方式。虽然庇护所和情感支持的基本功能仍然存在，但美学、空间和技术的因素也一直在闪现。这些变动表明了20世纪的社会历史变化，这些变化在有关住宅的仔细研究中都能得以体现。

独户住宅吸引建筑师的大量注意力已经屡见不鲜。20世纪的大量住宅都在建筑的中心舞台之上。作为灯塔，它反映了各种关于建筑的发明的本质。但是我们还是需要批判地看待历史上这一时期的私人住宅设计。除了其漫长而重要的历史，独户住宅已经被某些批评家作为层出不穷的枝节问题的象征，而不仅是几个建筑师的问题。他们发现，住宅的设计以及意识形态的无数主题一直很具吸引力。理查德·罗杰斯在这一问题上有以下论述："在无家可归、饿殍遍野的时代，私人住宅，不管多漂亮的私人住宅，都不是答案。"[①]这段话是在他和诺曼·福斯特联合组建四人小组设计克里克-维恩住宅之后不久说的。位于康沃的这一著名住宅是二人事业的开始。不管怎样，这是众多当代的建筑师开始面对社会和美学间矛盾的开始。集体主义和社会化住宅在20世纪20年代之前是定义现代主义的边界所在。在现代主义的中坚人物JJP·奥德和恩斯特·迈(Ernst May)的领导下，德国和荷兰城市的膨胀已经使现代主义住宅成为社会化住宅的象征。但是这些前卫的建筑师一直在寻找新的建筑方式。例如密斯·凡·德·罗在布尔诺于1931年设计的吐根哈特住宅中使用的设计手法在几十年后罗杰斯还在使用。捷克的批评家卡洛尔·莱格将密斯、赖特、路斯和勒·柯布西耶的设计称为"现代主义的势利眼，是本时代商业贵族的宫殿，而且是巴洛克时代宫殿的翻版。"然而就是这个密斯在斯图加特附近的魏森霍夫负责规划了一个低造价的住宅区，以至于纳粹激烈地反对，将之称为"阿拉伯城"，并将之作为颓废的体现。

在世界的多数地方，委托设计私人住宅是一种平和的炫耀财富的方式。比尔·盖茨是20世纪90年代美国股市牛市的英雄，由此出现了更大且更浮华的大厦。舒适的家被更大更好的住宅所代替成为该时代显著的设计现象。同时新出现的富豪们致力于购买独立的住宅，居住在能体现其个人价值的地方，并对各种新鲜事物感兴趣。私人住宅与其他设计委托相比设计师与业主的关系更加紧密。由此，当流行的设计师品尝爆炸年代果实的时候，他们自己也转变为业主的弄臣，或是业主的顾问、心理医生和战利品。在苏联解体之后也出现了相似的过程。在掠夺了原有经济体系之后一些人建起很招摇的别墅。这是一个基于庄严想象的设计领域，却表现为夸张的现代主义和异国情调，并伴随着粗糙工艺与弗洛伊德式的象征性不稳定混合体。个人可以对其住宅形象有很坦白的想象：如果资金充裕，南方种植园、都铎式庄园、科兹伍德式庄园、西班牙别墅和拉维利亚庄园在任何的气候和环境之下都很适合。今天在伦敦、莫斯科或休斯敦的富豪住宅几乎都是一样的：卖弄般的光滑材质，堆砌着柱廊和山花。巨大的房子无限地伸展着它们的两翼，笼罩在游泳池、健身房和大的足以容纳一队加长豪华车的车库之上。从美学的角度上看，这些住宅的设计方式与东南亚春笋式的高层建筑如出一辙，以凌乱的建筑形象和大量的电力设施创造着时髦形象的拼贴画。批评家在这些住宅上所用的评语与19世纪工艺美术运动的支持者用于当时工业暴发户的形象夸张的大厦上的用语完全一致。但是这样的形象依然通过市场在传播，就像服装店领导着街上的时尚一样。伦敦主教大街或休斯敦后橡树街上的一连串极端混乱的样本都是把华丽的发明置于由备受尊重的建筑师创造的设计语言之上。正当心高气傲、声称为大众服务的建筑精英们坚持私人住宅不可操作的时候，大家对于住宅的形象却更感兴趣，并用住宅去表达一种个人主义。

一个现代住宅的极度华丽、建筑师的品位以及社会住宅之间的鸿沟并不像某些批评家所说的那么大。社会住宅在售出之后一种个人主义会立刻从中萌发，不管是栅栏上的汽车轮胎还是墙上的面材，直至屋顶上的卫星天线。同样，经过良好设计的世界也已经渗入富有的人家里。

即便如此，20世纪前30年的故事仍然是由一系列精美的私人住宅讲述的。除此之外，在20世纪的前50年，建筑仍然能通过基于建筑师文化的价值观实现的建筑加以定义。从奥托·瓦格纳到阿道夫·路斯，从密斯·凡·德·罗到艾琳·格雷之间是没有中断的连续，但这样的成功已经遥不可及了。也许是因为我们与私人住宅建筑中的遗产范例更加接近了，或者，作为文化的一种表达方式，私人住宅会有与肖像画走同样道路的危险，成为曾经出色的艺术形式的苍白回响。也许是因为我们现在的生活方式不再像以前那样，将住宅作为兴趣所在。也许就像现代艺术一样，在任何时候都会有毕加索和迪尚的位置，剩下的仅被作为简单的重复。在过去的十年里，是否有任何住宅建筑能有如同第一次世界大战之后赫里特·里特维德(Gerrit Rietveld)在乌德勒支为施罗德建造的住宅那样有力？弗兰克·盖里和库哈斯的作品与柯布西耶的能等同对待么？但是住宅仍然在设计和建造着。它仍然是很多建筑师的兴趣所在。它是建筑师事业的开端，并作为预设的目标。它还是形式和技术经验的温床。他们是宣言的召唤。

住宅是建筑景观的复杂部分，在其中，艺术与大众文化碰出火花。回到20世纪20年代，威利·鲍梅斯特设计了一张招贴，表现了建筑品位与传统的舒适观念之间的冲突。为了给密斯·凡·德·罗在斯图加特于1927年组织的魏森霍夫住宅展做广告，鲍梅斯特将注意力引向由欧洲前卫设计师所作的室内设计，这些设计与布满沉重家具的传统室内设计并列，上面是一个泼溅着的红色问题：“我们应当如何生活？”问题的答案为没有住进玻璃房子的人带来了舒适。

住宅的设计是设计师在使命感和经济利益的驱动下完成的。有一些是流水线的产品，就像工业为消费者生产的各种东西，在世界各地以同样的面孔出现，虽然在汽车工业中还是会有一些难以察觉的差异。住户希望住宅对他们说点什么，比如向世界展示他们赚了多少钱，他们的祖先花了多长时间才挣下了这样的产业。或者，他们只是想向大家展示自己的文化和学识。他们用住宅展示他们的自信，他们的时髦，或者他们的幸福婚姻。人们建新的住宅是因为他们相信自己会过上新的生活。建筑师则是在借着新的方式来坚定这些信仰。

新房子是用来给朋友留下印象的，同时用来盛装财产。我们是在为建造而建造。建起一座房子会为我们带来建新房的机会。住宅建设带来的是自己的终结。这就意味着建造之后你就会不断搬迁。即使你是威廉·莫里斯，你也不得不放弃像红屋那样独特的设计而搬家。即使你是艾琳·格雷，你也不得不离开自己事业独一无二的重要作品，为英国艺术家格雷汉姆·苏瑟兰设计的质朴住宅。人们的迁移越来越频繁了。在20世纪末，美国人每3年就会搬一次家。英国人紧随其后。我们不停地运动。我们的运动使我们来不及积累用来界定自己的小小财产。就像我们改变其他事物一样，墙被挪来挪去，窗户被堵上又打开，空调不断地升级，范围也在加加减减。富人们用室内装饰来使自己沉浸于泛着铜绿的记忆和反映其志趣的传统之中。

住宅不仅是建筑设计的事。它也可以是装饰。它越来越多的是由进入室内作为前景的各种因素界定了。但是在这些因素之上，我们对住宅的兴趣来源于窥视者和社会人两种身份。我们不仅为自己的，也为其他人的住宅所吸引。它们向我们讲述它们主人的生活。除了表达精细的形象，它们总能坦率地反映住户的价值观，而不是建筑师所想象的样子。然而正当建筑专业继续住宅的革新的时候，建筑师却很少顾及到家的深层含义。

1900–1999:
The history of the domestic idea

1900-1999：

居住理念的历史

第一章

1900–1910:
传统的终结

1

The end of tradition 1900–1910

现代主义运动是20世纪建筑令人烦恼的青春期。这一时期的形象与传统形象一刀两断，而传统形象曾经是传统建筑历史的必要组成。现代主义运动被认为是一次果断的尝试，就像在其之前由于照相术出现而导致绘画与现实艺术果断决裂一样。

就建筑而言，现代主义被当作传统的终结。这被当成一种从容和必要的决裂，在延续的萧条中提供了一种良性的变化。现代主义不只是改变了功能内容与应用新材料，而是体现了新的形象，不仅仅是植根于旧有形式的重复和熟知形象的提炼——就像它自己所阐明的，居住建筑在20世纪早期由于其自身原因已经一成不变。

现代主义住宅是一支锐矛，被早期的现代主义用作抨击原有观念的武器——如果说讨论家庭生活应当是什么样不那么必要，那么它看上去应该是什么样还是应当注意的。白墙、无装饰的顶棚、玻璃墙体，都被作为“新”的形象。当最极端的例子也变得熟悉时，“惊世骇俗”战术在还能保持影响的情况下又不时将其推向新的极端。

但至少在最初，现代住宅外形的急速变化只是西欧和美国等少数富足国家的现象，而在这些国家中有信心以其富足修建住宅以突破传统桎梏的则少之又少，对于19世纪早期的大多数人来说，住进私人住宅遥不可及，就像期望使用室内卫生间或浴室一样。对多数人来说就是租房子。在伦敦，评论家狄更斯对住宅作了如此评论——就是城市的地下墓穴。全家居于其中，除了斜阳余晖什么也没有，周围还有一大群状况相似的邻居。在柏林，芝加哥和格拉斯哥，状况有所不同。在这些城市中六到七层的出租街坊形成了城市的基本肌理，这是与古罗马完全不同的居住形式。

对于工作稍好的人和中产阶级来说可以居住在一些带露台的住宅——根据家具的预算在规模和质量上有仔细的分级。这只是潜在市场的一部分——约翰·纳什(John Nash)的董事公园或爱丁堡(Edinburgh)新区——集合在一起形成了宫殿似的规模。

除了充满暴力的用词，现代主义与历史的决裂并未立刻爆发。实际上第一个表示异议、鼓吹革命的声音更多的是向后看，而不是向前。威廉·莫里斯就是一个富于影响力的吹鼓手，所做的一切对工业文明有极大的偏见。正如莫里斯所见，机器创造的文明是低级的，最好的方法就是毁掉它，代之以中世纪的神话版本。

莫里斯的世纪新秩序聚焦于住宅，而且主要在于装饰。凭借他在制作墙纸细部方面的天赋他几乎获得了成功。红屋，由菲利普·韦布(Philip Webb)在伦敦郊区为年轻的莫里斯设计，以其在庄园上的即兴表演为莫里斯的朴实变化可能使工业社会呈现的景象提供了线索。很久以后，在《空穴来风(1890年)》(News from Nowhere)当中，一个更老、更激进的莫里斯为这个后工业的乌托邦中的生活以及如何获得这样的生活进行了文学化的阐述，城市，以及形成城市的地区，都会消亡，而代之以无政府主义、分散和自给自足。红屋是这个时期此种环境下房屋形象的倒退，它结合有关居住建筑可能性

威廉·莫里斯委托菲利普·韦布于1859年设计了新中世纪风格的红屋(上图)，呈现了工艺美术运动更灵活的艺术形式，正如为特许经济分析员沃尔塞于1898年在英格兰西北坎布里亚(Cumbria)建造的布劳德雷斯住宅所示范的那样（下图）

①见菲奥娜·迈卡西的传记《威廉·莫里斯》，伦敦，1995年。

的观点表达了一种观念，具备足够的世俗性，足以成为享乐主义渴望的梦想—这两方面从各个意义上说都是不矛盾的。一座看起来像是根植于周边景观的房子，而这房子能唤起黄金时代的回忆。这样的房子为暴发户们勾画了自己的图像：温和的红砖立面，如画的角楼屋顶以及简化和相对严肃的室内可能显示了与原有中产阶级实质的背离，但也马上联系到了安逸和舒适，就像莫里斯风格化的花墙纸赢得了英国的中产阶级一样，他们代表着已存在的价值还将持续，即使在崩塌式的社会变革中也是一样。这样的景象很快出现在大量性住宅当中。早期用以提高工人阶级居住水平的尝试是基于工艺美术运动的，为中产阶级提供设计的和那些对社会变革足够关心并为穷人设计房子的其实是同一批人。

理想中的独立住宅形象是工业化社会的一种反动。这是一首家庭抒情诗，是全家救赎的承诺，反过来，20世纪20年代机器时代个人居住理想以其对未来的梦再次进行了反动。从盎格鲁·撒克逊人的祖先时起，这种家庭生活的建筑语汇快速地播撒到整个欧洲。有一部分则归于在世纪之交居于驻伦敦大使馆的德国建筑师海尔曼·穆特修斯(Hermann Muthesius)宣传有功。他富于影响力的书，1904年的《英国住宅》重现了这一时期很多英国的先锋作品，全部内容富于吸引力。的确，穆特修斯收录的不仅是建筑语汇，同时还有设计的哲学方法，而后者与阿道夫·路斯相似，将1900年前后的英国作为现代主义的焦点。穆特修斯抱怨英国的厨房不够好用，因为“中产阶级的主妇从不使用它们”，而不像德国的主妇常常“挂怀其间而将之布置的通体可爱”。

如果工艺美术运动在20世纪初的住宅与19世纪末的古典别墅之间的关系就如同便装之与夜礼服，那么文化的发展在此后的十年走得要远得多。此时的房屋设计反映了设计师与业主的紧张关系——种冲突，一种威廉·莫里斯以热情去迎接的冲突，伴随着他著名的“天堂”与逃离“有闲有钱生活奢侈的帮凶”[①]之辨。值得注意的是此时多数具备文化品位的独立住宅或是建筑师的自用住宅，或是某些非常人物的设计——如艺术收藏家斯特恩(Stein)，此人不仅欣赏毕加索，而且委托勒·柯布西耶在巴黎外围为其设计住宅。

近年，“与传统决裂绝不是终点”已经成为正统思想。在20世纪70年代，新一代批评家发现勒·柯布西耶的房子不只是居住的机器，而且还蕴含着帕拉第奥别墅的立面元素。其他人还在路德维希·密斯·凡·德·罗的极少主义美学中找到了类似加泰罗尼亚农庄的拱结构。

与世纪初的革命不同，我们本着延续观点重新评价这一时期。根据这一观点，现代主义根本不是反叛，而是在保护建筑基本品质的利益。现代主义也不再与20世纪相连，其实早在启蒙时期就开始了。对这一观点，有关功能主义，材料真实和简化早在20世纪20年代之前的很长一段时间就开始系统陈述了。

今天没有人会拒绝如下观点，即认为20世纪上半叶的美学流派为今天的建筑表达拓展了更宽泛的领域，远不仅是简化。我们现在的观点更全面。一派的领袖不再那么热心地与其他派别争斗。埃德温·勒琴斯和阿尔瓦·阿尔托、勒·柯布西耶及奥托·瓦格纳分享着世界舞台，虽然他们之间没有什么共同语言。但是某种意义上说，他们都在从历史中寻找建筑语言，虽然经过他们自己的改造后获得了不同的结果。他们都能通过独立式住宅精练地表达自己的想法，这一过程可以在奥托·瓦格纳这样个别的建筑师复杂的经历中得以体现。这些建筑师身上有各种创作的脉搏，如传统上的折衷主义或现代主义。个人在他们眼中是变化的，他们的作品随时间变化也呈现了不同的方式。应当注意这种显著的现象，即革命时代的住宅变成了博物馆或建筑遗产的神圣碎片，被当成神迹保护起来，然而却背离了先前的意愿成为悖论。很多建筑师是何时发现与传统决裂的方式的仍在争论之中，勒·柯布西耶和密斯·凡·德·罗都是以传统语汇开始自己事业的。在拉·肖·德·方斯(La Chaux de Fonds)，柯布西耶的出生地，他的早期作品植根于以特殊的场所创造地方建筑的斗争当中，而且是基于发明一种装饰系统来获得。密斯早期作品与其成熟作品的差距也不小，他开始时俨然是古典主义者，在贝伦斯工作室开始建筑师生涯。他基于技术的建筑特色坦然地与历史主义共存，寻求民族特征而并不排斥植根纯空间诗意的建筑。所有这些都是体现于独立住宅的概念，同时，即使现代主义运动的序曲，很显然其中也不是一成不变，而是充满异议、挫折和冲突。当阿道夫·路斯将装饰作为罪恶时，他抨击的不是粗俗的19世纪折衷主义，而是与他同时代的维也纳作品。

除了思想潮流的波动，显然19世纪的建筑确实被一种武断和激进的东西所代替。问题在于这种东西到底是什么。就部分而言，回答在于技术革命的崩塌般变化。威廉·莫里斯去世得太早，没有看到电力进入家庭生活，无须被迫以相应美学加以回应，但他对中世纪的狂热并不影响他在自己家中安装抽水马桶系统。

维克多·霍塔(Victor Horta)、查尔斯·雷尼·麦金托什(Charks Rennie Mackintosh)和F·L·赖特在20年间相继建成他们的第一个成熟作品，是由斯旺(Swan)和爱迪生委托的首家商用电站，分别位于伦敦和纽约。他们都用电力照明各自的住宅，而此时电力照明还很稀少，但他们都热衷现代。

对他们自己来说，这些作为现代主义的一部分是容易理解的，正如一些理想主义的现代主义运动干将曾经认为的那样。这样的技术革命在新建筑中是决定力量，即使在简单的实用基础上对房屋设计的过程也有激进的影响。比如电力照明就对改善室内环境有着积极影响。经过几个世纪，灯具设计已变为针对光源——曾经是蜡烛和油，后来是煤气吊灯，以多面的灯罩产生奇特的品质，由光源在室内产生效果。电力改变了一切，它对建筑师的挑战有立竿见影的效果。设计师、工程师都在考虑新灯具的形式：是将新灯具改装成蜡烛的样子，就像内燃机车之于马车的形式那样吗？光源第一次不再燃烧，使白色光成为住宅内部的颜色。但实际结果走得还要远。起居室内容的设计——家具、杯子和餐具——相互配合，使烛光适于在其表面反

埃德温·勒琴斯的住宅作品在缺乏同情心的批评家眼中是作为一段历史死亡的标志，然而类似位于德文郡的德罗戈堡等1910-1930年间的住宅(上图)和色雷(Surrey)郡的蒂格博内法庭(建于1899年，下图)等设计在创造性上不亚于麦金托什的作品

射，并使光点在其表面跃动。

电光源永远改变了这种关系。随着发电站在发达国家形成网络，电力迅速扩散。但直至1902年，仅有8%的美国家庭能获得电力供应。当时疾病是由细菌引起的也只是一个时间很短的发现，电力对房屋的内外安排产生影响也是可以理解的。

作为建筑材料，铁到此时已经有100年历史了，钢只有20年而铝则仅有10年。它们在住宅中也开始应用，范围超越了温室大棚，虽然其潜力已表明实体墙和传统的胶片式空间安排——一连串洞窟式的空间——已经不再必要。供暖系统的工作方式也得以更新：蒸汽或热水供热使房间的更大面积变得可用，人们不必都挤在火炉前，就像电灯扩展了住宅在入夜后可见的范围一样。

对建筑师来说忽视寻找合适的方式以表达这些发展传达的变化所带来的压力是不可能的。的确，19世纪建筑思想批评的目标在于再现。同时，文化民族主义也在为自己辩护。一个膨胀中的中产阶级，富裕的足以用得起佣人的中产阶级已经出现，他们欣赏这种源源不断的消费品。渐渐地，房屋及其内部的力量平衡不可逆转地倒向了后者。随着工业生产的增长，值得注意的是家具、灯具、餐具和日用品供求都开始销售成品，而不是定做或由特别的工艺匠人制造，其价值在房屋建造和装修预算中的比例也越来越高。建筑师，大部分都没有意识到发生了什么，都开始转入工业设计，但这个过程并未立即发生。20世纪初的住宅生活与19世纪末的也没有太大变化，新的住宅都是为成功商人建造，这些人乘火车或电车上下班，他们的太太们也从不工作，所有的家务都由佣人完成。

虽然这一切都在延续，20世纪初建筑语言的争吵还是变得越来越具备煽动性。维克多·霍塔在这一点上还不是对建筑新秩序提出最强烈要求的人，实际上恰恰相反。他是比利时腹地新艺术运动的成功人物之一，而现在新艺术运动是一个富于吸引力——不只是对抗——的运动。与反对偶像的严肃或F·T·马里内蒂(Marinetti)这样准备庆祝大众诗人，火车站甚至战争的未来主义

②见F·L·赖特，《在建筑中》1908年《建筑实录》首发，在C·R·阿什比(Ashbee)的《Wasmuth》第2卷，赖特的介绍中重版。

③《装饰与罪恶》1908年作为新闻在报纸首次发表，收录于路斯于1931年出版的文集，英译本为L·芒兹(Munz)和G·康斯特勒的《阿道夫·路斯——现代主义的先锋》1966年版。

者说，霍塔的作品本身是温柔的。他尝试以新材料创造自然产生的形式。然而即使如此禀性的建筑师也不忘使用革命式词汇。霍塔的事业是在阿方斯·巴拉的影响下(Alphonse Balat)开始的，后者在19世纪末的新布鲁塞尔建成了很多标志性建筑。霍塔尽可能以清楚的建筑语言表达他与他寻求的与过去相决裂的本质。他写到了他的老师伯拉特的"美学停滞"：

"他的作品是某种类型的杰作，然而他从不敢抛弃传统形式，只有在他使用铁，一种希腊从未使用过的材料的时候，他的意识才开始作用。看到这种飞翔的智慧被形式的记忆束缚，我感到一种反叛在扰动着我，并决定尝试其他的形式——根据我的想象忠实地赋予对象以形式。"

当然，霍塔——和与他同时代的人一样——因为原创而迷恋于原创。在他为中产阶级客户设计的大厦中，和他为自己在布鲁塞尔设计的住宅一样，他使用了与居住格格不入的材料，可以被视为从容不迫的刺激。看起来他好像在证明什么，实际上也确实如此，他在室内使用的材料——清水砖和铸铁——所表达建筑的基本形式(装饰与檐板、印花墙和多彩玻璃的冲突)注定属于那个时代。霍塔在巨石和细曲的金属间获得了张力。即使是被做成花瓣状的电力照明装置也非常坦率。

霍塔拒绝以传统适宜的形式设计立面，玻璃和钢的应用像是在炫耀结构逻辑，然而显然是基于某些构成传统，但是越看越觉得反叛。但在他特别的立面和复杂的平面之后，霍塔的作品与和他同时代的革命偶像相比反映的是社会关系的深厚传统。

在20世纪初，从维也纳到芝加哥，大量的建筑师都在寻找新的表达方式，很明显，这些建筑师都不得不寻找方式以应付他们的表演带来的副产品，包括建筑类型和材料。鉴于约翰·拉什金(John Ruskin)认为裸露的铁件与建筑是不相容的概念，相关的批评理论也急需发展。欧仁-埃马纽埃尔·维奥莱-勒迪克公爵(Eugène-Emanuel Viollet-le-Duc)于1860-1870年间所著论文《建筑的维护》(Entretiens sur l'architecture)是在建筑设计中使用铁和玻璃的良好指导。

在美国，F·L·赖特在路易斯·沙利文(Louis Sullivan)的工作室中崭露头角。他在芝加哥的建设高潮中开始了自己的早期事业，并决定创造自己的建筑。他写道，"旧有的结构形式在表达新建筑时已经腐朽，他们已经死去很久了。而新的情况，钢筋，混凝土，特别是陶瓦在预言更加可塑的艺术，其外表与结构的关系就如同我们的肉与骨。"②

即使在他的早期作品中，赖特也显示出了一种流动空间的特性，同时他也吸引了一些希望把房子盖得与众不同的客户。在他的早期作品中有一种异域的，特别是日本的风情。这件作品就是赖特为"芝加哥哥伦比亚评论"设计的日本庙宇的仿制品。鉴于芝加哥爆炸式的发展，新近富裕的业主都希望为自己建造住宅。赖特比欧洲的同行更能保证工作范围是一点也不奇怪的，虽然赖特也喜欢像欧洲先锋派一样把他的设计强加给业主。他在为业主设计住宅的每一细节时都非常专断。赖特因为在布法罗市的拉金(Larkin)大厦中没有设计他的专用电话而暴怒，也不愿让业主在未经他指导的情况下重新布置任何房间。

但是很快其他建筑师也认为新的生活方式需要新的建筑表达。阿道夫·路斯就很明确建筑不是实用主义、功能的甚至形象的内容。在路斯看来，建筑师有责任以智慧和道德进行设计。他说：

"我们在一天的工作后去听贝多芬或三重奏，我的鞋匠就不会这样做。我无法改变他的兴趣，因为我没有能取代其兴趣的东西。但不管是谁，听过第九交响曲之后再坐下来设计墙纸，不是流氓也是堕落。"③

路斯的这种强烈反对不是针对19世纪的折衷主义，而是当时建筑的表里不一。他把纯净作为现代主义运动对工业世界的惟一合理回应。对于路斯来说，住宅是道德与价值观的反映，为现代主义而斗争的建筑师们除了演说外做不了什么。

很多雇用这一代建筑师的人，除了有时是基于其财富，都认同他的观点。路斯的私人住宅是他最著名的作品。他对维也纳

新精神重新定义了日常用品，比如餐具，形如1880年克里斯托弗·德莱塞尔(Christopher Dresser)的咖啡具(上图)。新精神同时带来了全新的产品类型，如1905年的斯特罗格电话(下图)

的社会住宅有大量投入，而他明显借助了华丽的材料。然而1900-1910年间，居住建筑的各种思想一直在变化——甚至对于倾向于怀疑的人，其概念也在由此及彼地变化。这是一个百业待兴的建筑时刻。机器时代的理念还有待于转变为建筑形式，而日常用品，从龙头到电力系统，都还要确定形式。这也是维也纳的生产者开始使生产符合当时美学要求产品的时刻。当时已经可以用约瑟夫·霍夫曼(Josef Hoffman)在维也纳罗布梅耶(Lobmeyer)出售的玻璃器皿的优秀设计代替死板的机械装饰和粗俗的折衷主义了。在奥地利已经由米夏埃尔·托内(Micheal Thonet)创立了现代家具业，此人以其遍布奥匈帝国的工厂网络代替了传统的手工作坊，以蒸汽成型标准化构件制造弯木桌椅。托内在1855年制造了14号弯木椅子。直到那时，家具还是手工、基于小批量特别顾客的订购生产。托内的生产过程使家具不再是传家宝，通过简化技术和蒸汽成型技术的投资，成千上万的椅子被生产出来。托内就是家具业中的亨利·福特。

彼德·贝伦斯——为德国通用电器公司(AEG)创造了形象，并创造了新产品类型的建筑师——是第一个具备现代感的工业设计师。AEG是托马斯·爱迪生在德国的首家注册公司，不只供电，在什么都志在供电的同时还出售日常用品以提高电力品质，在其产品中还从容地加入了美学的成分。

贝伦斯在法兰克福附近的达姆施塔特艺术家侨民区生活过4年，在那里他由画家变为建筑师和设计师。他在达姆施塔特为自己建造了一所宅子，同时将建筑语言推向一个极限，在划分传统和变革时站对了位置。

在另一方面，埃德温·勒琴斯(Edwin Lutyens)不幸地被当作划时代的结束，而不是先锋。勒琴斯的住宅在20世纪50年代被无情的批评家认为是为没落的贵族政治而建，因此被第一次世界大战战火扫地出门。然而就客观标准而言，这个建筑是出自行家之手，当然他的业主不比麦金托什的更加反动，勒琴斯为一名成功的杂货商在德罗戈堡(Castle Drogo)所作的设计与麦金托什为出版商设计的华丽的西尔住宅在想象上能有什么不同呢？而勒琴斯的住宅却是在为大众住宅作榜样。装饰在城市中迅速蔓延与勒琴斯住宅的关系就相当于成衣和服装设计集成的关系，也许制作不那么精良，粗糙，且在设计与材料上不够老练，但是可以看出其根源是一致的。

建筑发展的评论文章曾一度陷入历史术语，这样的评论失去了作为建筑发展轨迹的独立式住宅的延续性。焦点被集中到墙上如何开窗，而不是房屋如何反映家庭生活。现在更大的兴趣在于检验这些设计的其他含义：为男女关系方面提供的洞察力，以及技术和机动性快速重新定义家庭生活含义的方式。

文化总是居住建筑发展的力量，霍塔在他和其他建筑师为比利时观念下定义的时候突现，就像安东尼·高迪(Antoni Gaudi)的设计体现了加泰罗尼亚的复兴，而麦金托什是要形成现代苏格兰的品质。但是独立住宅当然不只是狭隘建筑理念的体现，他们是个性的物质体现。

1900–1910

霍塔住宅

Horta house

维克多·霍塔决心创立一种基于铁的质感的美学而不是将其隐于抹面之下，他的起点是对弯弯曲曲的装饰的兴趣。

霍塔的立面打破了布鲁塞尔传统的街道图案，但这是在内部，以其对铁与玻璃的广泛应用，将其才智发挥到了极限

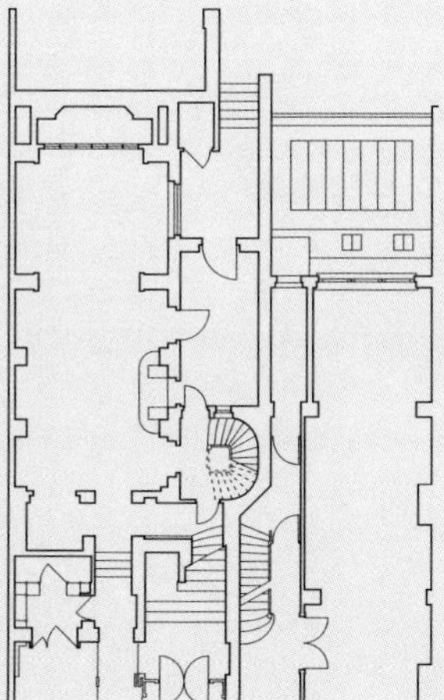

楼层平面

在此意义上，自20世纪的第一年起，如果没有无休止的美学变革，住宅体现的仍是19世纪的传统社会关系。在这种住宅中家长和孩子还是隔离的，比“楼上”的条件差的“楼下”是为佣人食宿准备的，在此文脉之下应当明白厨房和洗衣室是为佣人，而不是主人准备的。通常厨房除了烹饪还要备餐，它能够为全家烤面包、酿酒和制造黄油奶酪。将这些与20世纪末的厨房相比，后者已经不仅是“楼上”的一部分，而且是最富裕的家庭的住宅中心。灰姑娘不再是牧羊女，而变成了厨娘。20世纪初的好主妇必须了解烹饪和保鲜。以上的描述足够冗长了。中产阶级的女人如果想融入城市生活必须学会像塔什干人一样烤面包。她们还希望装配由市场和零售店买来的各种东西，而不是厨房花园。同时室内的卫生要求也发生了变化：干净、卫生，按时洗澡和水冲卫生间变得普遍，相关的设备也由可有可无变成了必要的部分。

建筑业自身也刚刚习惯于成立专业组织和信任科班出身的建筑师，同时工程师——也开始建立自己的专业组织——开始成为商业的竞争力量。当建筑师迎来“功能主义”时，谁也不会比工程师更加注重功能，因此留给建筑师的又是什么呢？同时房屋变成了商品，不再是订做，而越来越多的房屋也成为成品出售。对于如此的商业运作，房屋的风格越来越显著，房屋的外观开始以明确的社会语言加以表达。的确，这是建设者必要的市场战略。有些细节还被当作舒适、稳固和延续的特征。

事实上房屋建造的地点决定于业主的财力及其偏好，当然也决定于房屋兴建的时代文脉。事实上直至19世纪建起乡间铁路，开始使用月票，城市的规模仍被步行距离所限，结果就是高密度的建设，独立住宅非常稀少。可以负担得起独立住宅的业主选择把房子建在乡下，可以骑马回家，有时是坐车，偶尔还可坐船。对于其他人而言，直至19世纪中叶城市的形式还以高密度为主。马车、自来水、下水道和电力重新定义了城市的家庭生活，在很短的时间里它能使更多的人进入独立住宅。这个梦想无限地重复，创造着乡村，为城里的精英发出了警告。勒·柯布西耶的高密度是对此的一种回应，花园城市运动则是另一种。

在1874年后马车被电车取代，1807年进入伦敦的煤气路灯也在两代人的时间里让位给电气照明。世纪之交，独户住宅已经分属两个世界，业主已确立的社会等级需要某种家庭的东西——主仆关系、孩子与成人的关系、主客关系、夫妇关系——在空间上都有所反映，此外19世纪爆炸发展的城市为家庭提供了不同的文脉。

当查尔斯·雷尼·麦金托什于1902在格拉斯哥外的海伦斯堡建造西尔住宅(Hill House)的时候，霍乱——与现代住宅及其他变革密切相关的疾病——刚刚被控制。在建筑设计中卫生学的内容成为持续的力量，疾病会侵扰到富人一点也不令人吃惊。在一代人之前，麦金托什的格拉斯哥业主，亚历山大·托马森(Alexander Thomson)在疾病中失去了七个孩子。

麦金托什是格拉斯哥的产物，这是一个在工业增长的潮头怒吼，跨越了一百年而势头不减的城市，一个具有文化发展潜力但不为传统的财富与权力所羁绊的精英城市，城市中经验丰富的社会学家、艺术家工作室和讨论团体形成了网络，麦金托什为出版商设计的住宅怎么可能不反映这种特殊的环境？西尔住宅是一种生活梦想的实现，是以苏格兰为根，但仍渴望将其城市与广纳天下的国际文化相连的精英的态度。

西尔住宅俯视克莱德(Clyde)湾，乘火车距格拉斯哥中心不远，有一个船坞将城市的繁荣阻隔在视线之外。住宅以它圆形覆瓦的角楼和白色粗糙的墙面使人重拾苏格兰旧时的回忆。但麦金托什在这情景中注入很强的个人情感。西尔住宅的立面是图像化的，由无数平面结合而成，被比例精到的格构所截，一层层地描画。麦金托什的业主是一个成功出版商的第二代，这所房子对他来说也是工作的地方。住宅的图书馆是工作室，就像布莱奇(Blakie)在城里的办公室一样。娱乐室是分享公司成功和价值的地方，实际上是布莱奇的艺

彼德·贝伦斯以其自用住宅创造了自己的招牌，该住宅于1901年建于达姆施塔特（上图）。后来在德国电气公司的工作使他成为第一个现代工业设计师，包括1909年的电热壶（下图）

术指导要求麦金托什完成的第一项内容工作。

对于布莱奇一家及其七个仆人来说，麦金托什为之创造了一个白墙与阳光的世界，在煤烟漫天的时代，在漫天煤烟的格拉斯哥，这是另一个世界的开始。这个世界充斥着房屋的每个角落，从公共空间品质和相互关系，直至各装饰的细部，主卧室的床、茶杯架、灯具，都是单个的设计。这是一个有前有后的设计，实际上仆人大厅是不存在的，但是有盥洗室，有炭房，有鞋房，还有厨房、操作间、贮藏室、餐具室及酒库 底层是图书馆、画室、餐厅、早餐室和大厅。744m²(8000平方英尺)的西尔住宅已经足以容纳6个当代家庭，除去其白色和紫色的室内环境，其内部遍布明火。这是一个对保养有较高要求的挑战，也就是说设备充足。白色的墙面可以看作是业主影响的反映，他们不可能自己去打扫各个表面以使之处于原始状态。这是个值得注意的方案，各个空间都有固定的用途，并按这一标准进行调整。在住宅的二层上安排得更像是一个旅馆，而不是20世纪的早期住宅。一个完全由窗户围合的屋子用以盛放床单，主卧室自带更衣室（卫生间和浴室不直接向其开敞，虽然方案是将其作为主卧室的附件）。

住宅被一分为二，由布莱奇家族使用的一个主要楼梯分隔组织。后部的楼梯间将女佣室与服务空间的一个翼端相连。这种住宅对社会机理的反映是形成19世纪末20世纪初居住建筑发展方向的起点，这种住宅就是通常所说的独立式住宅。实质上这种住宅是为一户设计，并尽量减少不同状况下的人的摩擦，这些人同处一个屋檐下，只在特定的点上互相联系。

在世纪的早些时候，当代建筑面临的技术问题都已出现，但结果距离那些将其方式在我们的潜意识中打了烙印的现代主义标志建筑还相当远，作为居住机器的住宅此时还未上路。

格拉斯哥城外的西尔住宅是查尔斯·雷尼·麦金托什最伟大的住宅作品。以其锥形的楼梯间，色调和斜屋顶唤起了苏格兰历史住宅的回忆，但其几何化的立面是全新的。鉴于格拉斯哥烟尘滚滚的环境，西尔住宅主卧室（右上图）的白墙预示着全新的生活

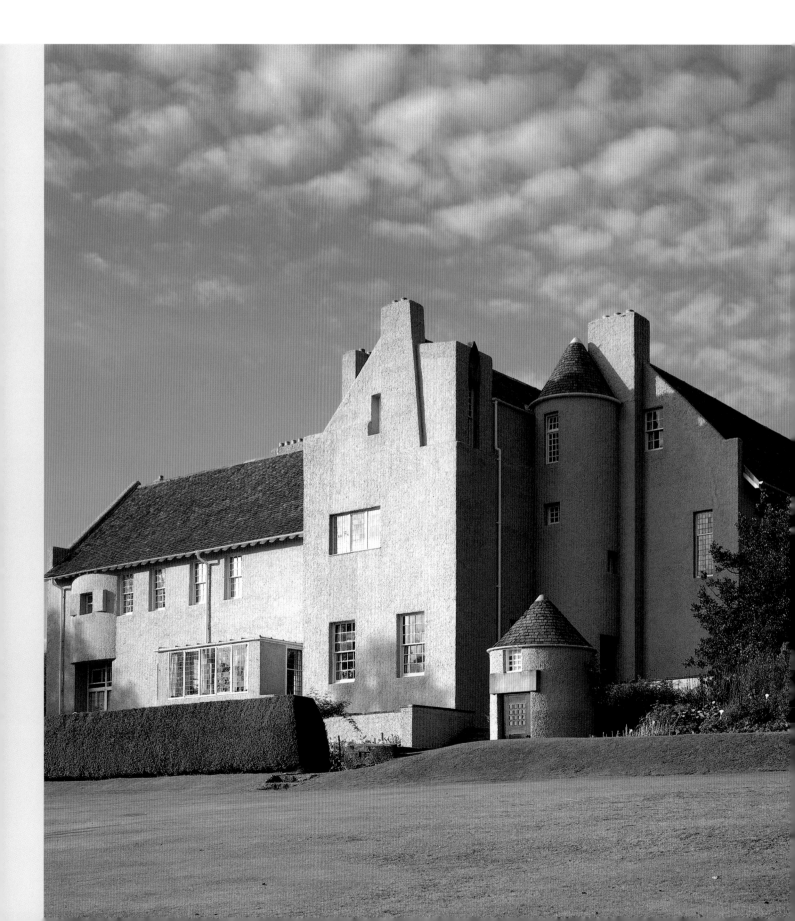

西尔住宅

Hill House

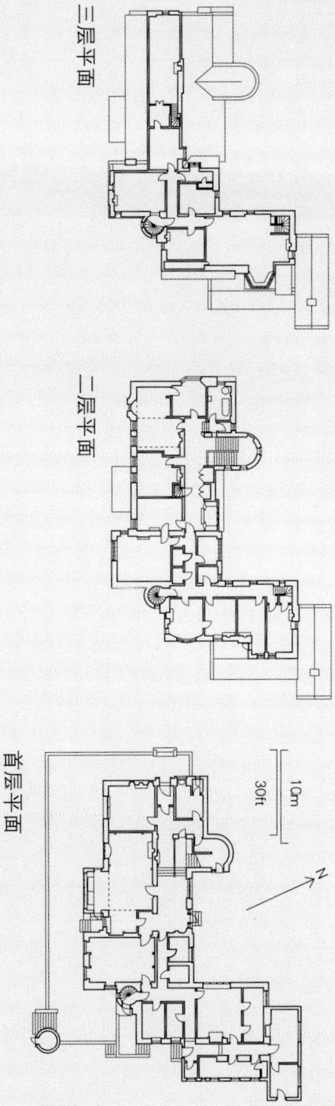

2

The birth of the modern movement 1910–1920

第二章

1910–1920: 现代主义运动的诞生

如果说现代主义运动有其被精确提出的起源，那么不能与此混淆的是，建筑学上的现代主义运动在第一次世界大战的时候才开始有所阐明。在绘画的发展史上，诸如纯粹主义——勒·柯布西耶对立体主义的回应，以及许多不同领域的文化变革都对它的形成有所影响。它的根源不仅仅是在巴黎(勒·柯布西耶的定居之所)、魏玛(那里，沃尔特·格罗皮乌斯创立了包豪斯建筑学院)和维也纳(现代建筑的诞生之地): 它的持久的力量来自它利用了这些中心以外的众多资源。

查尔斯·雷尼·麦金托什——正如一些评论家所暗示的那样——并不只是一个纯粹的建筑家，而且至少在部分上，是世纪初维也纳激增创造力的灵感源泉。当格拉斯哥市在工业和美学上都处于领先地位的时候，他建造于这座城市的作品引起了全世界的瞩目。海尔曼·穆特修斯（Muthesius,Hermann）出版了他为《格拉斯哥先驱报》所做的设计，帮助他在德语国家传播他的英名。麦金托什曾在为艺术爱好者所设计的理念住宅竞赛上获胜。这个理念住宅在90年以后才得以建造。但即使以图纸的形式存在，它同样是传播其作品的一个重要因素。

麦金托什对约瑟夫·霍夫曼和维也纳的分离主义者们有明显的影响——实际上在1903年霍夫曼就已经对格拉斯哥顶礼膜拜。他们促进了他对棋盘格样式的偏爱。他们和他都认为建筑艺术应和装饰艺术相结合。麦金托什的个性和性格缩短了自身的职业生涯。在他和他的建筑合伙人的职业关系搞砸以后，他就从建筑师转变成为一名非凡的水彩画家。当他从建筑师的生涯中逐渐消失的时候，他的作品显然与其早期设计中的艺术与工艺品根源在发生着某种转变，而他从与现代主义交织的苏格兰地方建筑中得到启示的即兴创作主题则渐渐充盈于其晚期作品。他在位于北安普敦郡的巴塞特·勒夫克(Basset Lowke)一家的住宅改建工程中的设计，表明他已选择了装饰艺术的流行主题，而不是勒·柯布西耶的纯粹主义。结果麦金托什成为一名不纯粹的现代主义者。有趣的是，巴塞特·勒夫克转而委托彼德·贝伦斯设计，而后者即非纯粹主义者，也非现代主义者。

在20世纪稍早一段时间的巴塞罗那，未必像麦金托什那样地吸引了海外追随者的安东尼·高迪则成为类似的独具特质的流露创造性的焦点。高迪是一名天才的发明家。他探索材料和美学的根本应用，而其对材料和美学的应用同时又是根植于非常特定的文化环境中的。恰好在世纪之前，距朗布拉斯仅一步之遥的巴塞罗那的建筑最密集区域中心的一座大厦(Palau Güell)，为他提供了展示才能的机会。高迪同时参考了巴洛克风格、摩尔人风格和加泰罗尼亚人风格，这座房屋空间复杂，基于对新的技巧和表达形式的不断探求，这些都成为高迪以后为他的客户所做的项目的一些特征，其中包括居尔(Güell)，例如居尔公园(Parc Güell)项目及其他项目，诸如米拉公寓。麦金托什和高迪都在某种程度上雄心勃勃地想要使现代化的小国迅速地增强一种国家身份的感觉。而这两个小国都和较大的国家有着组合联系: 大不列颠和苏格兰，西班牙和加泰罗尼亚。但是在20世纪初，建筑创新的最强有力中心是在维也纳。根据对时代精神持最不严肃的观点的建筑史的记载，这里有一种颓废、疲惫的力量，是一个迅速突然消亡的帝国的都城。罗伯

弗兰克·劳埃德·赖特在芝加哥设计的罗宾住宅(1908–1909年)重新定义了家庭室内的空间构成形式

特·穆西尔(Robert Musil)曾在他的未完成的伟大著作:《一个没有品格的人》中对它做过生动的描述。它反映了那个时代最具影响力的一些维也纳评论家的观点。阿道夫·路斯自己将维也纳看成一个狭隘的或原始的时代错误,它被放逐于文明的欧洲的最远端,甚至不能为它的士兵配备令人满意的靴子。许多著名的奥地利建筑师在一战到来之前开始离开这个国家:路斯在美国停留三年之后移居到了巴黎。鲁道夫·席恩德勒、理查德·诺特拉和另外一些建筑师移民到了加利福尼亚。他们找到了这个能使路易斯·沙利文和随后的弗兰克·劳埃德·赖特获得名声的美国。弗兰克·劳埃德·赖特这位伟大的20世纪的独行者和公众人物总是热切地在超越狭隘建筑文化界限的更广阔世界里寻找观众。通过《女士之家》杂志的版面,他推销他的现代住宅可能如何的观点,并且,至少在理论上使其适应了更广泛的中产阶级的预算范围。他也在芝加哥及附近付诸实施了一系列值得注意的住宅,从达纳住宅到罗宾住宅,都是根植于沙利文的观点及美国文化的特定观点,但这迅速吸引了欧洲一批建筑师的注意力,尤其是在1910年和1911年之后,当德国出版商恩斯特·瓦斯穆特(Ernst Wasmuth)出版了两卷赖特的作品的时候。尽管赖特准备充分表述其对空间的新理解并且将自己理所当然地描述成现代建筑的惟一的指导力量,但其作品的根源是原教旨主义,即一个房屋应该怎样的基本观点:基本上是关于兼有壁炉、土地和自然的地方浪漫观点。尽管当时欧洲的现代主义者已经解决了对于明火的原始依靠,更愿以采用电或煤气作为一种现代的、可见的、有效的采暖方式,但正是这种原始主义的特质促使赖特用壁炉作为他的家庭中心焦点,这是一种对于最初人类居住地有火的地方关于温暖、保护及欢乐的源泉的阐释。

无论如何,在一段很短但斗争激烈的时代,维也纳成为现代建筑的诞生之地,当时已经出现了弗洛伊德的精神分析说,并把艺术和音乐推向常人所接受的边缘。奥托·瓦格纳已经为这个城市建造了一条地下铁路系统,尽管在年代上落后于伦敦甚至布达佩斯,在建筑上却远比其对手有名。维也纳在那些同等的欧洲城市进行现代化之后很久才拆除它的城墙以建立环行大道。19世纪的最后十年和20世纪的最初十年在瓦格纳的领导下,这个城市拥有难以匹敌的众多建筑天才,以及乐意经营的贸易精英,在这里我们先不论那些关于他们奋斗历程的痛苦争论。

在这群人中,第二代的阿道夫·路斯和约瑟夫·霍夫曼,他二人没有交情,但在首次定义现代主义的时候,他们吸引了大多数批评家的注意力。然而在1900年以后,

1910–1920

米拉公寓

安东尼·高迪在巴塞罗那建造的房屋和公寓。建于1906年到1910年的米拉公寓通过其强有力的、有创造力的外形，突破了传统的新艺术（Art Nouveau）表现。高迪对于新材料的天才般应用可以和他的雕塑艺术的创造力相媲美。例如，高迪在米拉公寓的装饰屋顶，采用了陶瓷片

Casa Milà

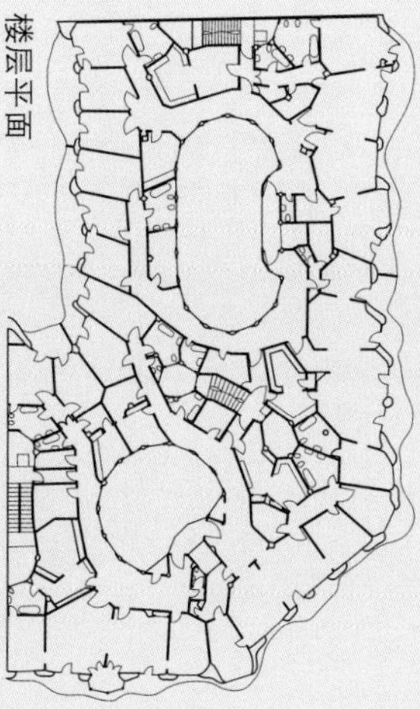

楼层平面

Palais Stoclet

斯托克莱特宫

于1905年到1910年之间完成，斯托克莱特宫是现代奢华的一种新表现，通过约瑟夫·霍夫曼在建筑物里面和外面所使用的大理石表现出来，这些大理石有金属框镶嵌，使人感到这栋建筑是一件放大了的装饰艺术作品

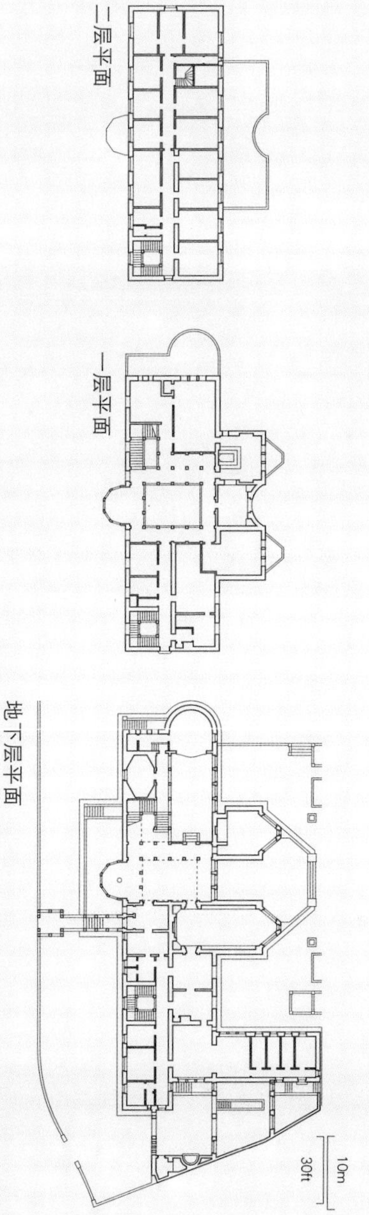
二层平面
一层平面
地下层平面
10m
30ft

路德维希·维特根斯坦(Ludwig Wittgenstein)为他的姐姐设计的一栋住宅(上图)，完成于1928年，标志着维也纳作为世界建筑革新中心时代的结束，这个时代是以20年前奥托·瓦格纳的自用住宅(下图)为开始的

这个城市拥有比这两者所代表的更为广泛的天才和机会。

奥托·瓦格纳的职业生涯跨越了从传统古典(可以更确切地称为代表性的)建筑到现代主义的转变。他是作为那个时代最复杂的人物之一而出现的。瓦格纳的职业生涯受到了他的斯洛文尼亚保护人约热·普莱奇尼克(Jože Plečnik)的资助；而同样，霍夫曼也在他的教学生涯中暴露出相当大的债务。瓦格纳从形式上的古典主义转变到他在1904年至1912年所设计的邮政储蓄所上的不凡成就，他用铝来装饰美化石质正面，还包括那些白石头、中厅的玻璃顶以及特别设计的家具和灯具。

在个人住宅领域，瓦格纳最强大的发明是在维也纳郊区为自己建造的两座别墅，一栋接着一栋。第一栋是一栋1886-1888年帕拉第奥式的亭子建筑。第二栋，同他早期的房子相隔不远，并与邮政储蓄所同时设计于1905年，1911年和1912年间建造于布加提葛斯，它与他的立体的纯净截然不同。他与左、右派有关建筑的现代化将反映社会进步的宣传形成鲜明的对比，值得记住的是邮政储蓄所实际上充当了德国国家主义分子对奥匈现存银行机构的世界性本质的反动回应。

约瑟夫·霍夫曼后来成为一名教育工作者，在维也纳的实用艺术大学(Hochschule Für Angewandte Kunst)和维也纳艺术家工作室(Wiener Werkstätte)担当领导职位，致力于设计和传统手工艺装饰的新商业应用，范围包括玻璃器皿、银器到家具。在维也纳，他的建筑成就包括设计于1903-1907年的朴素但空间划分灵活的普克斯多夫(Purkersdorf)疗养院。但他最伟大的作品位于布鲁塞尔，在第一次世界大战前，他在那里建造了斯托克莱特宫。霍夫曼在1905年开始设计建造斯托克莱特宫，五年以后完成了这件融艺术、建筑、设计于一体的卓越艺术品。霍夫曼是一位建筑师，也是一位才华横溢的家居物品和家具天才设计师。受到瓦格纳的影响，他将房屋设计成白石与表面内嵌金属条精妙地融合在一起的精致物体，从而打破了非对称正面的明显的经典样式。这是一栋不能被证实在历史上建得更早的建筑，尽管如此，它所包含的美学和社会成分实际上是在从古典的传统建筑概念向现代风格转化。

斯托克莱特宫建造之际，正

大量生产，被亨利·福特的1908年的T型模型所证实，并没有为房屋结构带来很大变革，像那些设计它们（上图）的建筑师想的那样。早期在家庭范围内的应用，好比胡佛牌真空吸尘器（下图）最初是被设计为佣人使用的，而不是房屋主人

①《一个可怜的富人的故事》引自L·芒兹(L.Munz)和G·孔斯特勒(G.Kunstler)所写的《阿道夫·路斯——现代建筑的先锋》的英文版，1966年。

是新技术得以应用，而价格又使它们不为大众市场所接受的时候。它是历史上短暂转折点的产物。当时现代性的技术产品已经出现，但是还没有广泛地为人所知。斯托克莱特家族和他们的同代人已经能够用上被大众化生产所转变的汽油驱动汽车。那些汽车不是直到1908年才有的福特牌T型产品。斯托克莱特阶级将会拥有轿车，但是雇用司机驾驶它。1910年出产的赛车能容纳两个人。电动真空吸尘器也开始出现，开始成为家庭佣人使用的物品。在最早的真空吸尘器之后，当房主而不是佣人使用伊莱克斯牌的家电的时候，车主们开上了福特T型汽车。斯托克莱特宫能容纳下一辆轿车而不用改变房屋或城市环境的性质。大众化生产在很短的时间内改变了一切，包括每间房屋和城市、汽车和房屋的全部关系。技术的应用和广泛的传播强有力地促进了巨大变革的产生：变革是如此广泛，以至于置身其中都无法看到全貌。

当建筑师意识到在新的汽车工厂里发生的事情，相比之下，建筑业似乎令人绝望地落伍了。福特厂能制造出高性能、设计精确且能

买得起的汽车，然而建筑工地还是停留在中世纪或更早的年代里，建成的房屋看起来也零零散散。

阿道夫·路斯嘲笑这个时代的建筑学，也许不是直接地嘲笑霍夫曼，但一定是嘲笑了亨利·凡·德·费尔德。如其所见，他们都处在正在逐渐消退的过热枝节问题的危险中。在他作于1900年的讽刺性短文《一个可怜的富人的故事》中，他写道：

"当他庆祝生日的时候，他的妻子儿女送给他很多礼物。他非常喜欢它们的精致，充分地享受它们。但是很快，建筑师来纠正这

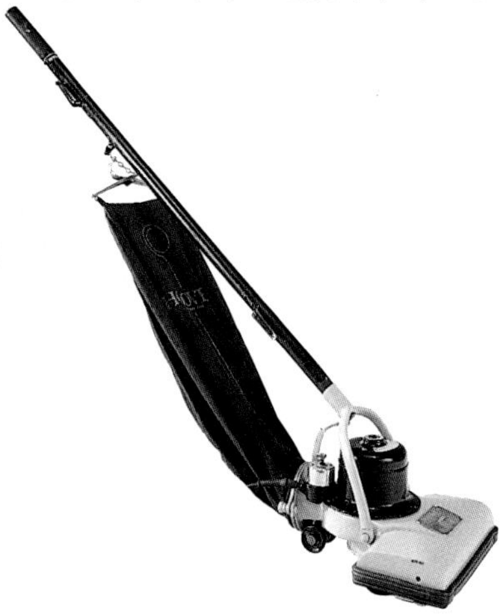

些事情，并对难题做一切决策。主人高兴地问候他，因为他有很多想法。他看不到主人的快乐，但他发现了确实与众不同的事情，脸色变得发白，'你穿了什么样的拖鞋？'他痛苦地大叫。屋子的主人看了一下自己的刺绣拖鞋，然后如释重负地喘了口气。这次，主人一点也不感到内疚。拖鞋是按照建筑师的原设计制作的。于是他用一种高傲的语气回答道：'可是，我的建筑师，难道你已经忘了吗，拖鞋是您设计的'。'当然'建筑师吼道，'但是我设计的拖鞋是卧室专用的。它们的两种不可思议的彩色斑点完全破坏了这里的心情，你难道没看见？'。"①

路斯自己的作品为数不多：在胡夫堡宫后门处的一个大型的商业建筑、在维也纳的两栋房屋和另一座在布拉格的房屋。那座哲学家路德维希·维特根斯坦(Ludwig Wittgenstein)在维也纳为他的姐姐玛格丽特建造的房子发人深思。维特根斯坦在他的父亲的影响下，接受了工程师的训练。他的父亲是钢铁业的巨头，维也纳文化变革的重要的支持者。但是他的真正的天赋并不在此。他写了本书《Tractatus Logico-Philosophicus》，这本书使他成为20世纪关键的思想家之一。但是第一次世界大战影响伤害了他，他在20世纪20年代的时候情绪混乱，部分上是病态地想和日常生活的世界交战。他的姐姐要他设计那座在维也纳近郊的新房子。维特根斯坦的设计方式和当时的、甚或任何时候的主流建筑文化不同。那是纯粹的理智和智力应用的一次演练，在某种意义上是超乎时间之外的。因此，即使在今天那座房屋仍有一种似乎是不拘泥于特定格式的性质。它甚至在20世纪晚期化身为澳大利亚的保加利亚人的文化中心。它在纯粹的数学上有某种比它的实际创作年限1926-1928年早十年的维也纳的意味。假使有的话，它将路斯早期作品的精确归于逻辑上的性质判断。这就是原教旨主义的建筑学。

这间房子显然是一个非常聪慧的人的作品。每个比例、从空间到空间的每个转换都反映出智力的全力应用。如半个世纪以后美国艺术家唐纳德·贾德(Donald Judd)所论，"比例是使理智可见的行为。对此，没有什么地方比维特根斯坦的房屋更明显。每一面墙上都布置了孔洞。孔洞与孔洞、孔洞与其所处的墙的关系精确考虑到厘米，恰如穿墙凿洞的含义一样。

3

The rhetoric of function 1920–1930

第三章

1920–1930：功能的华丽辞藻

在定义20世纪住宅上，没有人可以同勒·柯布西耶相比。他提供的不只是在语言修辞上对住宅建筑设计的尖锐批判，而且更多的是赋予现代主义住宅发展特征的诗意创造。在1916年移居到巴黎并进行了他自己的建筑实践后，勒·柯布西耶开始全神贯注于对住宅做出全新的定义。1915年他利用标准化的钢筋混凝土框架结构制造了多米诺原型单元，随后是1920年的西特罗汉别墅(Maison Citrohan)。后者，通过其双层通高的起居空间以及抬高的卧室平台标示了勒·柯布西耶居住建筑的大多数特征，并从此以后常常出没于他的建筑构想中。

这是勒·柯布西耶显示其对大量性生产在定义现代主义住宅上所起作用的洞察力的时刻：

"存在一种新精神。工业像洪水一样使我们不可抗拒，并朝向它命中注定的结果涌去，它为我们提供新工具，以适应这个被新精神焕发出活力的新时代。住宅问题是时代的问题。今天社会的均衡依赖着它。在这更新的时代，建筑的首要任务是促进降低造价，减少房屋的组成构件。规模宏大的工业必须从事建筑活动，在大规模生产的基础上制造房屋的构件。我们必须创造大规模生产的精神，生活于大规模生产住宅之中的精神。如果我们从头脑中剔除所有关于住宅的固有观念，并用批判的、客观的态度来看待这个问题，我们就会得出，房屋机器——大规模生产房屋，健康、且符合道德伦理、并且就如同伴随我们存在的工具一样美丽。美还包括艺术家的敏感以及为严格而纯粹的功能性增加要素时的所有热情。"①

也正是勒·柯布西耶创造了对城市自身的现代主义评论：通过郊区街块的循环重现而使得城市无限外推的梦想，可以延伸至每一个主要城市。他提出了利用底层架空保持地面自由的高密度公寓住宅作为一种替代的办法。同时勒·柯布西耶继续探索住宅：它几乎成为一种古典理想、景观中的客观存在以及对机器时代的诗意庆贺。

但在勒·柯布西耶把他的野心转向他正在认真思考的大规模生产问题的住宅之前，赫里特·里特维德(Gerrit Rietveld)已经建造了一栋在技术上并没有那么野心勃勃，但在很多方面却更具挑战性的住宅。特鲁斯·施罗德-施拉德尔(Truus Schroder-Schrader)和这栋住宅表面上的建筑师一样拥有引发建造这栋住宅的创造力，以至于70年后它仍被视作20世纪最为激进的住宅之一。她是一名原始女权主义者，禁锢在令人困扰的婚姻中，丈夫比她大很多，他们经常因为什么才是最好的教育他们三个孩子的方法而产生分歧。里特维德既是设计师又是工匠，他为这栋住宅提供了形式灵感、绘制了图纸、制作了模型，并签订了房屋合约。但他只不过是把她的住宅当作自己的一样。

里特维德也结婚了并有六个孩子，但他除了同施罗德-施拉德尔在业务上有所涉及之外还变得情感容易激动。他们之间的关系要比仅是业主与设计师在对传统建筑观点上有相互影响更加复杂和难以了解。因为施罗德-施拉德尔有力地证实了的确有某个人可以从建筑师的想象力中提取富于创造性的答案，并且她并不打算在这个过程中仅扮演一个积极的消费者角色。

里特维德最初是一名受过非正式建筑教育的家具设计师。他是风格派(De Stijl)小组成员——这个小组在艺术审美上主要由画家蒙德里安(Piet Mondrian)控制，而在理论上则受万·陶斯柏(Theo Van Doesburg)控制。里特维德在运动之初是这个三人小组的第三名成员，且也是小组中独具特性的一名，他能立即抓住设计的本质中心，而不像大多数人那样只是流于表面的兴趣。

①勒·柯布西耶，《走向新建筑》，1923年。英译本由F·埃切尔(F·Etchell)翻译，1927年。

②风格派运动宣言于1917年10月刊登在风格派1号出版物上，它被雷纳·班纳姆(Reyner Banham)的《第一个机器时代的理论与设计》一书引用，伦敦，1967年。

两个20世纪设计革命的象征：皮埃尔·沙雷奥(Pierre Chareau)和贝尔纳德·比若维(Bernard Bijovet)设计的韦尔别墅(Maison de Verre)，巴黎(上图)与里特维德设计的红／蓝椅(下图)

风格派运动宣言1918年于荷兰发布，在那里，尽管将欧洲的战火拒之门外，但也显然受到了周边战场肃杀气氛的深深影响。“战争毁灭了旧世界及其所包含的一切：各地极为卓越超群的个人。”宣言提到，这个运动号召“所有信仰艺术文化改革的人们应该去消除那些阻碍进一步发展的东西，恰如在新造型艺术当中，通过突破自然形式的限制，他们剔除了那些堵塞在所谓纯艺术表达道路上的东西，那些属于每一种艺术观念的极端结果。”②

蒙德里安生活在巴黎，在战争爆发后移居到荷兰，他逐渐脱离了1914年在巴黎占主导地位的立体主义，并被抽象主义所吸引。因此，他的艺术作品把空间及其无限、普遍的特征作为原则性的客观物体。这正是风格派的赖以存在的依据和新奇观念之一——他们称自己为新造型主义——也正因为如此，才会在艺术、设计与建筑学之间有如此亲密的联系。

早在1917年里特维德就提出了真正令人惊讶的家具设计观点，这最终导致了他的红／蓝椅出现。最初是单色的——1923年才开始使彩色——所带来的影响就是把椅子从勾起荷兰传统本土设计回忆的一件家具翻译成完全不同的

东西。这显然是从一张风格派油画的空间实质到一件客观实物的转换。里特维德不断地拓展这个领域。他的某些实验作品如1919年设计的餐具桌，就有它们自身内在的建筑特质。通过悬挑的表面及其清晰表达的结构框架，这件家具作品可以被解读为勾起了人们对弗兰克·劳埃德·赖特的草原式住宅的遐思。

里特维德设计制造了表面上看来属于实用功利主义的作品，但他却倾注了和那些在想象中完全不同的被称之为“高雅艺术”作品一样多的感情深度和力度。这当然只是一场文化革命运动的部分华丽辞藻，就像风格派运动试

图从容而谨慎地破除这些臆想中的人为障碍一样。但通过这位在经济价值上的坚定指示者，启迪人们看到了后世对里特维德实验作品的评价。一把“原始”里特维德设计的椅子可以在为蒙德里安的一幅“原始”油画所举办的拍卖会上出售，尽管“原始”这个词的意思在适用于大规模生产时期的椅子设计时属于一个意义取向模糊的概念。甚至更加奇怪的是，一把带有里特维德亲手许可印记的椅子，也许既不华丽又残破，然而其价值却不仅比一把簇新的椅子大很多，而且超过了在几年后，距里特维德设计的施罗德－施拉德尔住宅仅三个街区远的一栋住宅，虽然同样的椅子可能有很多不同用途的版本。

里特维德是作为一名设计师介绍给年轻的特鲁斯·施罗德－施拉德尔的，他企图为她建造一个可以逃离令她感到窒息的传统婚姻的避难所。当她的丈夫去世后，她请里特维德设计一栋可以反映一个全新开始，一栋可以具体表现她自己生活的新住宅，在这里她可以有机会以她自己的方式来抚养孩子。这是一栋被认为是特别考虑了在孩子和他们的母亲之间所存在的亲密无间关系的住宅，而不仅是把孩子们流放在幼儿园中。它是里特维德设计的第一件重要建筑作品，并成为其长期职业生涯的开端，但它也是一件即使花费完全同样的气力也无法再创造的作品。

尽管不太可能，这栋住宅所在的基地还是位于乌德勒支的一块偏僻的地点，在一条由晦暗凝重住宅构成的深棕色砖墙街巷的尽头，这仿佛在印证特鲁斯·施罗德－施拉德尔正在逃离的一切。尽管设法完全忽视，但它还是和邻里产生了冲撞，因为它的朝向垂直于街巷。这是施罗德－施拉德尔在故意把她的背转向与她丈夫曾经生活过的城市。这栋住宅曾经俯瞰开敞的旷野，透过它仅可看见住宅的三个立面，它看上去就像一个自由飘浮的物体，被遗失在没有边际的空间里。然而这栋住宅所在的城市文脉彻底地改变了：乌德勒支不断地发展膨胀以至于这栋住宅不再位于城市的边缘。更大的损害是一条离住宅前门仅几英尺远的高架高速公路切开了整个城市。在施罗德－施拉德尔漫长而又多彩多姿一生的终点，她担心如果乌德勒支市继续推进其令人担心的道路建设计划，这栋住宅会被拆除，并被迁移到一个更能唤起人们共鸣的环境中，因为这里毕竟是她与里特维德共同分享过的舞台。最终，她决定留下，但花费相当大。

1920–1930

施罗德－施拉德尔住宅

Schröder-Schräder house

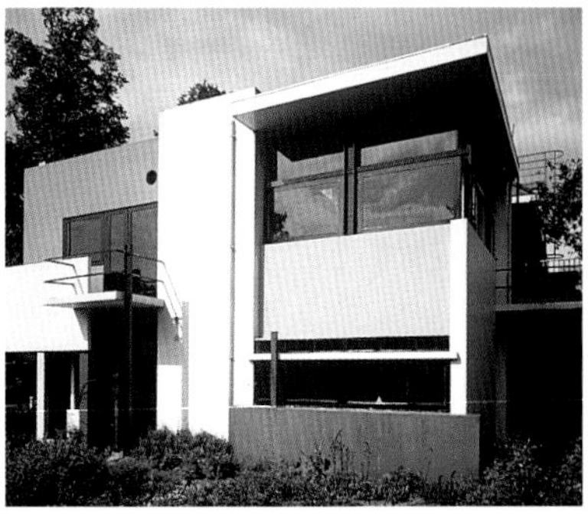

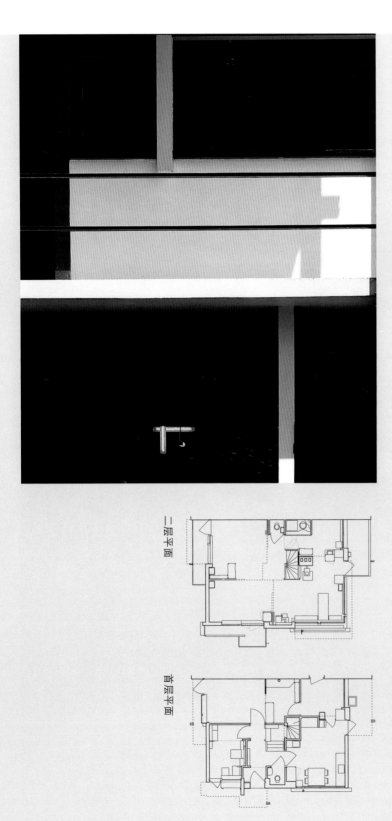

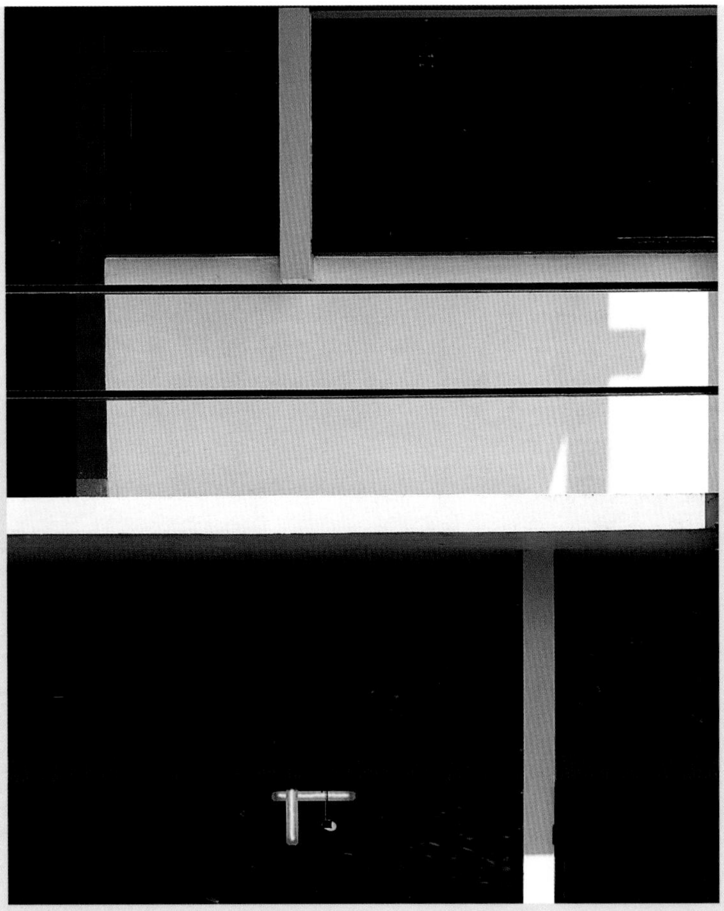

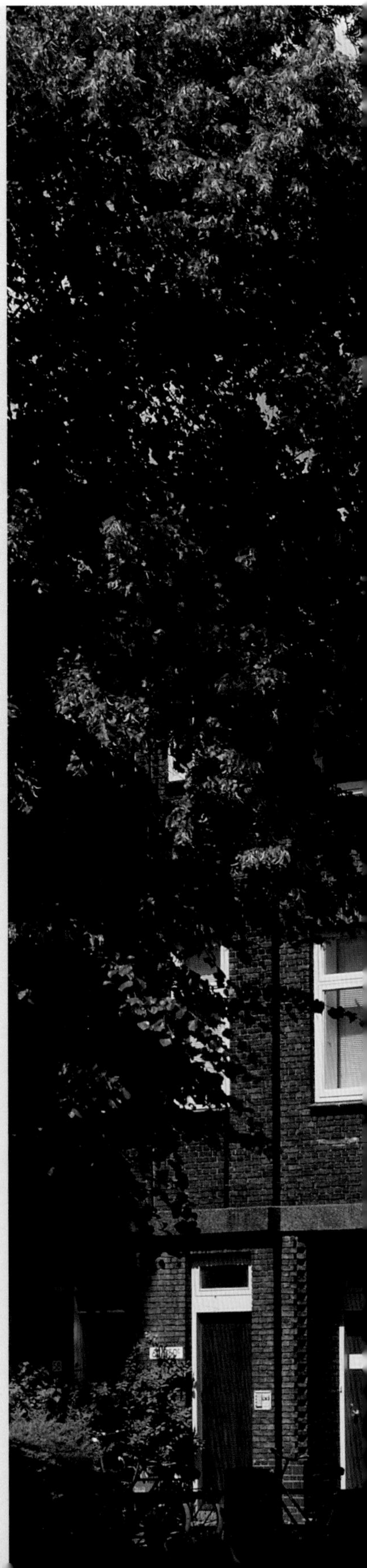

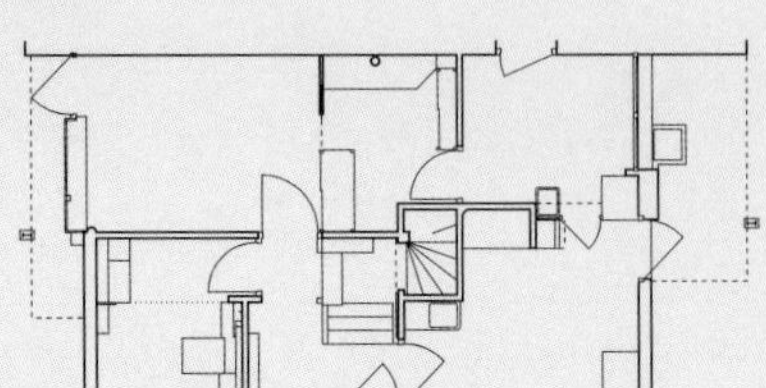

二层平面

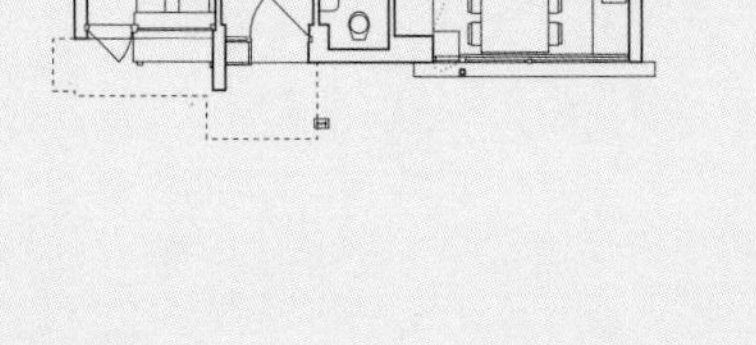

首层平面

有着家具设计师背景的G·里特维德清楚地表达了施罗德－施拉德尔住宅的纯净结构：室内很少采用固定墙体而是用推拉屏风代替。这是当时最为纯粹的住宅，但在它的背面，它被加上了一个便利的阳台

萨伏伊别墅

Villa Savoie

勒·柯布西耶设计的1929年建于普瓦西(Poissy)的萨伏伊别墅是现代住宅作为纯粹主义物体的具体表现，它飘浮在一个理想化的景观之中。结构支撑在柱子上，它抛弃了传统的住宅平面组织方法。萨伏伊别墅的屋顶平台成为其自身的内部景观

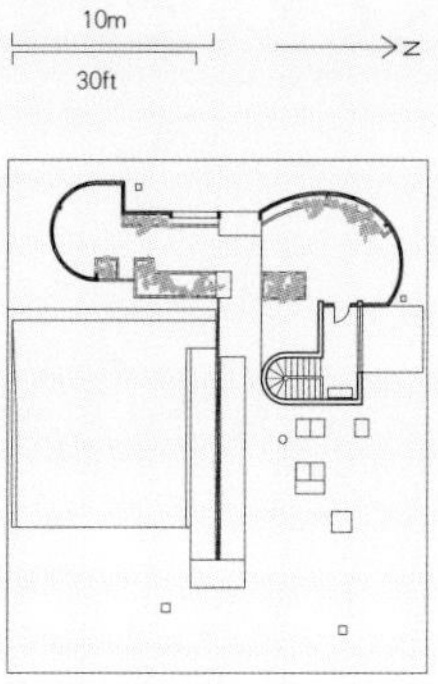

屋顶平面

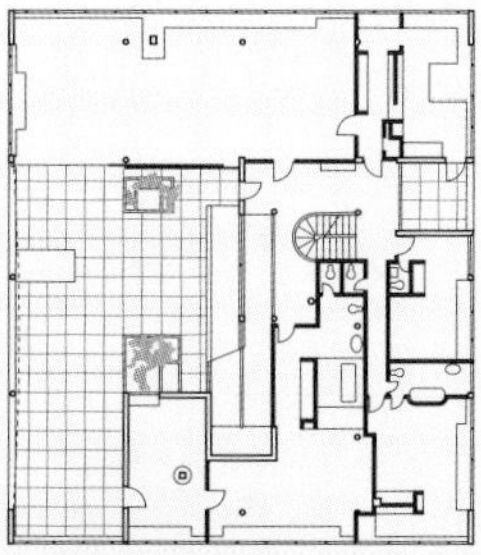

二层平面

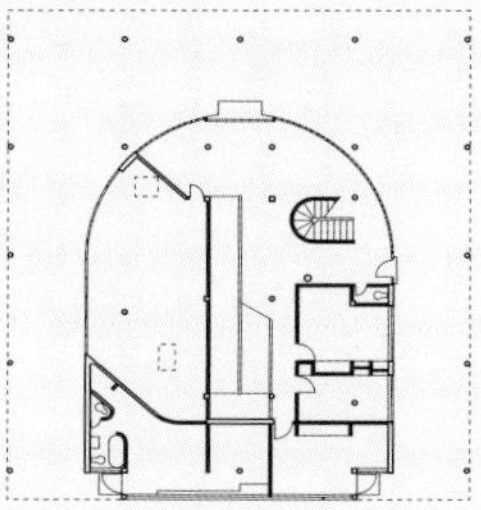

首层平面

1927年玛格丽特·舒特－利霍特斯基(Margaret Schutte-Lihotzky)设计的法兰克福厨房是世界上所有适应性厨房的鼻祖(上图)。1924年玛丽亚娜·勃兰特(Marianne Brandt)设计的茶壶把包豪斯变成了会客室(下图)

在某些方面，施罗德－施拉德尔住宅也许超越了其他任何住宅，它在更深的层面上挖掘了20世纪的意识形态，并暗示着一栋独立住宅也可以成为评判建筑文化的试金石。它并不像很多采用现代主义视觉语汇的住宅那样是一个激进表象下的舒适设计，但它还是固守家庭，甚至是传统富裕家庭生活的外观不放。就像约瑟夫·霍夫曼(Josef Hoffmann)设计的斯托克莱特宫(Palais Stoclet)，它所支持的生活方式早在200年以前我们就已经完全熟悉了。它是以财富、仆人以及特定的空间安排为先决条件的。

施罗德－施拉德尔住宅不是别的而是属于外科整形治疗的种类。尽管它处在一个舒适的荷兰城市的极端边缘时代，它还是一栋住宅，被设计用来容纳一种完全异于她的邻居们所追求的生活方式。尽管在表面上它很宽敞，但它给人最强烈的第一印象是实际上它竟然如此的小，只有两层高，总共139m²(1500平方英尺)大。同其他事情一样，这栋住宅是一个尝试，建筑师企图通过它来加强母亲与她的孩子间的联系，1924年当施罗德－施拉德尔搬进这栋住宅时，最小的孩子还不到6岁。

这不是一栋在家庭成员间设置障碍的住宅，而是强调他们共同生活在非常亲密的关系中。起居和就餐区域在楼上，靠着所有的卧室。所有这些房间除了特鲁斯的房间有固定墙体外，其他的都是采用没有任何隔声性能的推拉隔墙。对于成人来说，惟一远离他们周围的家庭生活的消遣就是位于楼下的图书室。

这栋住宅是风格派小组艺术理念的具体体现。它仿佛使人感到它正位于基于无穷空间理想的无尽平面的交汇点上。这种印象通过里特维德亲自认可的照片得到进一步强调，他让所有窗户都可开启至完全打开的位置，并垂直突出于它们各自所附着的墙面。其形象就是一栋既没有限制又不设单元空间的住宅，相反地，它却又强调了玻璃虚体与墙面实体的非固定性，以及露台与阳台进一步地分裂有限的外墙。

这种形象不只反映在建筑的立面处理上，而且反映在内部一个空间与另一个空间的交叠处理上。可推拉的木制隔墙无论在特鲁斯·施罗德－施拉德尔的卧室与起居室之间，还是与餐厅之间都不保证声音传播的私密性。在另外两个睡眠空间之间也没有多少私密性，在这里孩子们一直在彼此的地板咯吱声中长大成人。上层可以通过推拉和可向后折叠的隔墙变为一个完全开敞的大空间。在这种布局中可以让人想起里特维德早先曾是一名家具设计师 这栋住宅被构想成一部精巧的机器，这与一名手工艺技师创造一部复杂的机器以适用于一件复杂的家具的工作相差不是甚远。严格地讲，这是一部用于居住的机器。为了给人留下深刻的影响，它并没有依靠使用奢侈的材料，而是采取了平实与谦虚的手法。这栋住宅所带给人们的震撼力不只来自于可触知的质地，或是夸耀的虚饰，而且来自于无论好与坏，都应以一种全新的方式生活的理想。

就像里特维德设计的家具中最为著名的红／蓝椅一样，这是一

件基于熟练技巧素质的设计。正是由于它是如此地具有实用性，它才是真正富有革命性的。有一段时间，它成了现代主义的胜地，或者说是鼓吹革命性设计的导火索。然而它现在只是一个博物馆片断，被伤感地擦净了曾经生活于其中的著名人物的所有痕迹。参观团体顺从地被聚合成易于管制的组队，在入口的封闭室中换上一次性的登月靴并在导游的带领下参观，以免他们的鞋污损这栋住宅。

里特维德与施罗德－施拉德尔之间复杂的私人与职业雇佣关系导致对“业主”的定位存有疑问。传统建筑师们理想的业主应是一种抽象的概念，一个带有官僚作风的却无关紧要的代码，在建造一栋建筑时他否定任何私人性质的介入。与所有的反证相反，这通常被称为一种阻隔，它磨灭了建筑师真正塑造建筑的雄心与热望。这既是一个为那些只按照设计任务书工作的建筑师建造圣杯的幻想，也是一种特殊的设计观念，它使得建筑师保持专业性而远离基于偏见、梦想、幻想与预算等复杂考虑去建造一栋房子的现实。根据上述观点，业主除了给出设计任务书外没有别的事情可做，而建筑师则回报以“解决方案”。但在实际当中，业主根本不可能给出前后一致的功能使用要求然后又可以圆滑地离开，把所有的问题留给建筑师独自处理直到付款给建造商的时候。

玛格丽特·舒特－利霍特斯基并非因设计过一些独立住宅才被人们记住，而是由于她对住宅的一个特殊方面所做出的积极探索，以及她所引发出的一种构想，即对那些为不具名的社会住宅居住者进行设计的建筑师的责任感的归纳概括。一旦这种观念被接受，不仅是业主——对社会住宅的任务书和预算负有责任的政府官僚——还有住宅的实际使用者，他们第一次进入了建筑师的视野中央。

20世纪20年代前的厨房还没有引起大多数建筑师的注意 它就像是一艘船的锅炉房，完全是另一个世界，是员工出入的地方，而不是让旅客进入的。因此，厨房的设计被处理成好像今日的车库内部。也有很少的例外，例如勒琴斯(Lutyens)在佣人宿舍所做的值得纪念的创举，以及布赖顿皇家别墅(Brighton Pavilion)中雷根特王子(Prince Regent)厨房里的棕榈树状柱，它们都是重实效的且以功利为目的的，而不仅是一种艺术的表达。但在第一次世界大战结束后，由于两个原因，人们的注意力开始迅速转变。首先，建筑行业逐渐开

艾琳·格雷(Eileen Gray)的自用住宅，E1027，1926年设计于雷克布鲁内，马丁角(Requebrune，Cap Martin)。这栋住宅须通过一系列的台阶以及通往梯形山坡的小路从上面进入(上图)。室内设计求得了建筑与专门设计的家具间的和谐统一(下图)

始对社会住宅产生兴趣，而在这些建筑中并没有佣人。因而厨房就成为室内非常重要的部分。厨房中功能设计的迫切性迎合了对建筑师的需求，他们正在努力寻找一些天然材料以使得功能与形式相符。在主观臆测上，食物准备与清洁的一系列的实用活动过程要比像起居室这种室内较为不固定的空间更易受到功能主义分析的影响。其次，中产阶级生活的逐渐转变不断加剧，他们甚至把厨房而不是起居室作为家庭生活的中心。最终的情形就是一部分的家庭佣人逐渐被淘汰，但这也与正在变化着的对家庭生活本质的看法有关。另一方面，由于玛格丽特·舒特－利霍特斯基的一个强有力的宣言而使得她被当成两个领域的先锋人物。1915年，舒特－利霍特斯基是在维也纳应用艺术专科学校学习建筑学的第一位女学生，当时大多数的学校都在热衷于追随约瑟夫·霍夫曼和分离派主义(Secessionists)的装饰形式，而舒特－利霍特斯基则对功能主义更感兴趣。就像她学生时代的作品所展现的那样，尽管她可以画得很美丽且使得其作品纯净高雅，但从一开始她就看到建筑应是一门社会艺术。甚至在其学生时代，她就已经开始致力于社会住宅设计。“吸引我的正是建筑是服务于人民的具体而实际的工作”，她说道。[③]

在城市糖霜般的立面背后，维也纳正在经历一场以贫穷和疾病为标志的痛苦而难忘的社会巨变。在艾根·斯希尔(Egon Schiele)得了肺结核的同时，舒特－利霍特斯基也染上此病。但在她的教授奥斯卡·斯特纳德(Oskar Strnad)的鼓励下，她努力走出自己的生活圈子，以一名学生的身份去接触普通劳动人民。在战后为奥匈帝国崩溃的哀丧中，维也纳得拼命容纳从东部涌来的避难人潮。舒特－利霍特斯基构想了一个方案以解决围绕城市边缘地带形成的贫民棚户区。她整晚地巡视那些简陋的非法棚户，一只手举着蜡烛，另一只手就勾绘建筑方案草图，以帮助这些避难者为他们自己安装自来水和电源。

③玛格丽特·舒特－利霍特斯基，引自图尔加·拜尔勒(Tulga Beyerle)在维也纳的一个访谈录，1998年。

路德维希·密斯·凡·德·罗1927年设计的悬臂椅（上图）；威廉·瓦根费尔德（Wilhelm Wagenfeld）1924年设计的玻璃桌灯（下图）

但真正令玛格丽特·舒特－利霍特斯基在历史上占一席之地的是她的法兰克福厨房。她遇到了在法兰克福从事先锋社会住宅设计的德国建筑师恩斯特·迈(Ernst May)，并被邀请加入他的行列。在20世纪20年代中的5年里，她为遍及法兰克福的新建公寓设计了一系列标准化厨房。由此可证明这是世界上所有适应性厨房的鼻祖。

舒特－利霍特斯基的厨房设计既经济又优雅。它有整齐的储物箱与挂物架，并且操作台面也设计得便于清洁。她为了降低花费设计了一个预制混凝土的洗涤槽。她使所有的使用需求都压缩到尽量小的空间中，在某些情况下洗涤可以和烹调结合在一起，同时她还设计一个带盖子的浴盆，在不用的时候可作为额外的操作台面。舒特－利霍特斯基设计了其可实际应用的厨房。她采用宽推拉门连接厨房和起居室，这可以让母亲始终注视着她们的孩子。她同样涉足于规划设计。她劝说法兰克福市停止将单身妇女安置在寄宿舍中的计划。在她的影响下，她们被分配给以公寓，与传统的家庭住宅成为一体。“比起让工作妇女居留在不能享受正当权利的地方，这使她们有更多归家的感觉，(同时)也使得那些不工作的妇女通过洗衣和清洁赚一些零用”。厨房慢慢地从类似工作间的场所变成了更像是工厂的地方。渐渐地，它成为厨房革命的一个起点，尽管它表面上是用于操作的，但实际上却同主人的身份地位相关。

舒特——利霍特斯基设计的厨房仍然是家用电器消费者的影响作为主导地位的场所。烤箱，通常是使用煤气的，但有时也是用电的，开始逐渐被人们所接触到。但电冰箱却仍然完全是新鲜物——仅限于美国才有，且在那里也是少见的。保持食物新鲜主要是通过被动的环境控制，例如使用带通风设施的储藏室。舒特－利霍特斯基的设计也为充满不切实际的乌托邦理想观念的带有公共厨房和公共就餐设施的公寓单元提供了人性化和可实施的余地。

如果说舒特－利霍特斯基主要着眼于厨房设计，勒·柯布西耶则为位于住宅中心的阳光普照的浴室提供了理论基础：“要求浴室朝南，在住宅或公寓最大的房间之一中：例如老式的绘画室。一面墙完全是玻璃的，如果可能应通向可进行阳光浴的阳台：最时髦的是装有淋浴和健身设施”，他宣称道，带着一名布道狂热分子的极大热忱。萨伏伊别墅的浴室并不完全符合勒·柯布西耶宣称的理想，但通过它波浪形的地板和

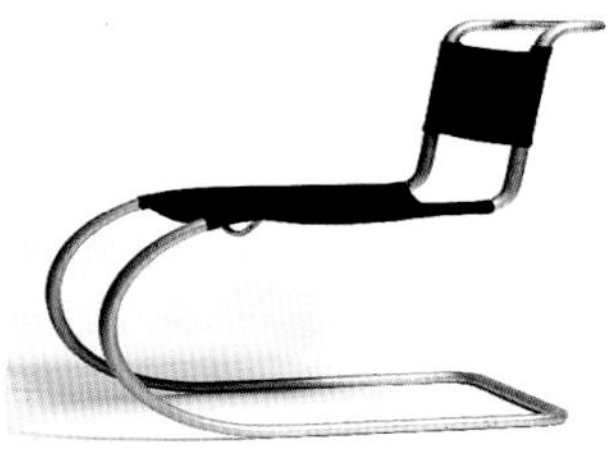

嵌入式的罗马浴盆，也是一种完全不同的洗浴构想。

在1927年《建筑万岁》一书中，艾琳·格雷描述了她自己对E1027住宅的感受，它是1926年至1929年间为让·伯多维奇(Jean Badovici)设计的，建于雷克布鲁内。它是一栋小巧的、与世隔绝的假日别墅，以格雷和伯多维奇最初的相识命名的。这正是一栋清晰地反映了勒·柯布西耶一些美学理念的住宅，但通过各个细节的强调它变得具有适应性且考虑了部分家具的设计。“对于生活而言，理论是不够的并且也无法满足所有的要求…… [建筑学] 不止涉及构筑线

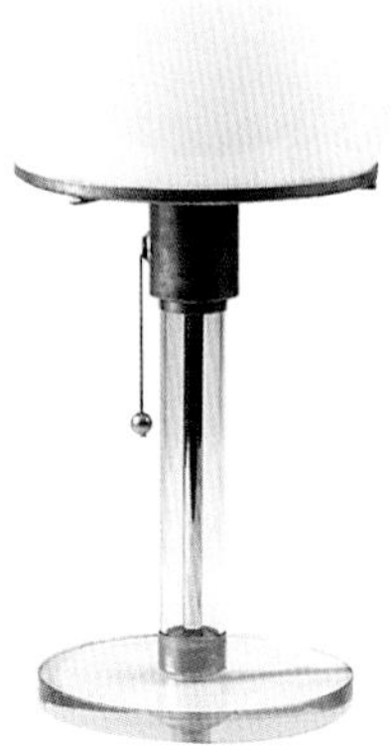

条的整体美丽效果，尤为重要的是构筑适宜人居住的房子”，她写道。没有人能比格雷用细部来阐释勒·柯布西耶的劝诫更富有诗意了，如她设计的复杂的存储衣物的机械装置，其中安有带铰链可折叠起来的镜子与灯光。

令人遗憾的是，E1027住宅——已经在附近建造了自己的假日别墅的勒·柯布西耶曾未被邀请就在它原始的墙面上画过壁画——今天已被弃置并被随意任人涂写乱画，尽管它的重大意义得到广泛承认。皮埃尔·沙雷奥与艾琳·格雷都苦于建筑行业过度的封闭限制：“我们是建筑师，你们是装饰设计师”是最初对他们答复的附语。他们都是自学成材的，或是从非正统的建筑教育系统中毕业的，然而他们的作品却不可能被建筑主流思潮所忽视，并且作为一种新精神不断地引起人们的共鸣。虽然是勒·柯布西耶提出了住宅是居住的机器这一美学新理念，但却是皮埃尔·沙雷奥于1928年至1932年通过韦尔别墅的外形实施了这一美学新理念，这是他为在左岸有业务的富有的妇科医生达尔萨斯(Dalsace)大夫建造的公寓和应诊室。这不是简单的功能主义美学：而是金属与玻璃的一种值得注意的、富有诗意的合成。然而

韦尔别墅并不像施罗德－施拉德尔住宅似的仿佛是一件朴素的手工艺木制品：它的美学特点更类似于像布加蒂(Bugatti)那样一辆手工制造的汽车。它带有一个庭院，拥塞在一个18世纪拘束拥挤的街区里，从街上经过一条连廊才能到达。这栋住宅通过隐匿而不是显露的玻璃砖立面作为标识：一面玻璃幕墙确保了两层通高起居室中充满了阳光。

在韦尔别墅的设计中沙雷奥与荷兰建筑师贝尔纳德·比若维合作，他们共同创造了这件非同寻常的杰作，不仅在未竣工时就引起了勒·柯布西耶的极大兴趣，而且在20世纪50年代又被詹姆斯·斯特林与理查德·罗杰斯发现，通过他们的宣传鼓舞启发了一代被称为所谓的高技派建筑师。他们都着迷于这栋住宅的空间特性，以及空间组合的复杂层次和把机器美学思想作为住宅设计主要出发点的思路 用来开启窗子的齿轮 外露的服务管道 以及所有开关都被称赞有着宝石般的精度。曾有着作为豪华室内装饰设计师的背景的沙雷奥可能特别采用了工业材料，如立筋橡胶隔墙与多孔钢来加强效果。然而专门设计的配套家具却逾越了钢和铁的限制，如沙雷奥设计相对比较传统的沙发。

如果说米夏埃尔·托内(Michael Thonet)的弯木家具彻底改变了19世纪的家具工业，那么正是包豪斯的马塞尔·布劳耶(Marcel Breuer)及其他人设计的钢管家具开创了20世纪家具生产的新途径。布劳耶设计的家具被认为是"现代生活的必备之物"之一，但他并不把自己限定在仅能使用一种或另一种材料之中，"我们每天都将过得更好，终有一天，我们将坐在富有弹性的空气上"，他说道。在1926年，布劳耶制造了一幕电影般的幻象以显示真正实现了他的预言：一个悬臂椅支撑着坐在上面的人，他与地面没有任何实际的接触，此时仿佛座椅完全消失了，只剩下坐着的人悬浮在空中。

脱胎于指引工业制造方向的德意志制造联盟运动的包豪斯，从建立伊始，就不是仅进行建筑课程教育的机构。它有着创造一种能够与整体现代工业大生产观念相匹配的艺术哲学的野心。随着1925-1926年间，它从魏玛迁到了德绍，沃尔特·格罗皮乌斯利用建造包豪斯新校舍和学校教员附属住宅的机会将此作为新设计的实验基地，以取得经济可行性作品的进步。正是这里的某些设计获得的一些特许收入得以在20世纪30年代日渐艰难的世道中维持着学校的生存。特别是学校在家具设计领域始终保持着领先地位。布劳耶，刚来到包豪斯时还是一名学生，在看到德绍街上的阿德勒(Adler)自行车后对悬臂椅做出了归纳性的改进，因为它的钢管框架——既强又轻——优雅地形成了自行车的把手。为什么不能采用同样的材料来制造坚固、简单又经济适用的家用座椅呢？结果就有了瓦西里椅，以瓦西里·康定斯基为名(Wassily Kandinsky)，因为是率先在他的住宅中使用的。

对于布劳耶而言，尽管他只有20多岁，但这已经是非常值得注意的成就了，其意义也远远超越了一个单体设计的范围。在其任职期间，他一直担任包豪斯家具工厂的主管，他设计了一整套以模数组件为基础的储藏柜、桌子和独立结构单元，所有这些在这个世纪的剩余时间里被看作大多数家具设计的作业程序，既包括家用家具也包括商用办公家具。

钢管家具，特别是它最为出名的作品形式——悬臂椅——是现代主义的一个象征：一个富有决定性的标志，一次审美鉴赏力的尝试。对于很多人来说，它表达了对所有被看作是家庭生活具体体现的传统观念的否定。在由格罗皮乌斯设计并由布劳耶设计配套家具的瓦西里·康定斯基和拉兹洛·莫霍伊－纳吉(Lazlo Moholy-Nagy)的住宅中，这正是他们想明确表达的目标。但从真正的机器时代技术发展的角度而言，钢管的使用并不比颇具苦心的赋予国际式住宅的白色方盒子以大量性生产产品的外观更具先进性。因为把一根钢管弯曲成精致的曲率弧度是煤气焊接装配车间最基本的技术能力。

钢管悬臂椅的出现始终伴随着相当多的争论和一系列关于它的精确作者问题的法律诉讼。左翼荷兰建筑师马特·斯塔姆(Mart Stam)在后来知名的塞斯卡椅(Cesca)首次公开展示之前遇到布劳耶，并亲自制作了一个悬臂椅原形，它采用标准三角形配件连接的充气管制成。密斯·凡·德·罗也设计了一系列悬臂椅——布尔诺椅采用的是平钢——而它却给人猛地一看以为是钢管的错觉。

法律诉讼一拨接着一拨，到了20世纪60年代，对原始设计的拷贝已经遍及整个世界，尽管并没有使用原始设计者所赋给它们的名字。等到20世纪70年代，最初的华丽宣言终于成为现实：钢管家具不仅普及全球各地，而且也非常便宜。

4

The end of the romance of the machine 1930–1940

第四章

1930–1940:
机器浪漫主义的结束

在1917年，马塞尔·迪尚(Marcel Duchamp)在一个画廊里装设了小便池与帽架，并声称这是正待完成的艺术品。不久以后，勒·柯布西耶在他的一栋住宅的卧室里装设了坐浴桶。

在以前看来是不可能实现的大规模生产，在这一次成为现实。迪尚开始挑战传统的艺术理念。而勒·柯布西耶也正使他的业主面对卫生学的真相，即日常生活的基本起点之一，这本是属于大量生产的，却一直习惯性地向公众隐瞒。设计者与建筑师正在探寻建立一种文化的途径，通过它可以在机器主宰的大规模市场经济——即标准化而不是个性化被看作更加意义重大——与那些仍容忍以艺术的名义重复生产的系列产品之间建立新的联系感。

勒·柯布西耶以最显著的方式有着在手工艺与工业产品间强烈碰撞的个人经历。他父亲的作坊就是生产手工艺钟表面的，于1918年破产，至少在老让纳里特自己的心里认为这是由于机器化生产造成的。然而这正是现代主义热情拥抱机器化生产的基本思想。以下是密斯·凡·德·罗1924年在激进杂志《G》的第三期上发表的一篇文章中所写道的:

“我看到了我们这个时代建筑在工业化中的中心问题。如果我们成功地进行工业化，那么社会、经济、技术以及艺术的问题将迎刃而解。这不只是理性存在的问题，而应作为重塑整个建筑行业的基本工作方式。我们的技术必须并且将成功地创造一种建筑材料，它可以被工业化地制造与使用。这将导致建筑行业在直到现在仍存在的情况中的整体崩溃，但无论谁还在惋惜未来建筑不再由手工艺匠人建造，他就必须同样忍受汽车不再由轮匠制造。”

捷克斯洛伐克在20世纪30年代的最初还主要是一个建立在奥匈帝国废墟上的国家。经历了短暂的繁荣后，随着其德语系少数民族逐渐被纳入希特勒纳粹的轨道，它又酝酿着分裂。但在两次世界大战之间的时期，捷克斯洛伐克还是骄傲地看到了自身自觉的现代主义。它拥有和欧洲其他国家一样先进的军工业。

由汉斯·路德威卡制造的塔特拉汽车奠定了认为主要由费迪南德·波尔舍(Ferdinand Porsche)导致大众汽车公司发展的观点的基础。巴塔制鞋厂也是工业创造的一个典范，它建成了一系列容纳巴塔制鞋厂劳动力的公司小区，树立了整个捷克斯洛伐克功能主义居住区的典范。在捷克共和国1919年宣言后，捷克国王重新被埋葬在布拉格大教堂，它没有采用唤起人们怀旧情绪的古典样式，而是采用不妥协的黑色花岗石灵柩台。从任何标准来看，它都是欧洲最新式最先进的角落。

布尔诺(Brno)，位于捷克的南部，从维也纳驱车两小时即可到达。它有一个巴洛克式的中心以及延展的环状郊区，在那里的别墅可以远距离地欣赏市中心的景观。这就是吐根哈特住宅所处的文脉，也许可以说是密斯·凡·德·罗移居美国前所作的最为著名的住宅设计。它与巴塞罗那展览馆设计于同一时间，并且两件作品都是与丽莉·赖希(Lilly Reich)——密斯的长期合作者一起完成的。尽管从一建成就拥有巨大声誉，这两件作品还是都已作古。巴塞罗那展览馆在1929年展览结束后就被拆除了，直到20世纪80年代才得以重建。而布尔诺的住宅在1948年后的铁幕下也渐渐消失于人们的视野中。

当格里特·魏斯·洛－比尔1927年与弗里茨·吐根哈特结婚后，作为结婚礼物，她的父母给他们夫妇足够大的地盘去建自己的住宅。在城市中的这样一块高地上，并且已经把自身放在建筑革新的最前沿上，吐根哈特希望挑选一位可以反映他们愿望的建筑师来设计这栋住宅。它不仅仅

日常生活的人工制品反映了现代主义的敏感性，例如威廉·瓦根费尔德(Wilhelm Wagenfeld)1938年设计的库布斯食品储藏盒(上图)，以及密斯·凡·德·罗1927年设计的布尔诺椅(下图)，它们把机械化的影响带入了居住环境

是一个结婚礼物，也不仅仅是一栋住宅，它企图成为一个文化宣言。经过仔细考虑后，吐根哈特聘请了密斯·凡·德·罗，可能是他们期待的最值得庆贺的建筑师来完成这项工作。在当时，密斯是欧洲建筑师中相当重要的人物——刚刚完成了斯图加特的魏森霍夫住宅展览会规划负责人的工作——也是布尔诺当地文脉中的杰出代表。

吐根哈特住宅以钢框架结构为基础，采用了作为密斯标志的著名的镀镍十字形钢柱。它沿陡峭的斜坡布置成3层。从沿街的一面看上去，住宅仿佛是一栋单层平房，仅有临街的一个单层入口。在下面，住宅的其余部分都朝向花园，而且开窗也都在同样标高上。在临街层，住宅向紧连的一个平台和管家门房小屋开敞。

这栋住宅非常认真地圆了现代主义运动的技术之梦。从技术的角度上看，它是制作精巧的。当然它配备了集中供热系统，但还有更多抱负不凡的特征，例如按钮、电控的可伸缩窗以及光电电池，晚上，它们可以自动关闭入口层平台与街道间的大门。在厨房中甚至安装了抽气风扇。虽然电视还没有出现，但全家可以围聚在无线电收音机旁收听有关欧洲晦暗的政治前景的新闻。

在住宅早期的照片中显示了两把密斯设计的悬立的布尔诺椅，这是专门为吐根哈特住宅设计的，它们在桌子两侧面对面地放着。它们的出现解决了有着千年历史的问题，即以舒适的高度支持人们的屁股离开地面，而它所采用的精确机械理论恰好与航空工程师推算飞机翅膀轮廓的原理相同。

在主起居室的感性设计中可看出丽莉·赖希的手法，材料选择特别是色彩搭配，如采用了酸绿色皮革的室内装潢。完工的照片显示在一间儿童房中奇特图案的木制家具上放着一只伤心的玩具熊。

选择密斯·凡·德·罗作为建筑师招致了当地的一些批评，甚至被描绘成受到当地业主的冷落。作为一名德国人，他当然会引起当地捷克人对他们邻居采用含混态度的问题。德语仍然是捷克斯洛伐克的波西米亚地区上流阶层的语言，而希特勒很快就在1938年借口利用捷克的德语系少数民族问题肢解瓜分了这个新共和国。

在1930年这栋住宅刚竣工时，就有相当多的关于其适居性的怀疑，而格里特与弗里茨·吐根哈特很快就面临到这些。在遭到以左派批评家卡雷尔·泰格(Karel Teige)为首的一番猛烈抨击后，他们在建筑杂志《Die Form》上写文章进一步阐明不管任何相反的推测，他们确实喜欢自己的房子，尽管“我们在主卧室中不能挂画，我们也不能添置一件新家具以免破坏原有的家具风格统一性——但这难道就意味着我们的个人生活变得令人窒息吗?”

就在纳粹入侵捷克斯洛伐克前吐根哈特夫妇移居到了委内

1928年由路德维希·密斯·凡·德·罗设计的吐根哈特住宅，建在可俯瞰布尔诺的山坡地上，反映了与同时代的巴塞罗那展览馆同样的空间丰富性。它是密斯专门为其设计了布尔诺椅的别墅，并同时采用了作为密斯标志的镀镍十字形钢柱

上层平面

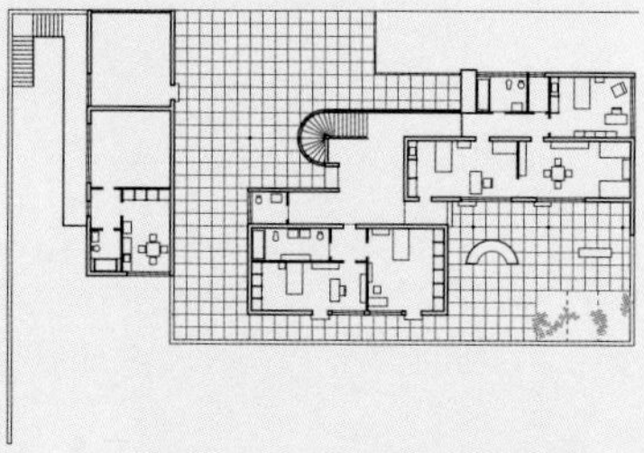

首层平面

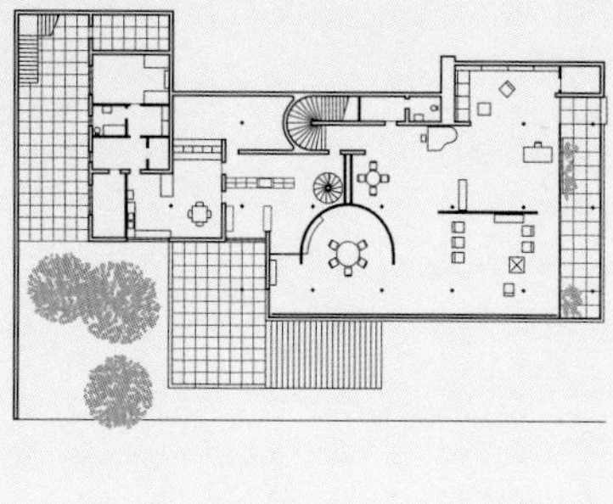

吐根哈特住宅

Tugendhat house

当1936年弗兰克·劳埃德·赖特在宾夕法尼亚州匹兹堡为埃德加·J·考夫曼建造流水别墅时，他已经几乎70岁了。它是一栋供周末度假的别墅，它呈现为景观的一部分，把大胆的悬挑平台与现存的岩石和当地粗糙的石块结合在一起。流水别墅验证了赖特的把壁炉当成回归家庭中心的想法

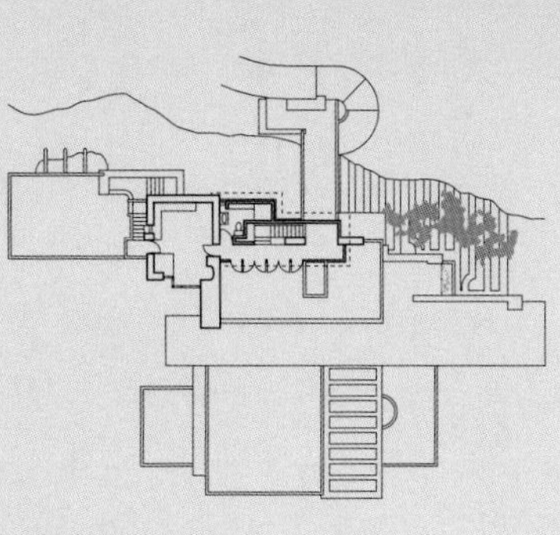

三层平面

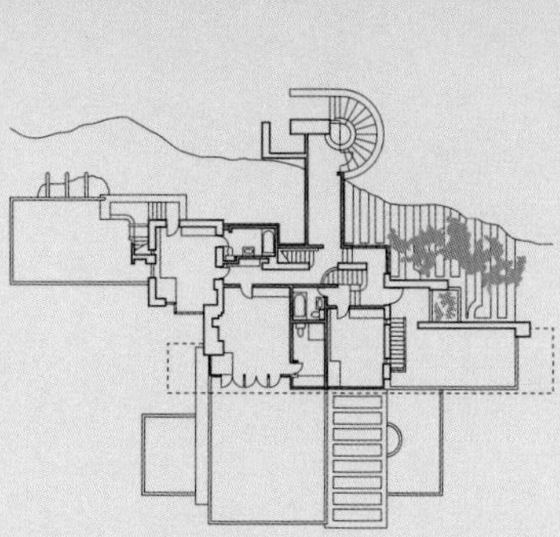

二层平面

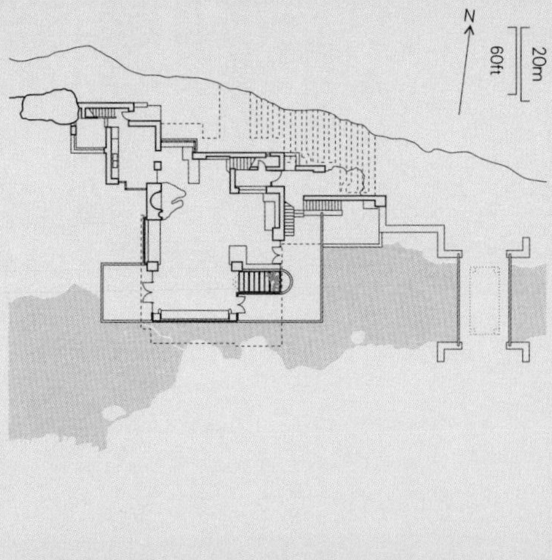

首层平面

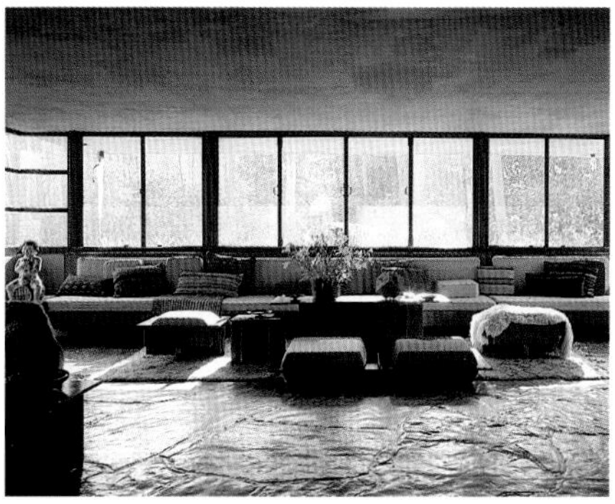

流水别墅

Fallingwater

阿尔瓦·阿尔托1937—1938年为迈雷·古利克森(Maire Gullichsen)设计的位于芬兰西部诺尔马库(Noormarkku)的迈雷别墅(上图)。他们一起成立了阿尔泰克(Artek)公司以便生产制造阿尔托设计的家具,例如由桦木层压胶合板模压制成的可堆叠的凳子(下图)

瑞拉。他们逃走了,遗弃了大部分家具,甚至他们的藏书和私人文件。在他们离开的这段时间,住宅遭到了严重的损坏,它曾一度被入侵者征用,野蛮的重建,再重建。据说盖世太保曾经占领了这栋房子一段时间,然后是梅塞斯米特(Messerschmidt)航空局。当战争进程中前线的位置发生改变后,德国人被一队苏联红军骑兵团赶走,然后红军骑兵团就和他们的战马一起驻扎在这栋住宅里——这种致命的毁灭好像不只降临在现代主义运动的这一个居住范例上,尽管在勒·柯布西耶的事例中,是德国人而不是苏联的战马造成的毁坏。1948年捷克斯洛伐克最终归入苏联阵营,吐根哈特住宅因远离西方主流生活而陷入困境,充其量只能是留在人们脑海中的一段记忆。个别西方评论家曾去看过它,幸运的是它还保留着并未被拆除。尽管它完整存在的时间还未超过十年,但它已成为建筑革新的一个关键里程碑,促进了20世纪建筑发展的进程。虽然已过去了几乎50年,只剩下一些照片可让人回想起那曾是一栋多么杰出的住宅。现在吐根哈特住宅在完全更新的政治体制中再次凸现,并在停止冷战的最后活动中发挥着自己的作用:1990年它被用作捷克与斯洛伐克解体最终谈判的地点。

1936年弗兰克·劳埃德·赖特在宾夕法尼亚州匹茨堡市郊区的瀑布上为匹兹堡百货公司的百万富翁埃德加·J·考夫曼建造了一栋周末别墅。对于它的建筑师来说,尽管已年近70高龄,却是他在面临了近10年的职业荒野和相当多的经济困阻后的一次辉煌重现。流水别墅屹立在瀑布之上,其内部从各个方向插入周围岩石的露头中,由于与20世纪任何其他的居住建筑都不同,它激发起了公众的想象力。赖特因此成为20世纪美国最为著名的建筑师,并发行了一枚邮票以示庆祝,甚至还有西蒙和加丰克尔(Garfunkel)为它专门写的一首歌曲,作此曲时,保罗·西蒙自己也短暂地学习了一段时间建筑学。

凭借克服了重力的悬挑平台凌空于瀑布之上以及将光滑混凝土与周围粗糙的裸露岩石对比使用,这栋住宅引起了戏剧般的轰动。这是美国的珍宝,就如同哈利·厄尔设计的卡迪拉克轿车一样。

库尔齐奥·马拉帕尔特(Curzio Malaparte)——生于库尔特·埃里希·祖克特(Kurt Erich Suckert),父亲是德国人,母亲是意大利人——是20世纪最具个性化的文学人物之一,他同一栋同样值得注意的住宅密切相关,这就是建造之后很久才被证实对现代建筑文化甚至比现代主义建筑运动的始作俑者所设想的有更多的贡献。马拉帕尔特仅涉足于一件建筑作品,即他的自用住宅,建在卡普里(Capri)岛上一个悬崖顶端的边缘处。但这是一件远远超越传统建筑世界并有着强烈反响的作品,它证实建筑学是文化的一种外在体现,它不会受到封闭权威专制世界的禁锢,但却能被更为广阔的组成所激化。马拉帕尔特是墨索里尼的法西斯党成员,尽管他曾被他们监禁过两次。在他于1957年去世之前,他又加入了共产党,先后曾任职过新闻记者、文化评论家、剧作家和作家,甚至负责设计了位于卡普里岛上的马拉帕尔特住宅,这个20世纪最戏剧化的

住宅设计作品之一。多年以来关于他涉及这栋住宅设计的深度一直无法确定。马拉帕尔特最初聘请的是意大利理性主义建筑师阿达尔贝托·利贝拉(Adalberto Libera)，他在很多其他的方案项目中，对墨索里尼发起的罗马在欧洲的扩张行动中，都负有建设标志性地标的责任。由于二战的爆发，不再举办博览会。马拉帕尔特聘请利贝拉为自己设计一栋住宅，但对于方案创造性的方向从未放松，甚至还亲自管理。这不是一栋根植于功能主义设计流程的住宅。马拉帕尔特住宅被当作一件文学作品，一首三维的可视诗歌，可由此引发一系列的强烈情感经验：有些是勾起回忆并植根于回忆中，另一些是可触知的，还有一些是超现实主义的并置手法，例如在充满了古典灵感气息的大厅旁是一个很大的蒂罗尔(Tyrolean)防水砂浆罩面的暖炉，再如安装在尺寸精确框架上的玻璃窗，它穿透一块巨大的实墙从而显露出住宅下方的海面上令人烦恼的螺旋形岩柱。

在规划设计文件中可以看出甚至在施工开始之前马拉帕尔特就已经无需利贝拉的服务了，这栋住宅的最终形式是综合了多人的想法，这当中包括马拉帕尔特自己、他的工匠以及他的一些朋友。住宅的设计工作始于1938年：也依计划做了一些草图，但利贝拉在住宅竣工时拒绝对住宅的形式负责。

在这个复杂而困难的过程中，一个非凡的地标诞生了。通过其著名的阶梯状屋顶，马拉帕尔特住宅令人联想起一个古典希腊剧院——就像意大利本岛海边残存的废墟一样——同时也结合雕塑般的曲线形混凝土，它清晰地反映了20世纪30年代的流行主题。这是一栋为非常特殊存在现象设计的住宅：为一个自觉的反资产阶级的人，一个对传统家庭生活不感兴趣的男人，一个耽于声色的人但又刻意为自己找寻一个地方以便可以用于退隐独居、写作及沉思。

这栋住宅坐落在十分奇特的景观中，以至于早在20世纪20年代，它就已经被一个联合官方组织确立为保护项目，以使之避开毫无同情心的现代主义建筑运动。马拉帕尔特利用他的政治关系获得了必要的有关批准。在他所著的书《La Pelle》中有一段提及一个有趣的小插曲，在埃及的阿莱曼(Alamein)之战的前夜，他宴请招待了费尔德·马歇尔·隆美尔(Field Marshall Rommel)。这位军人问他是否当他买下这里的时候这栋住宅就已经存在了，还是他亲自建造了这栋住宅。据马拉帕尔特说，“我回答说——当然这并不是真的——我买的是一栋现成的房子。并且我挥着手势指出马特罗马尼亚陡峭的悬崖……和泛着金色微光的意大利帕埃斯图姆海岸，我说道：‘我设计了这里的风景。’”

迈雷别墅(VillaMairea)，是阿尔瓦·阿尔托的伟大居住建筑作品，为生于阿霍尔斯特罗姆(Ahlström)的迈雷·古利克森(Maire Gullichsen)设计。阿霍尔斯特罗姆家族是芬兰的大工业巨头之一。最初他们经营造纸和林木加工业，在20世纪末他们甚至还控制着一个跨国公司。20世纪30年代亨利·古利克森(Harry Gullichsen)与迈雷·阿霍尔斯特罗姆(Maire Ahlström)——这位家族奠基人的孙女结婚。在1935年，这对夫妇通过阿尔托的一位艺术评论家朋友，尼尔斯·古斯塔夫·哈尔(Nils Gustav Hahl)的介绍认识了阿尔瓦·阿尔托。他们一起成立了阿尔泰克(Artek)公司，主要致力于生产不同范围的家具来影响芬兰的现代生活本体，其中最好的设计都是由阿尔托亲自完成的。阿尔托同样也被邀请参与了阿霍尔斯特罗姆公司城的总体规划。然而正是迈雷别墅，这个延长了设计时间并直到二战爆发前才刚刚竣工的住宅成为了建筑师与业主间合作的最卓越成就。这栋住宅建在芬兰西部的诺尔马库(Noormarkku)——远离赫尔辛基——坐落于自1877年以来阿霍尔斯特罗姆历代建造的一系列复合住宅之中。它不是一栋仅用作家庭生活的房子，而是作为一名商业精英渴望实施文化影响的场所，通过它可以影响芬兰自己的视野以及它在整个世界中的地位。

迈雷·古利克森曾学习过绘画，是一位画家，因此这栋住宅某种程度上被当作一个容纳来自世界各地的非凡现代绘画收藏品的地方，同时它也被用作招待来访艺术家和作家的场所，就在这个欧洲偏远的角落里始终活跃着一个高层次的文学艺术沙龙。住宅中的社交用途房间表现出其最主要内涵：它们中最大的就是232m^2(2500平方英尺)的画廊。更为重要的是方案同周围山林基地的关系，这里成为阿尔托谨慎地采用他惯用的L形平面布局的起点。古利克森住宅的设计灵感来自原始山野而非都市：美丽的手工艺风格、精巧、复杂且富于隐喻。直到二战爆发前它才刚刚竣工，同时成为战前著名的现代主义住宅作品中的最后一个。

1930–1940

Casa Malaparte

马拉帕尔特住宅

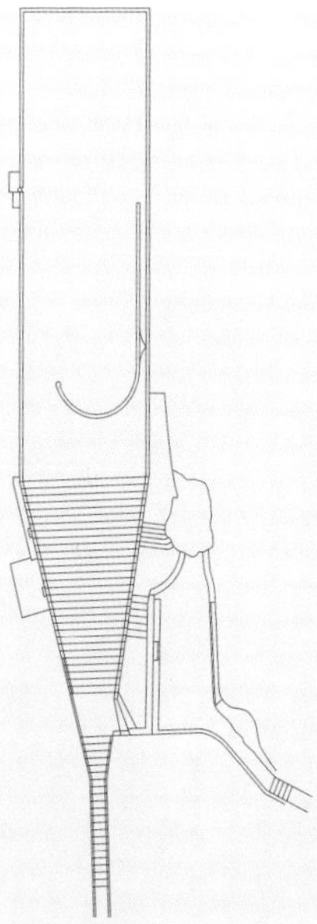

屋顶平面

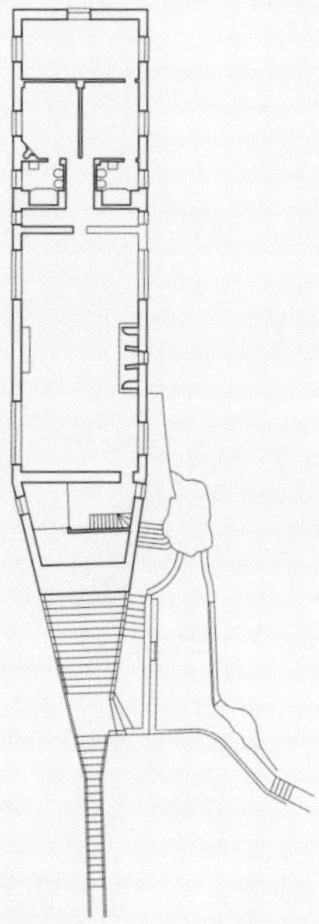

二层平面

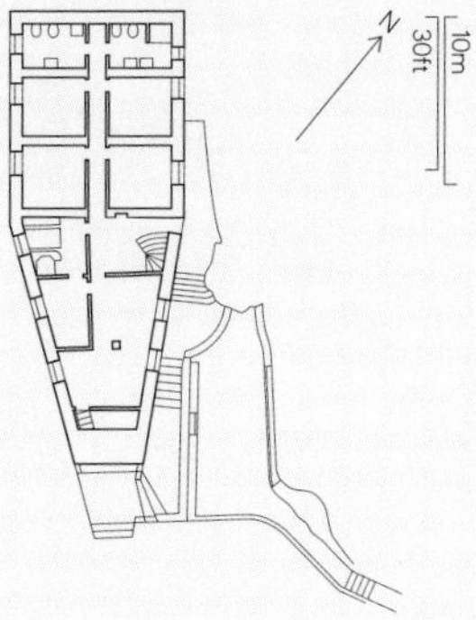

入口层平面

在作家库尔齐奥·马拉帕尔特与建筑师阿达尔贝托·利贝拉之间的紧张关系促成了位于卡普里岛上的如同舞台剧般紧张刺激的马拉帕尔特住宅，它在二次大战爆发前刚刚竣工。马拉帕尔特对传统家庭生活不感兴趣。只不过是吃早餐的一个地方，这样的居住目标建构起了一系列值得注意的景观，同时也产生了雕塑般的屋顶

5

The dream of plenty 1940–1950

第五章

1940—1950：富足之梦

在20世纪40年代，广告业开始向大众推销新生活方式的理念。下面这个摘自《星期六夜邮报》的实例就反映了机器设备用于家庭生活所带来的方便魅力

20世纪40年代，由于没有受到第二次世界大战的破坏，美国经历了史无前例的黄金时代。新型汽车，郊区的安静生活，一切都欣欣向荣。购物中心建在城市边缘供人驱车前往，在往日荒芜的土地上建起房屋成为这一时代的特点。随着美国国内电影业的快速发展，这种新奇的美国生活方式成为功利主义(materialism)的代表，吸引着世界各国的注意力。从美国的工业中产生了崭新的消费对象：电视、电吹风，以及1947年由波西·勒·巴伦·斯宾塞(Baron Spencer)设计的第一只微波炉。这些东西本身平凡而微不足道，但错综复杂地编织在一起就形成了一个强有力的家庭梦想，足以与现代主义的严肃态度相匹敌。

这一时代有三个代表性的住宅——菲利普·约翰逊于1949年在新卡纳恩(New Canaan)建造的玻璃住宅；密斯·凡·德·罗在1946-1951年间于伊利诺伊州的普拉诺设计并建造的范思沃斯别墅，以及1945-1949年间查尔斯·伊姆斯建于加利福尼亚州的圣莫尼卡(Santa Monica)的查尔斯·伊姆斯与雷·伊姆斯夫妇的住宅。这几幢住宅都非常相像，都是由单纯的玻璃和金属建造的。实际上，菲利普·约翰逊和查尔斯·伊姆斯都承认自己受到密斯的影响。但在内部他们对消费利益影响的回应是完全不同的。密斯尽可能地减少实体，至少使别人看不到它们，并尽可能省略它们，在范思沃斯住宅中就是这样。的确，在整个建筑中惟一可以用来挂家庭照片的地方是在浴室。除了卫生设备，密斯设计了住宅的每一部件，建筑、家具都包含在内。在建筑中甚至没有为艺术品准备的空间——因为再好的艺术品也不能和绿地的景致相比。在另一方面，约翰逊对实体就不那么厌恶。实际上他根据自己的口味取舍实体并展示它们，这些实体由此变为欣赏的对象。但在伊姆斯夫妇住宅中，设计师将自己的财宝堆满房间，不管是珍贵的，世俗的，外来的，流行的，统统纳入——有些物品被纳入只是因为它很多。整个住宅就像是精美的橱窗，只是里面物品间的关系有明显的控制和秩序。在伊姆斯夫妇住宅中，物品遍布各处，咖啡桌上、顶棚上、墙面上、地面上、床上，比比皆是。

1937年当沃尔特·格罗皮乌斯移居到美国，他重新开始了教学与建筑实践，并尝试把他的机械化理念应用于预制活动房屋的设计。照片上他正与工业化房屋的先锋康拉德·魏希曼(Konrad Wachsmann)一起监督指导整体盒式住宅的组装

①菲利普·约翰逊与珍妮特·亚布兰斯的谈话“从马特·布莱克到孟菲斯及再次回归”，《蓝印》杂志，1989年。

如果没有密斯，菲利普·约翰逊的玻璃住宅还可能出现吗？显然不能。约翰逊曾是密斯的首席吹鼓手。约翰逊年轻时在1920—1930年间遍游德国，了解过纳粹主义，在大萧条时期用自己继承的遗产过着富足的生活，并用遗产中的一小部分在柏林周边为密斯的作品投资，好像歌剧中的角色。

1931年在纽约的现代艺术博物馆举办的国际设计展中，约翰逊和亨利·鲁塞尔·希屈柯克一起打造了密斯在美国的声誉。但当约翰逊最终决定不再遵循文化的原则，不再作一知半解的政客，而成为一名职业建筑师时，他选择了去哈佛镀金，追随沃尔特·格罗皮乌斯，而不是到密斯摆脱纳粹迫害后前往任教而更偏实用的伊利诺伊理工学院。在此前密斯身处德国的纳粹统治之下，这次任教是他意识到自己作为石匠的儿子出身清苦而作出的成功决定。

在20世纪50年代，在约翰逊的介绍之下，菲利斯·兰伯特(Phyllis Lambert)委托密斯为她父亲在曼哈顿设计西格拉姆大厦。作为回报，约翰逊负责设计大厦地下室的四季餐厅。结果，密斯和约翰逊就此闹翻了。约翰逊说，在深夜和威士忌刺激下，两人仅为费用抑或是关于荷兰建筑师亨德里克·博拉格(Hendrik Berlage)的问题就引发了争执。

在此之前，约翰逊在新卡纳恩建造了玻璃住宅，实现了他在哈佛的毕业设计。设计是提交格罗皮乌斯和马塞尔·布劳耶(Marcel Breuer)的，但模仿的显然是密斯，在密斯为一位保健医生——范思沃斯——修建的标志性住宅完成的前两年，他就将玻璃住宅建成了。

约翰逊于1949年设计了自己的家，此时他已经对范思沃斯住宅非常熟悉了(后者的图纸在现代艺术博物馆展出)。很久之后，约翰逊告诉英国建筑批评家珍妮特·亚布兰斯(Janet Abrams)说：“密斯称我的作品是其作品的劣质仿造，他一向不喜欢。我从未试图重复他的工作，但我显然受到他的影响。”①

现代的建筑史学家都渴望寻求上述两个作品中“性”的含义，这也许是建筑的主题开始反映更多思想时尚的标志所在。

约翰逊玻璃住宅的形象与其

查尔斯·伊姆斯与雷·伊姆斯建造了一栋独立建筑：位于加利福尼亚州的圣莫尼卡的自用住宅，但他们的家具设计则被证实更具影响力。他们的储物柜、分割墙与木椅模糊了家庭与办公室间的界限。铝制椅子(上图)简直就是一件技术与艺术的绝技之作

他大众化的建筑很不合群，在建筑师的术语中被称为“违规”、“暴露狂”和“露营帐篷”。当代女权主义读物有关范思沃斯别墅的描述与勒·柯布西耶和艾琳·格雷(Eileen Gray)所作的阐述相比把它作为与泰德·休斯(Ted Hughs)和塞尔维亚·普拉斯(Sylvia Plath)相等价的灾难。

玻璃住宅中独有的理念后来理所当然地被纳入现代主义标志的一部分，这种理念与原有的将住宅作为庇护所的概念相反，在约翰逊或密斯建造玻璃住宅之前的20年，沃尔特·本杰明就说过：“居住在玻璃住宅中是一种革命。”范思沃斯别墅当然是革命。内墙在没有到达外墙时就中止了，浴室是一个独立的实体，将卧室与主要空间分隔开的仅仅只是一个茶杯架。整个住宅只有一层，飘浮在河边的冲积平原上，好像与地面毫无联系——这是一个能同时表达实际功用和象征意义的视觉形象。艾迪斯·范思沃斯声称住宅体现的无情和冷酷是建筑师违背业主意愿的欺骗。她拒绝买单，声称密斯的设计超过了预算，还说密斯作为建筑师应当偿付费用，正如艾利斯·T·福

莱德曼(Alice T.Freidman)的书《现代住宅的建造》中所述：范思沃斯为密斯作免费的健康咨询，那么密斯为什么要替自己的专业服务收费呢？而且范思沃斯还把争论引向了大众。在1953年的杂志《美丽之家》(House Beautiful)中，范思沃斯将密斯描述为险恶的日耳曼主义者，要将其跋扈的狂热伸向纯洁的美洲。密斯最后去法庭讨要他的设计费，最终赢了官司。实际上范思沃斯认识密斯多年，也曾热情地支持密斯在1947年现代艺术博物馆展出的住宅设计。但她对最终的建成品的抱怨违背了最初的承诺，而实际住在这幢房子里的确会很尴尬：全是玻璃的墙体无疑会造成心理上的压力，特别是在晚上。密斯在住宅的核心设计了另一个浴室，所有吃午饭的客人都能看到浴室门上范思沃斯的睡袍。批评家认为这是在为偷窥作宣传。《美丽之家》引用范思沃斯大夫的话说：

“实际上在这么一个四面都是玻璃的屋子里我感到自己像一个展览的动物，总是很紧张，无法放松。在水槽下面我无法存放垃圾，你知道为什么吗？因为在

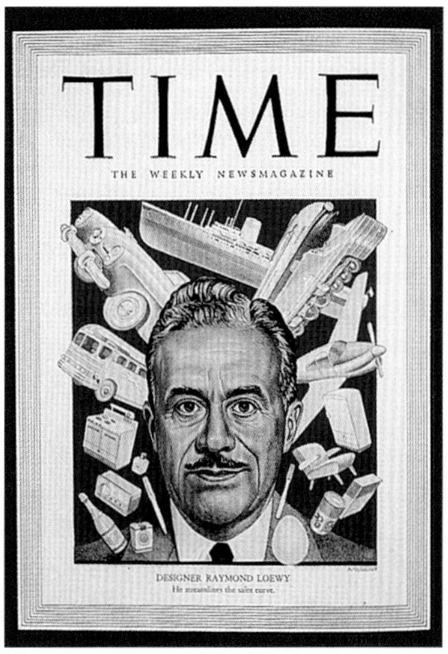

1949年10月，雷蒙德·勒维——美国第一代工业设计家——上了《时代》杂志的封面，同时刊登了其设计的领域，从冰点电冰箱到灵狐犬公共汽车。勒维把好的设计作为"一条向上的销售曲线"，这对所有伟大设计家的虚拟创造都有惠益

接近住宅的路上整个厨房一览无遗，垃圾会影响建筑的形象。所以我只能将垃圾存放在远离水槽的柜子里。密斯鼓吹'流动空间'，实际上他的空间是凝固的，我在不影响外观的前提下甚至无法添置一个衣架，家具的安排是主要问题，因为整栋房屋像处于X光下一般通透。"

尽管爆发了争执，范思沃斯还是在该住宅中居住了20年。"X光的图像"实际上并不总是缺点。勒·柯布西耶曾经使用"X光的图像"的手法来表达"房屋是身体，阳光是X射线，桁架是钢的骨骼，坡道就如同肌肉，通风管就是血管和肠"的理念。这座住宅最终归属于彼德·帕兰堡，一位20世纪住宅的收藏家。他还购买了麦松·乔尔(Maisons Jaoul)住宅，这是他的另一笔财富。

范思沃斯住宅表达的另一信息是其证明了美国代替欧洲成为了现代主义的中心，而且改变了现代主义的涵义。范思沃斯住宅是密斯在美国文脉下建筑设计思考的实际反映。

密斯、约翰逊、查尔斯·伊姆斯和雷·伊姆斯赋予钢与玻璃住宅一种新的，也许是美国式的性格。这种性格反映了在欧洲的文脉之下不可接受的景观，并反映了，至少是在伊姆斯住宅中反映了对美国发达的工业与富足生活的乐观与接纳。另一个明显的区别是壁炉。密斯从不用壁炉，而约翰逊将壁炉作为住宅的核心，同时也从处于浴室的圆柱当中将其分离出来。通过这样做，约翰逊脱离了弗兰克·劳埃德·赖特的先例，使壁炉由传统的住宅核心走向了当代家庭。

查尔斯·伊姆斯和雷·伊姆斯在加利福尼亚的圣·莫尼卡建造了自己的住宅和工作室。像里特维德(Rietvild)的施罗德－施拉德(Schroder-Schrader)住宅一样，以自己的方式影响了建筑的形象。有趣的是伊姆斯和里特维德都设计了表达自己建筑理念的家具作品。两人的住宅都是轻质的，有明显的空间自由，富于色彩冲击力。二人都有脱离建筑主流的倾向。但是，里特维德的作品展现了蒸汽机－螺旋桨时代，而伊姆斯的作品(虽然他自己也承认受密斯·凡·德·罗的影响)则在庆祝美国进入了一个富足的工业时期。作为一系列实验住宅中的一座，在加利福尼亚住宅杂志《艺术与建筑》的一位出版商约翰·恩坦扎(John Entenza)的鼓励下，住宅的修建开始基于工业产品的科学应用，这些产品，材料和技术最初是为了不同的目的发展起来，在各自领域有强大的力量。正如雷纳·班汉姆(Reiner Banham)指出的，他们的住宅应从货架上选择，但是查尔斯和雷·伊姆斯没有货架可选，他们作品本身就是堆满世界上最成熟的工业体系产品的货架。住宅的诗意也是来源于美国工业产品的内部质量。这不是迪尚(Duchamp)的富于挑衅意味的"现成品"，而是现成品认真细致的美学。伊姆斯住宅和整个加州的运动在现象上也不是独立的。格罗皮乌斯自己也和康拉德·魏希曼一起设计预制工业化住宅。

伊姆斯住宅本身在尺度上是谦逊的，在加州的文脉中，富足并不意味着夸耀和佣人，它体现的是与环境的亲密，以及能容纳空间复杂性的简单形式。很明显，住宅是从威廉·莫里斯的手工艺中异化而来，虽然就很多方面而言它和莫里斯在一个世纪前预料的一样具备反城市的特性。和莫里斯一样，伊姆斯住宅进入学校，有了很多追随者——然而莫里斯好像不喜欢高技派建筑师。这些建筑师在伊姆斯住宅中寻求坚持自己的工作的力量，为伊姆斯带给他们的挑战而欣喜。伊姆斯用铝制造家具的尝试是在设法达到利落和鲜明的感觉，而当时用来建造伊姆斯住宅的建筑技术现在已成为历史。试着想象一下在20世纪40年代末代表先进技术的汽车开进伊姆斯住宅时的场景：伊姆斯住宅仍然是场景的一部分，而那辆车现在看来就有些荒诞。伊姆斯设计的铝制椅子——早期的钢杆和1945年的折叠椅子仍在按他们发明时的方法生产，看起来还是那么有力。

1940–1950

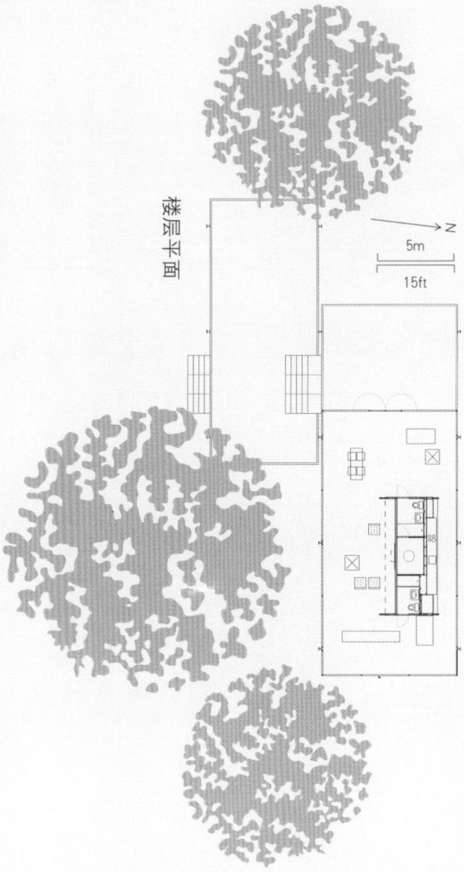

楼层平面

范思沃斯住宅

伊利诺伊州普拉诺的范思沃斯住宅消除了所有的封闭性，密斯·凡·德·罗的住宅看来流入了自由的空间。密斯和范思沃斯的紧张关系导致了二人的相互揭短直至走上法庭。范氏提及了密斯的玻璃墙造成的压力，虽然后来她又在该住宅中住了20年

Farnsworth house

玻璃住宅

Glass House

菲利普·约翰逊在新卡纳恩建造了他的玻璃住宅。完成时间早于范思沃斯住宅的建成时间。但是他很清楚这一方案，也承认根植于地面的住宅受到密斯的影响。相反，范思沃斯住宅是悬浮在空中的

楼层平面

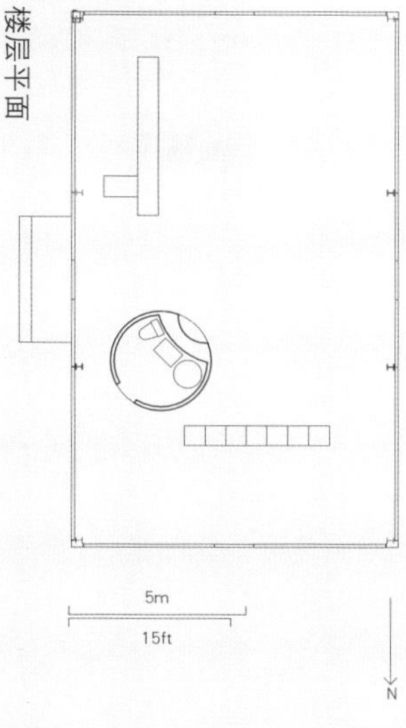

1940–1950

伊姆斯住宅

作为第二次世界大战之后一系列实验性住宅中的一个，伊姆斯住宅依仗的是设计师感性认识下选择的一系列优秀工业产品。内部高差被钢架坦率表达，值得注意的还有伊姆斯的收藏品

Eames house

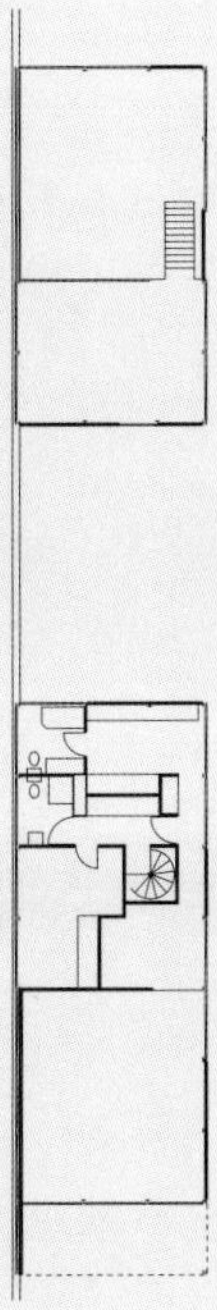

二层平面

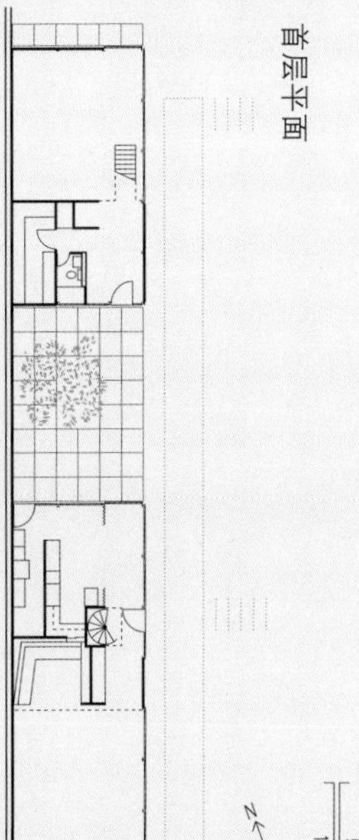

首层平面

6

The escape from austerity
1950–1960

第六章

1950—1960:逃离严肃

高登·卢塞尔(Gordon Russell)设计的家具，如1951年设计的戴维·布什餐具架，它帮助树立起“不列颠节日”的风格(上图)，但真正处于领导地位的是1952年由阿恩·雅各布森(Arne Jacobsen)设计的三腿蚂蚁座椅(下图)

在20世纪50年代，英国在战后进入了一个比布利兹(Blitz)大萧条更为阴冷的时代。英国的设计业当时是乡镇工业式的，充满狂热，或者有些俗气——当时的建筑师威尔士·科兹(Wells Coats)和休·卡森斯(Hugh Cassons)在建筑外同时还有很多副业，而他们的作品——用于推动远程运输机的推进器的广告、白色珐琅燃气加热器，或是为英国生物碱厂的杀菌瓶设计的标签——如果不与美国或斯堪的纳维亚的产品相比较，这些作品看上去还不错。

如果把新式的阿尔法·罗密欧跑车、马尔切洛·尼佐利(Marcello Nizzoli)设计的奥利韦蒂(Olivetti)最新式打字机或吉奥·蓬蒂(Gio Ponti)的咖啡机排除在外，这时的设计产品实属可怜。甚至“不列颠的节日”，一件实际上直至1951年才投产的20世纪40年代的作品，在当代人的眼里也并不像当年描述的那样成功。比如建筑师詹姆斯·斯特林(James Stirling)还记得他在伦敦南银行(South Bank)的一次参观之行——失望之至——因为那些错失的机会和设计当中体现的妥协而感到失望。然而，不管不列颠的设计是否濒于边缘，当时英国仍致力于创建现代设计业。设计师从军工中解放出来，在战后重建当中感受自己的目标，设计成为一个乌托邦的事业。它是整个民族用以确定未来可能的方法。由于经济受到严重创伤，不列颠没有机会向消费者制造现代社会所承诺的一切，但设计在战后岁月却可以展示(虽不是实现)一个富足的梦想。

作为贸易部长，斯特福德·克里普斯(Stafford Cripps)爵士基于他的原则创建了设计协会——原名为工业设计协会。这个斯特福德就是当年那个在艾德礼(Attlee)的1945年政府中任财政大臣的人，在其任职期间的统治严厉程度被伊维利恩·沃(Evelyn Waugh)描述为“好像在敌人的占领之下”一般。然而克里普斯和休·戴尔顿(Hugh Dalton)——贸易部的继任者——在政府的设计政策的制定方面却居首席，其原因与撒切尔夫人在40年之后如出一辙。

即使在战前，从玻璃制品到美国时装的各种产品在与英国本地产品比较时所体现的优越性使

①斯特福德·克里普斯，英国BBC广播公司档案，伦敦。

亨利·波托亚1953年设计的钻石图案休闲椅（上图）是一个战后雕塑家涉足设计的早期实例。吉奥·蓬蒂（Gio Ponti）1957年设计的超长腿椅（下图）是一个技术与视觉上的例外

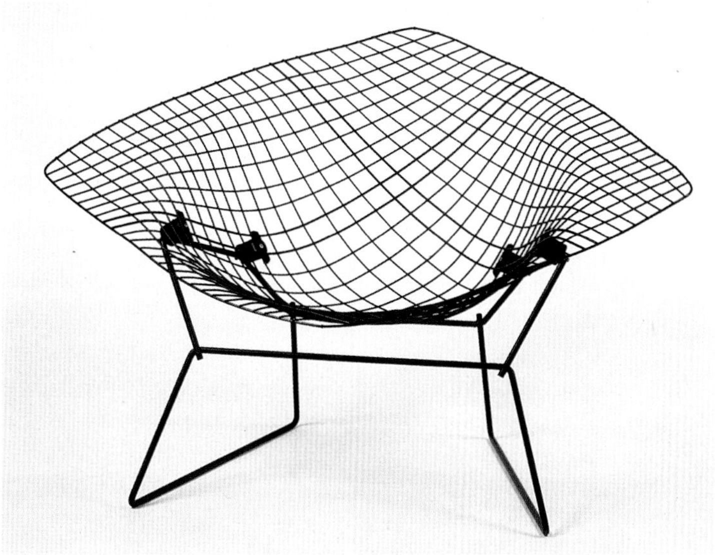

政府在阻止它们占领英国市场时无计可施，戴尔顿和克里普斯也承认这一点。但是有一点使1940年的设计观与20世纪80年代的相互区别，那就是其支持者的道德取向。设计对于抽着烟斗、结着领花，创立了贸易部的设计渠道，管理着工业设计协会并经营“不列颠节日”的人来说，除了道德的十字军之外毫无意义。除去工业重建的借口，设计不只是一个经济问题，而且是文化问题。做得像蜡烛和火苗的灯都被认为有不道德的意味，表里不一是一项明显的罪过。不太富裕的时候，对于粗俗的功利主义是鄙视的。好的设计不只是推销商品，但如同斯特福德向英国广播公司揭示的，它实际是由“品位”、“社会价值”等术语定义的。

“在家里我们通常注重的是生活的标准，我们对渴望的程度无法进行量化评价。无视它的特点，就是无视我们的收入能‘购买’的生活。即使身处富裕，还是可能生活的肮脏丑陋。制造商和买家都不能容忍这种丑陋和低劣，无法提供欢乐和满足的生活标准实是骗局。”①

设计是个道德问题，这不是新的观念，在英国，从威廉·莫里斯开始，一种理念就始终处于窘境：装饰是优点，多余的装饰就是罪恶。在世纪之交这种理念传入了维也纳和柏林，在20世纪30年代，自欧洲大陆的一队流民将相似的信息带回了包豪斯，被格罗皮乌斯补充，成为机器时代的美学。不过设计仍是雕虫小技，它体现在萨福尔克(Suffolk)周末的农庄，体现在自我容纳的世界，体现在纸夹子和陶器中，但别处就没有了。这是一种以简明和克制为特征的品味。

在战前只有不多的设计公司，如杰克·普里恰德(Jack Pritchard)的Isokon公司，该公司以沃尔特·格罗皮乌斯为设计导师，将势力扩展到大西洋对岸之前主要在伦敦制作马塞尔·布劳耶(Marcel Breuer)的作品。同时代的安琪泊伊斯公司制造灯具，而为以芝加哥为中心的伊柯(Ecko)公司制造收音机。

但是在20世纪40年代，英国紧张的战局推动了莫里斯和格罗皮乌斯的支持者——曾是一小撮精英的代表——成为杠杆的支点。这队人物中的典型是高登·卢塞尔(Gordon Russell)。战前

1954–1956 年建于塞纳河畔纳伊的麦松·乔尔住宅。由勒·柯布西耶设计的两栋相连住宅显示出与其战前纯粹主义巨大的美学取向差异，就如同萨伏伊别墅所表达的一样

他是设计师，在科茨伍兹(Cotswolds)制造家具，试图以现代主义的合理内容调和英国的手工业运动，以适应不列颠的甜美品位。

卢塞尔进行了最著名的尝试，试图集中设计精英的品位，这次尝试就是英国大众熟知的功能家具方案。供给局(Ministry of Supply)以几片大众根本不需要，本国市场难以接受的木片限制本国家具的生产，代之以20种价格被控的项目。生产实用设计之外的项目可能面临入狱的指控。直至20世纪50年代，只有轰炸的幸存者和新婚家庭才可购买家具，定量配给之下对桌椅板凳都有严格限制，形式在今天看来也是极其老套，因而面临极度不理解，甚至制造院边篱笆的厂家也对之加以嘲笑。以前影响英国品位的尝试——始终致力于实施现代主义的尝试已经将注意力集中于教育。大众只能购买好的设计，其他的则根本不能用。

国家可以允许家庭使用什么由政府官员决定，这样的理念今天看来不可理解。但是站在战时供给经济的角度上，这种家长作风非常自然。在战后的福利政策的建筑中也有所流露。

实用主义家具被认为是重要的成功，它使政府工作者和当时的设计师能为已在进行的战后重建提供一种模式。但是战争萧条的记忆和高品位对英国产生了持续的影响，看来，简化的现代主义成为战后影响的必然部分。

高登·卢塞尔在1944年创立不列颠工业设计协会时是该组织的中坚力量，后来成为该组织主席。协会面临着两个窘境，它要说服大众认为设计是个“好东西”，还要试图使工业家生产更好的产品。悬而未绝的最大问题是如何定义“更好”。这是一个空前的时代，英国政府试图介入确定当时建筑的各个细节。战后重建和街巷清理是最优先的，官方设计师在原有的房屋设计上进行工作，在四年的轰炸后为归来的老兵和他们的家属安顿住处，同时帮助军工企业转产。

20 世纪 50 年代政府的保护机构建立了帕克·莫里斯委员会，收集各种优秀的装修，将结果修订成册在全国推广。其阐明了各房间之间的关系以及各房间面积的严格规定。它特别指明空间划分以及通常家具的尺寸，还

布劳恩(Braun)消费者电气公司在20世纪50年代生产的家用电器系列将现代建筑运动的朴实与严肃风格带进了商业产品中

有全国通用的标准平面。

为地方权威工作的建筑师尽力工作，多数的开发商是为利润工作的。这是一个公共部门提供的住宅标准高于个人商业行为的时代。这显然是不可持续，不平常的情况。为吸引顾客，私营开发商只能使其产品更加特别，至少在室内景象上有所不同。如果说公共部门的住宅在建筑文化上是阳春白雪，私营的开发住宅则是下里巴人。也许从技术和美学上看它都较拙劣，但由于市场的原因却戏剧性地使之看来更加实用。

随着战后严肃的重建时代的结束，欧洲建筑文化的统治地位也由此终结，同时，由尼克鲁斯·佩夫斯纳(Niklaus Pevsner)和他的追随者定义，包括勒·柯布西耶、包豪斯、国际式及其追随者在内的现代主义也越来越不可信了。

美国、瑞士和拉丁美洲没有受到战争的创伤，同样致力于房屋设计。在战后重建的浪潮之后这个队伍中又增加了意大利和日本。两国在建筑设计上有新的特性。在意大利，这个时代被称为“奇迹年”。以这段时间，至少意大利北部在前工业时期一跃成为欧洲工业的领头羊。

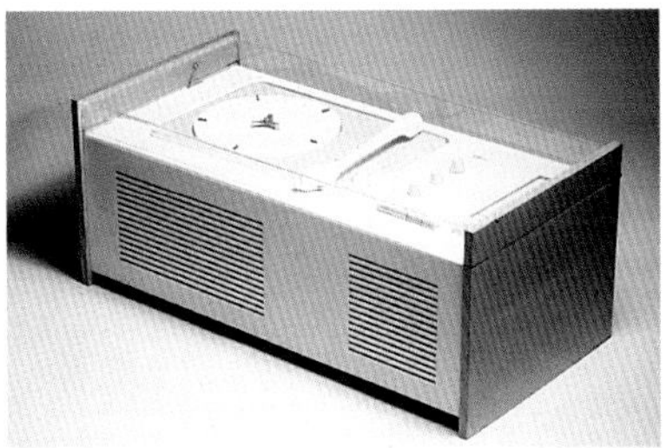

从贝伦斯和AEG的时代开始，工业设计已经历经漫长的道路，设计师的责任在于使工业机械化适应各国文脉。设计师，瞄准机械化，创立了全新色彩。新材料和新的不同寻常的视觉语言，在此过程中意大利人是领先人物。阿基莱·卡斯蒂廖尼(Achille Castiglioni)在1940年设计了雕塑般的立体声(Phonola)收音机；在1948年，马萨罗·尼佐利（Marcello Nizzoli）为奥利韦蒂（Olivetti）设计了莱克西康(Lexicon)80打字机；米兰致力于将传统的作坊工艺——制革、金工和木工——应用于世界最先进的现代家具生产。作坊工艺可以用以制造先进制造工艺依赖的工具。

在1964年东京奥运会上，丹下健三的体育馆表明日本不仅修复了两颗原子弹的战争创伤，而且其建筑不再重复西方的原型。在建筑方面，其他文化领域一样显示了原创性。建筑是一国表明其文化优于别国的重要手段，或是各领域的核心，并表达了价值观上的差异。

这样，受到欧洲殖民统治的南北美洲、澳洲、印度和非洲很

奥斯卡·尼迈耶的自用住宅，可俯瞰里约热内卢，它帮助树立起了20世纪50年代一种属于拉丁美洲的建筑特色——特别是采用钢筋混凝土塑造复杂的曲线表面

②引自詹姆斯·斯特林关于麦松·乔尔住宅的评论，见《建筑回顾》，1956年3月，第154-161页。

快开始用建筑表达殖民者和被殖民者以及殖民与帝国主义的关系，而二者的关系易于含混。其中既需要创造熟悉的感觉，同时也免不了含有失落感，排外和自卑。在悉尼和墨尔本，19世纪英国殖民者在广袤土地的边缘建起城市，并尽可能地在其文明的基础上重建城市的郊区。自15世纪以来葡萄牙和西班牙人到达新大陆后，教会下的建筑师、军人和牧师最早标明了欧洲的霸权。在后来的400年中欧洲始终保持着创造的灵感、参考的方向和权威性。表达的方式则是建筑及其他种种。葡萄牙的巴洛克风格、新英格兰的帕拉第奥主义及后来勒·柯布西耶在巴西的现代主义，都表明了其与遥远都市文明的不同。直到20世纪的下半叶，殖民地才开始显示特有的建筑特征。

虽然对这些国家来说建筑语言导致了其自我肯定的言过其实，但当特有的建筑语汇出现时整个国家会明显地感受到民族自信。从美国的F·L·赖特到战后日本的丹下健三都是这样。在墨西哥，路易斯·巴拉甘(Luis Barragan)处于相似的地位。巴拉甘设法将传统和现代相结合，其方式体现了墨西哥作为现代国家的特征。但所有这些人都是在特有的文脉中工作的。巴拉甘的工作几乎是排他的，这是墨西哥的烈日，废墟的断垣和前哥伦比亚文化的强力几何形体结合形成的产品。但巴拉甘去过欧洲，在那里他见到了也是以充满美的享受的现代性著称的勒·柯布西耶的作品。巴拉甘的作品中强烈的色彩是墨西哥及其阳光的产物。

他对空间的品质经过非常认真的推敲。每一面墙和每一扇窗都经过充分的思考，建筑物各种尝试的效果在建筑师完成作品之后仍不断变化着。

在巴西，奥斯卡·尼迈耶(Oscar Niemeyer)于20世纪50年代在里约热内卢海滩的山顶上建立了自己的住宅。他在一个显著的地形上创造了自由的形式。它是建筑，同时也是雕塑，像墨西哥的巴拉甘一样，尼迈耶也协助一个国家形成了民族自信。

此时由20世纪所发生事件引发的一种修正主义思想开始出现，同时鼓舞了新的设计整体的发展，正如丹下健三、路易斯·巴拉甘和奥斯卡·尼迈耶作为他们自己国家的天才出现一样——而不是遥远欧洲始祖的模糊回应，因此对20世纪早期各团体的作品，如未来派、表现主义和理性主义开始重新受到评价。不再作为20世纪建筑发展的盲点，不再是建筑演变主要过程的点缀，而是独立的主要事件。这种评价可以作为新一代建筑师扩展新的可能性的许可证。

同时勒·柯布西耶，最富创造力的先锋，开始重新定义自己，像毕加索(Picasso)在不同时期改变画风一样，自这一刻起柯布西耶由精确和纯净的早期设计转入20世纪50年代至60年代的粗野形式。马赛公寓部分地体现了他关于公共生活的观念。战后法国的紧急状态意味着使用粗重的混凝土，而不是建筑师喜欢的玻璃和钢。在1954-1956年间完成的麦松·乔尔住宅则以使用手工混凝土和粗笨的砖工为目标。它不再是生活的机器，而是三维的雕塑。詹姆斯·斯特林可能是20世纪下半叶最有成就的建筑师，他将这个方案作为柯布西耶的成功标志。[②]

麦松·乔尔住宅标志着勒·柯布西耶的作品由现代主义的精确——以精确的机器生产的大量性构件建造私人住宅——进入其后期作品的一种更为豪放的表达，如麦松·乔尔住宅式的粗混凝土、含砂的砖和人造的拱。只是在1920-1930年间由于与堂兄彼埃尔·让纳莱特(Pierre Jeanneret)，特别是和夏洛特·彼兰德(Charlotte Perriand)合作时，勒·柯布西耶才将注意力转向家具设计。在20世纪50年代至60年代，他又回到了若干年前

家居与宜家(IKEA)的产品对家庭室内使用布置的看法拥有国际影响力

他所定义的对象类型上。

这一时期大量消费品在数量、种类和选择上都极大丰富。在战前洛基·巴尔德(Logie Baird)发明了电视，其第一次商业应用是发生在战前的纽约，但是直到20世纪50年代电视对日常生活的强烈影响才显现出来。亨利·德雷夫斯(Henry Drayfuss)为美国无线电公司设计的电视最终为现代电视机定了型。安培克斯(Ampex)600便携录音机从1954年起开始生产，又开辟了消费的新领域。它们和其他产品一样，在过去30年中从稀少变为普遍，直至落伍。

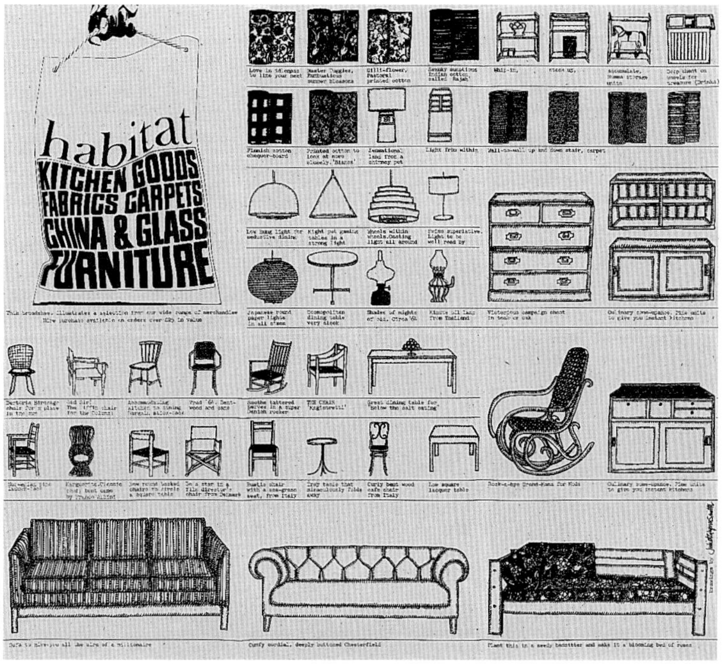

自1951年起，德国布劳恩(Braun)消费者电气公司由乌尔姆艺术学院(Hochschule fur Gestaltung in Ulm)，战后包豪斯的成功人士重新设计了其视觉形象，将其应用于收音机、录音机、电剃刀和新式的食品加工设备。将产品作为世界的道德观和文化的反映而不是短期的商业上的权宜之计，这对生产者来说是勇敢的尝试。在迪亚特·兰姆斯(Dieter Rams)担任公司设计指导30年的期间，曾经将好的设计比喻为优秀的英国管家——“招之即来，挥之即去”。艺术家理查德·汉密尔顿(Richard Hamilton)，被布劳恩实验的理想主义感动，用布劳恩的烤面包机作为其1958-1961年的作品“$he”的主题。

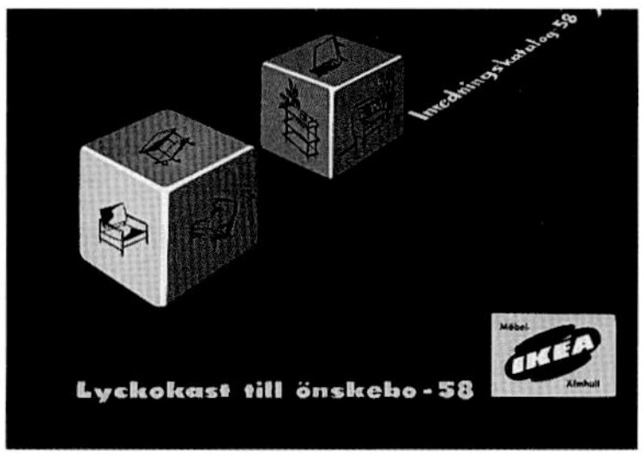

在工业设计上欧洲与美国的鸿沟越来越大，例子就是亨利·德雷夫斯设计美国生产的胡佛(Hoover)真空吸尘器和阿基莱·卡斯蒂廖尼在1957年制造的REM真空吸尘器。在美国，人们关心的是大小，欧洲人则更关心设计的造型和触觉品质。

同样重要的是消费者与家庭的关系，新一代零售商和花边杂志一同试图为新的消费者创造气氛，特伦斯·康兰(Terence Conran)家居商店的推销和伦敦由1960年开始的邮购吸引了当时的英语国家的注意力，家居在推广国内现代主义设计方面的贡献比设计协会更大。

1950—1960

巴拉甘住宅

通过墨西哥城及其周边的一系列住宅设计，路易斯·巴拉甘建立了一种墨西哥风格，特别是将色彩、自然材料使用及欧洲严肃的现代主义结合在一起，巴拉甘的楼梯将住宅变成了雕塑

Barragán house

第七章

1960—1970：极端的时代

7

The age of extremes 1960–1970

在20世纪60年代，曾经使重建耶路撒冷的英雄建筑师们进入了一个尴尬的境地，成为错误的住宅政策与对新技术过分依赖而导致弊病的替罪羊。这次衰落令人惊疑。在这十年的开端，西方世界的繁荣与富裕进入了家庭的每个角落，同时专业人员和科学家开始享有权威性。大家都认为发展中国家有可能消灭饥饿，而且如果建筑师和规划师的才智能用于承担问题，发展中国家和城市中的贫民区也能消失。

在美国郊区，每个住宅都开始要求具备游泳池，车道的拖车边要有游艇，要有三个车库，还要有烧烤坑。当时这是一个梦想。各广告在如此表述的时候不含一点嘲讽的意味，整个世界陷入了对抛光塑料和铬钢的迷恋。同时流行的还有晶体管收音机和迷你车，基于注模塑料技术和膨化技术的造型手段构成了这一时代的形象，平滑的玻璃纤维充斥着整个起居室，室内的肌理也因为模具和被用来提供光滑无缝表面与倒角接口的精巧建筑细部而发生变化。

尽管如此，这一时代的某些家用物品——维纳·潘同(Verner Panton)的单层塑料注模椅、卡斯蒂廖尼兄弟设计的铬黄大理石弧灯，及加埃塔诺·佩谢(Gaetano Pesce)的膨胀椅子——都从未进行过大批量的生产。但由于在大众装饰杂志、广告照片和电影中不断重复出现，其影响力仍然强大。这种类似"Up"椅和布袋沙发(由意大利的生产商扎诺塔生产)的产品仍体现了室内设计方面无比的实验性，用以定义商品社会的对象自己，也被用来挑战消费主义的理念。一个没有固定形状的椅子，也没有立在地面上的腿，与工艺水准也没有明显的联系——如此形象就是在从容不迫地愚弄着所有传统形象标志。

在技术与燃烧弹、落叶剂、污染和明显消耗相联系之前，未来还是一个值得以乐观主义态度期待的东西，建筑业就指向了这样的未来。但是在20世纪60年代末，职业建筑师就处于被批判的状态，他们的声望被蒸发了。早期现代主义及其作品(如勒·柯布西耶的马赛公寓)中包含的乌托邦梦想已被冲淡得无影无踪。它们是美国联众基金住宅计划的实际始祖，除去伴随它们而来的苍白希望，这些计划通常被发现有严重缺陷，在技术和社会学方面都是这样。在其建成后的20年，就不得不将其炸毁。这些方案的失败破坏了现代主义的整个理念，而实际上其原因是不受建筑师控制的。将所有失误的责任统统推给建筑师，还是由业主、政府、物业等参与制定房屋政策的各复杂关系一起分担是值得商榷的，建筑业只是在自我贬低中被夸张了而已。就室内而言，对塑料的热情提供了一种途径，使人们都能回归到怀旧艺术装饰成的劳拉·阿西里(Laura Ashley)的质朴魅力当中。

如果大众住宅盲目地跟从勒·柯布西耶的后尘，那么此时的独立住宅欠密斯的更多，朴素的玻璃盒子成了昂贵的周末住宅的样本[从高登·邦夏夫特(Gordon Bunshaft)到汉普顿住宅]，而这种形象很快就失去了原有的真诚。简化的形式和建造独立住宅的理念都受到了质疑，机械形象受到诅咒。建筑师开始经历自我修建和文化对立。

支撑现代主义的乐观主义在20世纪60年代烟消云散，舆论关于建筑形象的观点在各地的权威和代表大众进行推测的专业人员视为"麻烦"的觉醒中发生了分裂。在这些之前的两代人当中，有一种不可质疑的观点，认为设计当代居住建筑只有一个可靠的方法。它声称历史和自己站在一

1968年由加蒂(Gatti)、保利尼(Paolini)和泰奥多罗(Teodoro)设计的布袋沙发(上图)和沃纳·潘同1959年设计的曲线椅(下图)

起，它的心中是大众的利益，它的根系深入功能主义和国际式。突然间这个观点无法继续维持，这一令人不快事实的发现引发了整个建筑业的崩溃。就在美国进入越南的血腥沼泽，而自身城市陷入空前不安的时候，为整个国家提供未来的专业人员们在观念上破产了。在一段时间里找不到一个建筑物能像前一个世纪中的那样代表一个时代。

这种观念上的真空为原来处于边缘的个体提供了机会。布克明斯特·富勒(Buckminster Fuller)的穹顶为加利福尼亚和亚利桑那的沙漠提供了文化对立的模型，虽然他们使用由弃置汽车中拆下来的钢管，而不是专门的管型钢。保罗·索莱里(Paolo Soleri)，F·L·赖特在西塔里埃森的追随者，在亚利桑那的沙漠里建造了阿尔科桑蒂(Arcosanti)住宅——他自己的手工艺乌托邦。另外还有一些建筑师，如布鲁斯·高夫(Bruce Gough)这样被视为门外汉的人的作品，都被认真对待了。

但是这个裂缝出现的时间并不长，美国的新一代建筑师，其中包括罗伯特·文丘里、迈克尔·格雷夫斯和罗伯特·A·M·斯特恩开始以设计独立式住宅进行实验，试图发现一条走出低谷的路。他们希望自己受大众欢迎，并开始寻求更世俗的建筑语言，最终他们开始以苍白讥讽的呼喊摧毁自己的精神之父。密斯·凡·德·罗是主要的目标。对文丘里来说“少”不可能代表“多”，而是“无聊”。从现代主义的清醒当中解放出来，文丘里徜徉于拉斯韦加斯的林荫道，从大众文化中为高高在上的建筑学吸取着养分。

文丘里于1964年在费城(Philadelphia)为母亲瓦娜·文丘里(Vanna Venturi)设计的住宅成为了一个宣言，虽然这只是一个带有文丘里引喻标签的非常谨慎、文雅的复杂建筑。文丘里玩了一个具有双重意义的游戏，这座建筑经过精心设计，以使其看起来不像是建筑师设计的。从其立面来看你甚至觉得它是开发商的临时建筑。它的立面是家庭生活的标签，但在内部，它没有陷入程式，而是出自一个倾注了大量学者式努力的建筑师之手，体现了对复杂性和手法主义精微的理解，作品可以由这两方面理解，但对文丘里来说关键在于自觉的先锋派对于业主的真正需求没有真实意义，在他眼里建筑有责任让自己通俗易懂。

1962年阿基莱和皮埃尔·贾科莫·卡斯蒂廖尼设计的弧灯(上图)；全世界第一个全晶体管便携电视(下图)，索尼公司1959年出品

勒·柯布西耶不顾公寓住宅留下的问题——虽然问题仍然在全世界的公众住宅中隐现——和他的城市规划的无情，在与密斯的比较中轻松地脱了身。迈克尔·格雷夫斯如同油漆匠似的绘画技术就是对柯布西耶的解释和回应。他的早期住宅作品只是业主的贡品，虽然色彩非常强烈，这种住宅的例子是1967年完成于印第安纳州韦恩堡（Fort Wayne, Indiana）的汉斯尔曼(Hanselmann）住宅。

就在格雷夫斯吸引大量客户的时候，他的住宅通过建筑师将古典建筑语言变为一种个人风格而走向程式化，偶然可见的色彩和从他的设计中脱离出来的家具对世纪之交的回忆使他与众不同。

理查德·迈耶曾经与迈克尔·格雷夫斯和罗伯特·斯特恩是同一圈子的人，其后期的作品大部是将勒·柯布西耶的建筑语言进行了无穷的变化。和格雷夫斯一样，迈耶也创立了自己的标签。随着他的成功，这样的风格标签吸引了更多的客户，他的住宅作品都是如此风格。

对于迈耶和彼得·埃森曼(Peter Eisenman)来说，打破20世纪70年代僵局的方法植根于20世纪20年代的先锋时期当中，而且要创立完全抽象的建筑，去除所有功能的托辞。对迈耶来说这是一种全白色的建筑，对公司或个人都能获得成功。他于1967年在康涅狄格州达里恩完成的史密斯住宅将柯布西耶加以夸张，抽取了原来类固醇(Steroid)的主题。他以二、三层高的大面平板玻璃代替了原有用白色墙体界定的窗，将玻璃直接嵌入墙内，再使整个建筑处于绿地之上。埃森曼则保留着先锋派的痕迹，拒绝以业主的名字为作品命名，而是将其编号，好像艺术作品那样。

英国试图避免美国的极端，在那里，此时最有力的建筑源自理查德·罗杰斯(Richard Rogers）和诺曼·福斯特(Norman Foster)的合作，而且反映出了大量差异，主要是显得更加乐观。理查德·罗杰斯的作品在1998年进入了一个特别的领域。在此时一些人忙于触摸罗杰斯设计的伦敦千年穹顶的刚刚竣工的表面，而将文化公寓、媒体与运动中心与克里克-维恩住宅(Creak Vean)——这是罗杰斯设计的第一所住宅，列表统计并加以维修，就像对待维多利亚式的庄园或中世纪教堂那样。在30几年里尖刻的设计已经融入了舒适的世界。现在已经很难想象克

里克-维恩住宅刚刚完成时在其周边环境中的形象了。

对于一个从不怀旧的建筑师来说，这是一个不能不激起复杂情感的决定，当然这是可观成就的真正标志，但从现在开始，如果罗杰斯想重新布置克里克-维恩住宅的室内，或将其扩建，他将不得不首先获得英国遗产局艺术史学院的许可，即使是将1966年的搪瓷浴盆换成比较时髦的样子，也会引来责难："罗杰斯先生，你怎样才能说服我们相信你所做的一切能够保证保持理查德·罗杰斯30年前的设计？而那个罗杰斯的杰出作品我们要以法令加以保护。"而对于已经更换的莲蓬头他们又要作何反应？——坚持一定要保证时代的可靠性？

也许这种事情是英国过去20年中遗产长廊动作迟缓，长时间缺乏耐心的必然结果。第一次是维多利亚式，第二次是艺术装饰。直至在大众激起热情之前成为内幕人物口味的需要。只要把身子转过去一会儿，你就会发现在国家遗产的无价作品中的碍眼门槛又向前移动了五年。

但克里克-维恩住宅确实是那种在材料使用上非常极端、形象怪异的房子，即使是罗杰斯这样的建筑师也要艰难争取才有机会将其建起来。尽管其感性的规划和充满想象的设计对于当代多数郊区住宅也是一种指责。如果不是克里克-维恩，英国建筑在20世纪的后25年会完全不一样。它推动了英国两位健在的著名建筑师，罗杰斯和福斯特为克里克-维恩工作，这是他们作为耶鲁大学研究生毕业后见面的第一个工作。

罗杰斯的岳父在退休之际希望建一所乡村住宅——一个用于出海，在假期接纳闹哄哄的家人及所有的朋友。在委托设计的力量驱使下，罗杰斯和福斯特创立了"四人小组"，在罗杰斯和福斯特各奔前程之前维持了大约三年。但在这短暂的时间当中它开拓了20世纪60年代的大多数主要思潮，在1966年克里克-维恩住宅完成的时候还没有与之相似的作品。这栋房子是一股开发了位于小溪一角极佳河岸用地的神奇力量，整个建筑半埋在山下，空间极其复杂和不规则，以致有些批评家认为它是在赖特作品的基础上完成的，但其提供的生活更像是《吞食与亚马逊人》中的描述。

起居室和餐厅位于两层通高的空间，面向大海的立面是全通透的，较低的一层的翼端是卧室。一条带领你由入口穿过一座桥，经前门，由草皮台引向小瀑布直至花园的通路将两翼分为两半。

克里克-维恩住宅的设计细节在后来四人小组的方案中有所回应，比如厨房，在非常流行的河边咖啡的诞生之地——罗杰斯在切尔希(Chelsea)的自用住宅中就有与之相似的不锈钢工作台(该作品完成于1985年)。到处都有罗杰斯偏好的生动色彩。另外还有一些标记，后来激发了诺曼·福斯特形体简化的激情。入口的桥在斜角通向前门的方式就令人想起福斯特于1978年完成东英吉利亚大学的塞恩斯伯里视觉艺术中心时的手法。

克里克-维恩住宅是不列颠挖掘快乐主义时代的作品，同时超越了老传统的耐心。道德观被革了命——口服避孕药对出生率产生了影响，而实际上也影响了房屋的规模。富足推动了英国社会的发展，由每周只供应两次6英寸(152mm)高的洗澡水发展到桑拿浴和按摩喷嘴，从投币供热发展到集中供暖，由室外卫生间到成组的卫生洁具。很多人都能享受到电冰箱、电视当然还有汽车，当这些消费项目还新颖的时候，设计者还存在着应当小心对待日常用品的想法——因为这些东西很贵，需要小心看管。这些用品对消费者来说不熟悉，要保证消费者认为其可以信任，而且要保证用品的智能化水平足以表述其功能和运转方式，而不需制造者的持续指导。这也是整个世界沉醉于技术带来的兴奋的时代。在此时代也正是哈罗德·威尔逊(Harold Wilson)所作的演说要大家迎接技术革命的白热时期。

就消费者再加工而言，重要的不是对象看起来如何，而是一个家庭的使用方式，在20世纪50年代至60年代，电视机在家里占据了统治地位，成为闪动的电动心脏，全家围坐的核心由壁炉变成了电视。随着电视变得便宜，全国开始有统一的电视节目表。

如此的结果就是电视在家庭里分散开而越来越成为个人行为(集中供暖使住宅在冬天的夜里仍然温暖，这使电视的分散成为可能)。孩子在卧室里看便携电视，成人则在厨房，甚至浴室里看电视，其他的设备也有相似的地方，电视不再孤零零地处于入口门厅而是出现在屋里的每个地方，也不再与电话线捆在一起。在20世纪90年代，移动电话改变了交流的方式，连电话也不必固定在家庭里了，其实它根本哪里也不固定。

1960–1970

瓦娜·文丘里住宅

文丘里为母亲设计的住宅是超越贫乏的现代主义建筑语言的自觉尝试，以获得更加丰富引经据典的建筑。文丘里利用窗的形式及其在对称与不对称间的游戏显示了一种手法主义

Vanna Venturi house

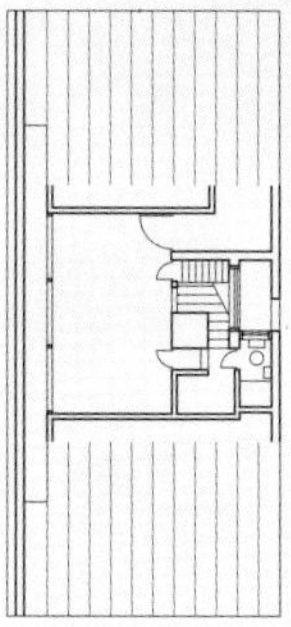

二层平面

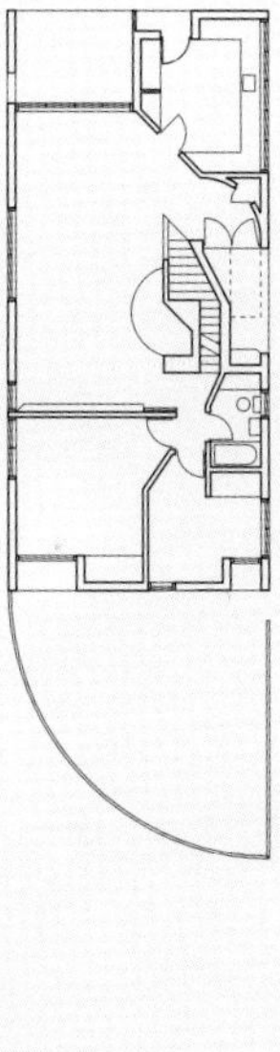

首层平面

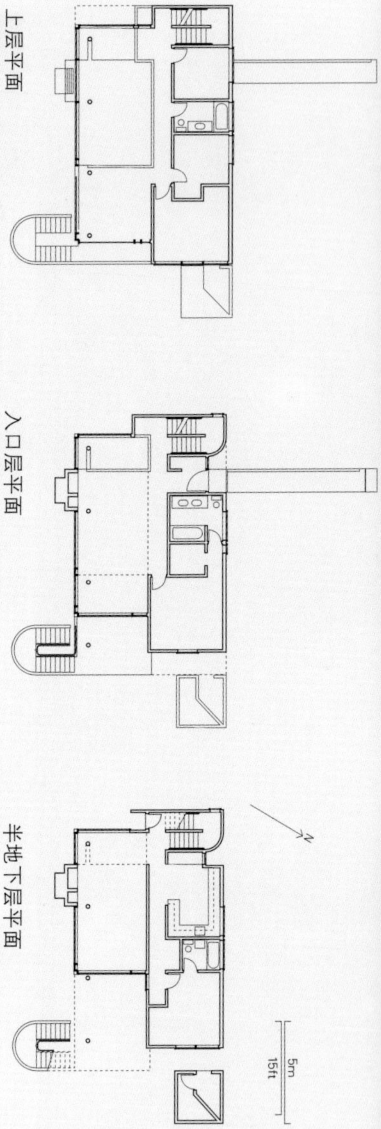
上层平面
入口层平面
半地下层平面
N
5m
15ft

史密斯住宅

理查德·迈耶以康涅狄格州达里恩的史密斯住宅创造了自己的声誉(1967年)。如迈耶所述,设计是基于勒·柯布西耶作品的主题。就像后者的西特罗汉和多米诺住宅中体现的那样。与柯布西耶不同,迈耶以大面积的玻璃完成史密斯住宅的立面

Smith house

在1965年由美国回到英国之后，诺曼·福斯特和理查德·罗杰斯作为四人小组的成员设计了克里克－维恩住宅。作为对F·L·赖特的回应，住宅对沿海立面作重点处理，使之融入环境。外部楼梯间在不同的部分截断了克里克－维恩住宅的两翼

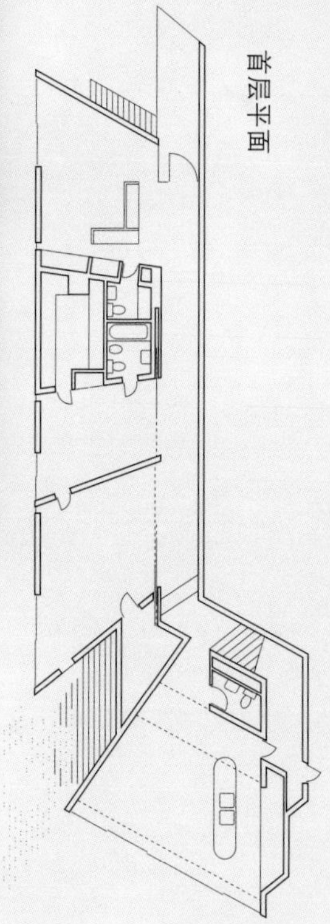

首层平面

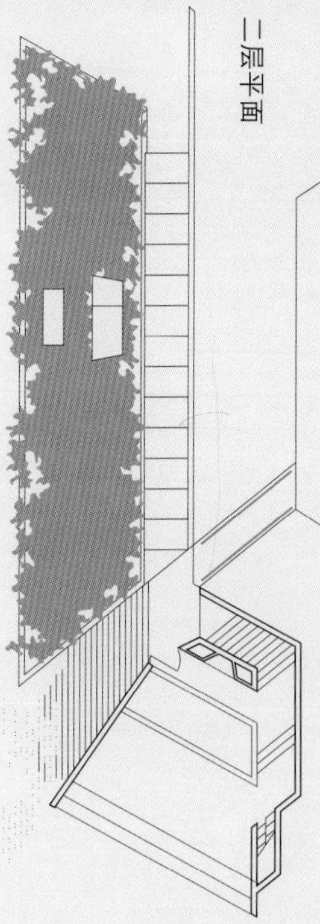

二层平面

克里克－维恩住宅

Creak Vean

8

The end of certainty 1970–1980

第八章

1970—1980：必然的终结

佛罗里达的海滨假日胜地酒店，受莱昂·克里尔的影响，主要由安德列斯·杜阿尼和伊丽莎白·普雷特－泽伯克（Andres Duany, Elizabeth Plater-Zyberk）规划设计，它试图恢复美国小镇的朴素幽静的风貌（上图）。

彼得·埃森曼在康涅狄格州的康沃尔西部设计的一栋住宅，它的设计基于一种不同于居住建筑学的戏剧般的新概念：不仅仅是停留在视觉效果上的怀旧，更是自我控制和自我参考的

在20世纪60年代富于智慧的美国建筑师——理查德·迈耶、迈克尔·格雷夫斯、罗伯特·A·M·斯特恩、彼得·埃森曼以及年纪稍大，直至20世纪80年代才创造自己标签的弗兰克·盖里——都发现自己在20世纪70年代被菲利普·约翰逊所影响。年轻一代与老一代建筑师间的作用是复杂的。约翰逊建立起一种“沙龙”，使他自己在某种特权的中心——组织定期的午餐会和谈话，有时在四季餐厅，有时在世纪俱乐部。

这是一种双向的关系，对于寻找机会表达自我的新一代而言进入美国最具影响力的建筑师圈子的中心是富于吸引力的，但对约翰逊来说这些也都一样。他一如既往的通过历经新天才的变革来寻找建筑的灵感。他不是批评家，不愿在边缘作评论，而是希望自己建造。

在与他同年的建筑师都在考虑退休的时候，约翰逊背离了早年的创作，转向后现代主义，追求建筑的精巧和引喻，在形象语言中注入象征、情感和诗意。约翰逊注意到国内年轻一代进行的实验，将之应用于摩天楼的尺度。其位

罗伯特·A·M·斯特恩的古典主义透露出一种艺术装饰上的敏感性，这在他设计的威斯特切斯特郡住宅（上图）中表现得很明显。提契诺建筑师马里奥·博塔的作品显示出一种完全不同于现代主义建筑师的外露思想，例如1973年设计的比昂齐住宅，建在瑞士卢加诺湖的圣维塔莱海滨（下图）

于麦迪逊大街上的顶部运用缺口山花的AT&T大厦在1979年上了《时代》周刊的封面。在此过程中他超越了前人，建立了自己的原则。他未建成的方案，在大色(Big Sur)的小农舍比文丘里走得更远，吸收了更多的商业建筑语汇，同时对其早期的导师密斯·凡·德·罗进行了精明的发掘。在新卡纳恩，最初的玻璃住宅被约翰逊后来的实验产品——亭子和客房所包围。那里的作品包含了本国建筑的各个方向，他在此追随他已经超越了的前辈，创造了大量优美的居住建筑。

较特殊的是罗伯特·A·M·斯特恩，他把自己变成了埃德温·勒琴斯(Edwin Lutyens)的继承者。在汉普敦或科罗拉多，一旦有富豪开始建造住宅，斯特恩就会出现，为新一代的暴发户建造迎合其口味的家，就像拉尔夫·劳伦(Ralph Lauren)为老财主们以考古学的方法提供设计一样，建筑陷入古典主义的陷阱——在某些情况下是极其循规蹈矩的——混合各个教条，不断苦心经营方案。罗伯特·文丘里、约翰·罗奇(John Rauch)和丹尼斯·斯科特·布朗(Denise Scott Brown)1973年在康涅狄格州的格林威治完成的布兰德特住宅(Brandt)，斯特恩在亚芒克(Armonk)设计的额尔曼(Ehrman)住宅，则遵从着另一历史时期——艺术装饰运动的指导。对于卷入其中的建筑，看来他们为之提供了某种自20世纪60年代就由于过分简单而丧失了的丰富和深度，同时试图唤回某种被单纯的实用主义贬斥的工艺和装饰。整个运动在沿海地区建立起它的标志——佛罗里达海岸的假日酒店(1978—1983)，该作品因为收入影片《楚门的世界》(Truman Show)而获不朽。这是一个按以前现代主义道路理念生成的城市，构成了如画的图景。这既是一种平淡的乡愁，更是一系列尝试，试图寻找丧失了的由高速路和购物中心取代的传统邻里关系。在沿海，莱昂·克里尔(Leon Krier)设计了他少数的建成住宅和一个古典的塔式住宅。而正是他的城市观唤起了该城市的真正设计者，安德列斯·杜阿尼和伊丽莎白·普雷特-泽伯克。

不过在美国之外有另一种建筑观，在1973年，马里奥·博塔(Mario Botta)在瑞士意大利语地区的卢加诺湖的圣维塔莱海滨(Riva San Vitale)完成了比昂齐(Bianchi)住宅。住宅以其简单强烈的造型，以一个通向塔楼的桥暗示了以纯净几何形为基础的更情绪化的现代形式，同时表现了对场所的敏感。在日本，安藤忠雄在和歌山于1977年完成的“墙宅”，及他在兵库县芦屋于1980年完成的“松本宅”，都贴上他自己诗一般“极少主义”的标签，直接对应美国后现代主义者的折衷主义。在当代日本景象混乱的文脉下，在无数霓虹灯广告的背景中，在其城市拒绝任何功能划分的环境中，安藤比例精致的内部空间提供了一种秩序和宁静。

弗兰克·盖里在完成其位于加利福尼亚州圣莫尼卡的自用住宅时第一次形成了自身的风格。盖里与认为简单思维的现代化已终结的理念有所不同。盖里把传统上看不到的东西展示出来，应用其乡村住宅的琐碎构造元素——链式栅栏、石片、装饰门，以之作为建筑新的造型形式的起点，化平淡为神奇。以这种非常谦恭的改革，盖里模糊了室内与室外，导致了一种混淆材料的粗糙与精美的形式的对比。

弗兰克·盖里将传统的圣莫尼卡郊区住宅(1978—1979年)转变成一系列附加用途的日常构造材料，这是其事业的重要标志。链状篱笆和石片更像是依靠艺术家的感觉安排，而不是建筑家

盖里自用住宅

Gehry house

二层平面

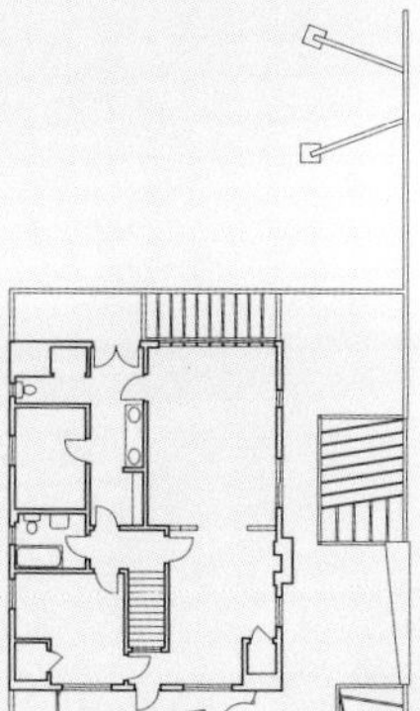

首层平面

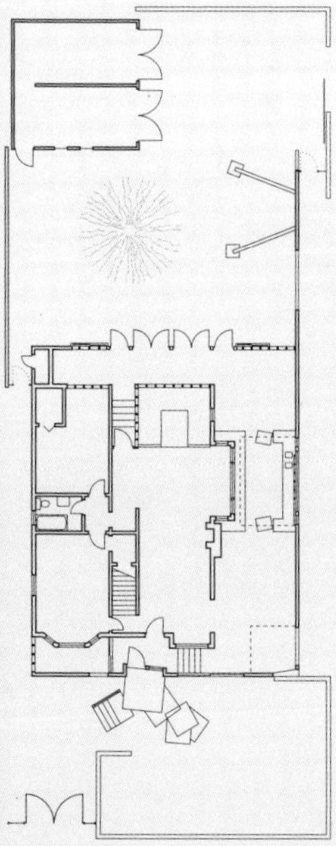

1970–1980

格雷夫斯住宅

自新泽西州普林斯顿一座原有住宅起，迈克尔·格雷夫斯于1974–1992年间从一系列各种各样不同规格，以其兴趣组织为现代化古典主义的作品中建造了自己的住宅。不管内部还是外部，作品重建了一种风格，虽然唤起了过去的回忆，但显然是本时代的形象

Graves house

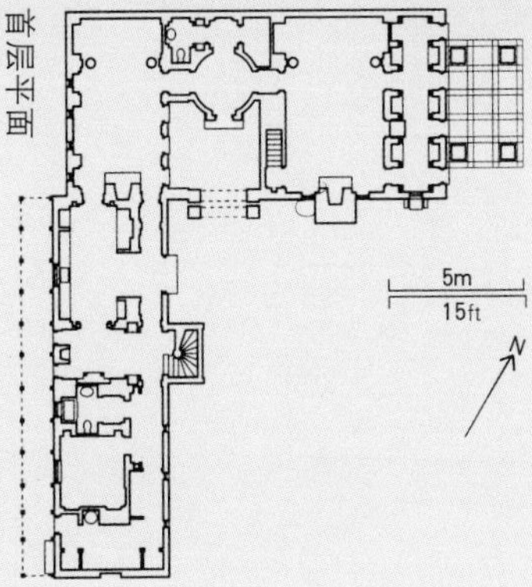

9

The rediscovery of complexity 1980–1990

第九章

1980—1990：复杂性的重现

20世纪80年代的地方建筑几乎包括了所有的东西，从安藤忠雄1981年在大阪设计的冷峻混凝土增野(Koshino)住宅，直至亚历山德罗·曼迪尼(Alessandro Mendini)1986年完成于科莫的阿尔贝托·阿莱西(Alessi)住宅。前者剔除了日本当代城市视觉上的混乱，后者在为阿莱西公司的设计师在将日常用品——咖啡机等转化为设计因素时提供了分类方法，同时也提供了面对新的地方景观的态度。在日本，安藤为在复杂矛盾的世界中寻找内部一贯性而努力，而同时阿莱西住宅则庆祝着一贯性的灭亡。阿莱西住宅不是单一设计师的作品，参与其中的建筑师分别注意着各种地方元素，从壁炉到特别的房间。这提醒着20世纪的80年代：这10年当中简单、单一的解决方法已经过时，技术的进步也加快了很多。

第一台苹果电脑问世于1980年，康柏磁盘出现于1983年。之后，设计的过程以及设计的表现方式都永久地改变了。平面图——这种概念化的为门外汉所惊疑的工具——被代之以新的方法，而且传统的形体表现的形象被代之以有无限可能的计算机模型方案。业主第一次在建成之前就有机会了解他的建筑师的想法。

这也是设计语言大变革的时代，1981年埃托雷·索特萨斯(Ettore Sottsass)设计的卡尔顿书架代表了“孟菲斯运动”，但是还有其他大量不同的理念。伦敦设计师丹尼尔·威尔（Daniel Weil）放弃了所有的常规形式，用塑料袋在1981年制造了一只收音机。伦敦的另一个设计师罗恩·阿拉德(Ron Arad)在1986年设计了有混凝土底座的钻石唱片电唱机。弗兰克·盖里的纸板沙发于1987年在威特拉投产。美学的循环周期越来越短，建筑失去了它曾经拥有的永久性而成为了时尚的一部分。

1983年由伊恩·里奇（Ian Ritchie）在萨塞克斯的克罗波鲁，(Crowborough, Sussex）的鹰岩（Eagle's Rock）为老科学家所作的设计中，高技术元素有了新的浪漫用途，裸露的钢缆结构身处茂盛的绿地当中，用于建造住宅。

约翰·鲍森(John Pawson)和克劳迪奥·西尔夫斯特林(Claudio Silvestrin)合作设计了西班牙马略卡的诺因多夫(Neuendorf)住宅，完成于1989年。这是一个德国艺术品商人的假日住宅，指明了地方建筑的新方向——或者说是赋予了一种陈旧建筑语言以新的生命。这是一个简单的建筑，联系了密斯·凡·德·罗的精练语言和浸礼派修道院的高尚情操。这体现了“延续性”、“安宁”等旧有价值观的魅力。

弗兰克·盖里此时逐渐著名起来。他开始为一系列雕塑性住宅工作，这些住宅是他20世纪90年代的公共建筑的前奏，代表作是西班牙毕尔巴鄂的古根海姆博物馆。他在明尼苏达州威扎塔(Minnesota, Wayzata)的温斯顿客房体现的半表现主义(Semi-Expressionist)则为建筑的未来发展方向提供了征兆。

在一段简短的缓和之后，对象的语言度过了20世纪70年代以来建筑青黄不接造成的危机。埃托雷·索特萨斯在米兰建立的原则和罗伯特·文丘里在建筑上的原则是相似的。他在一系列的实验，并与安德烈·布兰齐(Andrea Branzi)、亚历山德罗·曼迪尼等设计师争论之后创立了一种方法，即在设计中注意历史和情感因素，以之作为功

在20世纪80年代，建筑师们恢复了设计室内家居物品的兴趣：迈克尔·格雷夫斯设计的米老鼠水壶（对面页图）；埃托雷·索特萨斯设计的孟菲斯藏品柜（上图）；弗兰克·盖里的纸板沙发（中图）；以及罗恩·阿拉德设计的有混凝土底座的钻石唱片电唱机（下图）

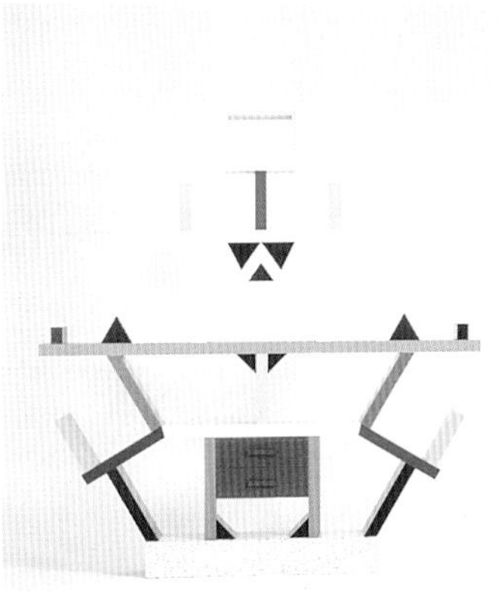

能的内容。在“孟菲斯”的名下，索特萨斯集合了一队设计师在1982年发表了狂热的超现实主义宣言，其内容更像是达达派，而不是包豪斯。关键点在于去除习俗上无聊的高尚口味，代之以更加自由的方式，以获取地方性的设计。设计与建筑并行重叠的部分非常多。实际上，当索特萨斯组织“孟菲斯小组”的时候，他邀请了很多后现代主义的建筑师，包括迈克尔·格雷夫斯和维也纳的汉斯·霍莱因，以拓展方案的广度。

孟菲斯是让设计提供最大可能性的尝试，无论情感与功能，嬉笑与严肃，索特萨斯的力量总在恰当的时候爆发。后来，必需功能的设计概念所基于的对象被集成电路和塑料所代替，这种变化改变了形式与功能的关系，电话、洗衣机或收音机可能是另一个东西的形象，但仍能满足使用要求。

在日常生活中我们对于所使用对象的本质已经非常适应：穿衣、坐凳、开车、用计算机。原因不仅在于这些对象自身在发生变化，而且我们对这些对象自身包含的品质也更加关心，这些东西不是也从来不是简单的功能加工品。自觉不自觉的，我们理解了对象的品质，我们不仅通过其功能，而且通过它能表现什么来评价它们。而且我们还在寻求能够反映我们感受的内容。我们不只追求耐久，而且还注重对象吸引我们的东西。我们购买“潜水表”不是因为我们会背着氧气瓶下海，而是由于其中包含一种高耐久性的感觉，而且由极度的精确反映了一种极高的品质感。我们买椅子，不只是为了坐得舒服——在很多情况下，我们有关什么是舒服什么是不舒服的概念也是由它的形象得出的——而且还由于其能表达一种传统或是现代的感觉，它可以是一件家庭的雕塑，或是给予一个空间以闭合感。

设计在本质上是工业的产品，只有在大规模的生产打破了单一生产的手工业者与老主顾间的亲密关系后设计才可能真正出现。现在的日常用品是大批量，而不是小规模生产的，设计师应将一种品质感融入大量的产品当中，就像手工业者曾经的作法。

对象的形象与质感可以反映大量的品质。完成的方式、控制渠道的运行方式、对象形式的组织方式，甚至开关的声音都会使同样的机器显得更加名贵而精确，或是如玩具般的有趣。正如汽车保险杠的材料可以明确地标明其出身一样。胡桃木是一种含义，注模塑料则是另一种。

最初这是不自觉的特性。第一个家用机器都是以工程方式解决的权宜之计。例如第一个电话或早期的打字机都是以机械解决的。现代制造业能够保证在同一产品类型中一个指定的品牌下价格非常一致，设计师的责任就是将产品相区别，在这里游戏的名字叫产品辨别。设计在其中为产品提供了一种个性，电视已经不再是贵重的象征，现在它是一个玩具，经过审慎的设计以看起来更好玩，或是更怀旧。

设计师的工作还包括弄清对象的工作原理，只能在冗长说明书指导下才能使用的东西显然是一个失败。事物的形象不只用以说明其功能，同时应当暗示如何使用。既然我们已经越来越熟悉设计的文化，我们应当更容易理解设计师的语言，一旦对象的类型确定了，工作就变得简单，依据熟悉的语言，顾客立刻就会明白这些白色的铁盒子分别是洗碗机、洗衣机和电冰箱。

1980–1990

增野住宅

Koshino house

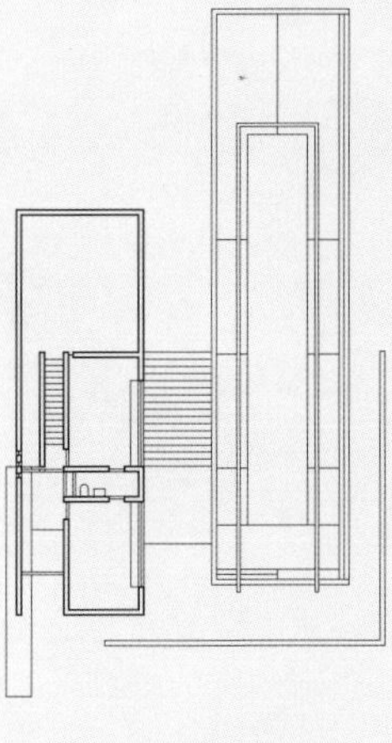

二层平面

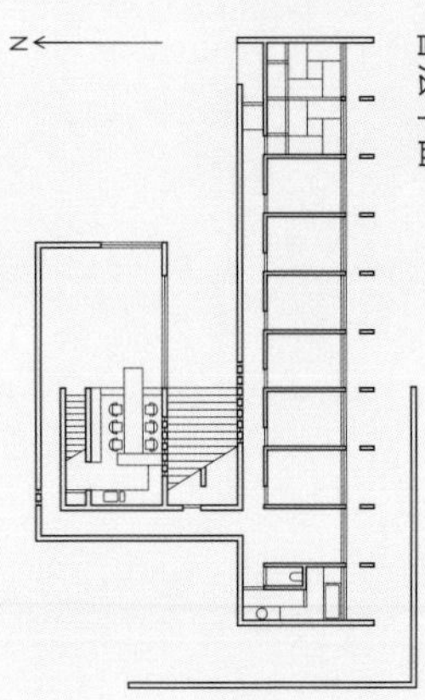

首层平面

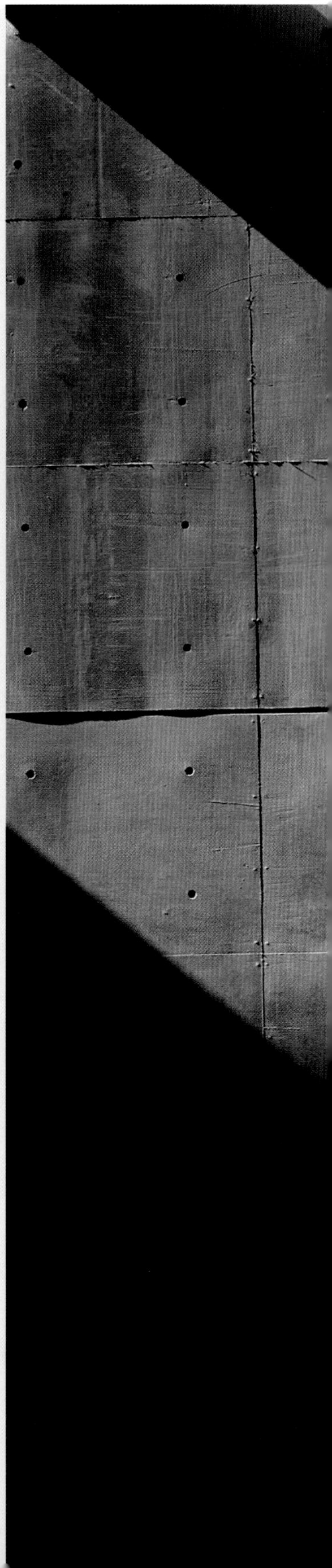

安藤忠雄于1981—1984年间设计的位于神户的增野住宅是由室外楼梯联系的三个元素构成的，分隔内外的是素混凝土，绿地中的私人住宅在日本是很少见的

1980–1990

由约翰·鲍森和克劳迪奥·西尔夫斯特林合作设计的诺因多夫住宅(1989年建于西班牙的马略卡)重新唤起了传统建筑的冷静与庄重。大理石盆为室内提供了一种可感知的地方性,室内的家具和财物通通被隐藏起来。住宅为景观提供画框,同时提供了一种封闭性和安全感

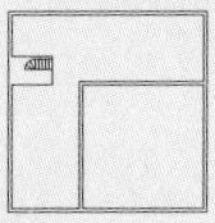

屋顶平面

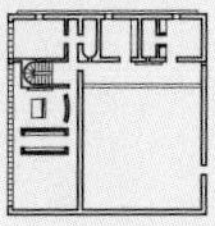

二层平面

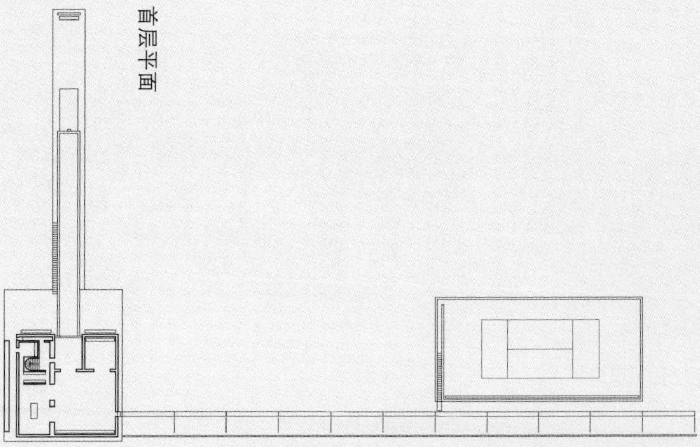

首层平面

诺因多夫住宅

Neuendorf house

1980–1990

The Deckhouse

甲板上层住宅

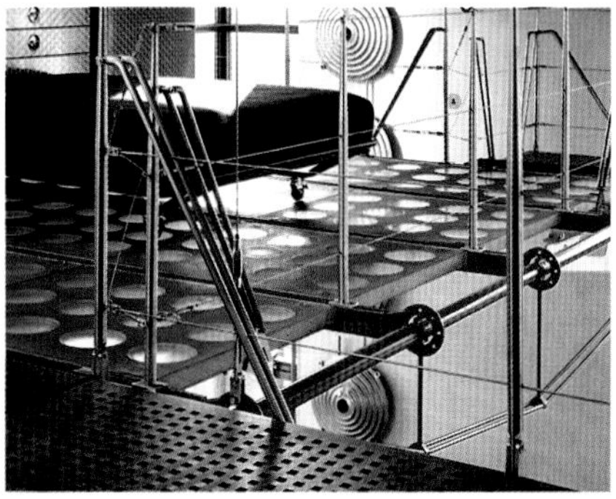

约翰·杨(John Young),理查德·罗杰斯的合伙人,在公寓的屋顶上建立了自己的住宅,其内部表现了对基本物体崇拜式的追求,正如查尔斯·伊姆斯体现的先锋性,杨的浴室(对面页下图)是由玻璃构成的,墙上采用通常只在工业工艺过程中出现的碟片供暖(本页上图和对面页上图)。在主要起居空间上的夹层上是卧室(下图)

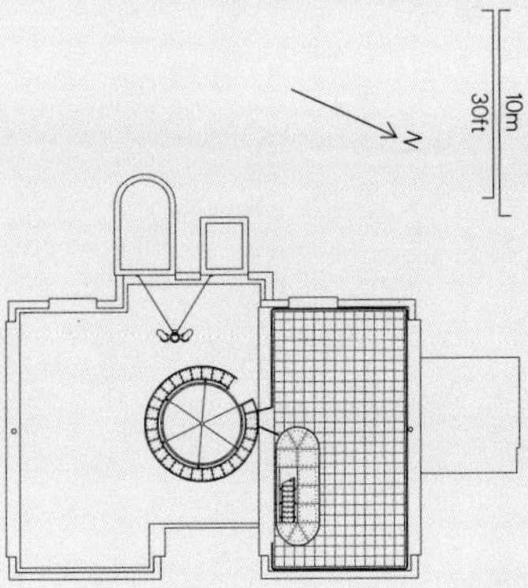

屋顶平面

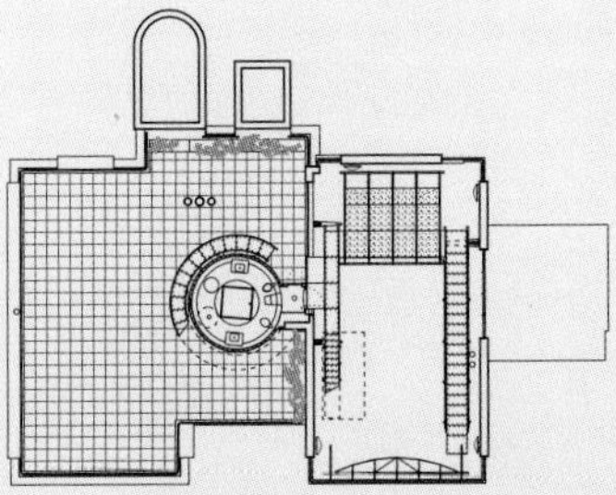

夹层平面

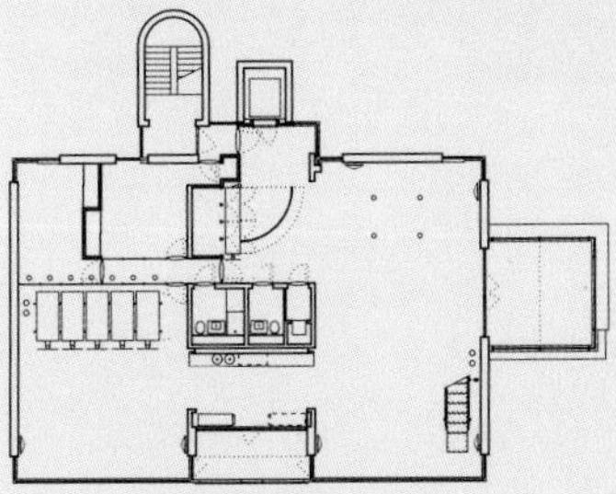

入口平面

10

The private future 1990–2000

第十章

1990—2000：个人的未来

雷姆·库哈斯设计的坐落于巴黎舒适的郊区圣克劳德的艾瓦别墅，完成于1991年（上图）；菲利普·斯塔克为L′Oréal设计的牙刷／古比尔实验室，法国，1990年（下图）

在1998年末，一个政治家的落选为我们揭露了当代政治自由世界中关于变得越来越重要的住宅的巨大交易，此人，彼得·曼德尔逊(Peter Mandelson)当时几乎成为首相——工业及贸易大臣，而由于一栋住宅，这个官司场上最狡猾的老手几乎失去了一切，特别是付款时发出的不明智呻吟。这栋住宅是城市当中的19世纪建筑，白色混水墙面，带露台。在曼德尔逊的设计师斯蒂思·斯特恩(Steth Stein)——伦敦批评家笔下的社会建筑师——的手上它变成了适用于内阁大臣，一个具备影响力而多事的人的住宅。这栋住宅只是一个象征：它有一个厨房，但曼氏从不在其中烹饪；房子足够容纳一个家庭和佣人，而曼氏好像对这二者都不感兴趣。即便如此，如曼氏所说，他借钱从竞选伙伴吉奥夫雷·罗宾逊处买来这所房子是为了在1997年大选之前在其中安家。这是作为战利品的房子，被设计为英国政权更替的舞台，如果不是规模太小，它可能成为像布林汉姆(Blenheim)住宅，或蒙蒂切洛(Monticello)住宅，或是过去20栋由于政治原因而声

1992-1994年由冯·波克尔与鲍斯合作设计的威尔布里克别墅，展现了荷兰的理性主义，但它仍是一栋独特的住宅(上图)。马泰奥·图恩的装配住宅是现成可用的，并且可适用于不同的场所与尺寸(下图)

名显赫住宅的当中之一。

家庭生活的梦想越来越超越了其实质：家庭的单位瓦解了，同时快餐文化、微波炉、电视、摧毁了传统家庭的目标，餐桌越来越不显著，更像只是支撑着某种形式。即使是厨房，在20世纪70年代成为起居室代言人的空间，也变成了战利品，满是仅供展览的高能设备。从风格上说这是一个钢铁时代，由近来的尝试与风格循环勾画其特征。我们看着电视里的厨师无力地摆弄锅碗瓢盆，最差劲的超市里也有各种各样的面包和纯橄榄油。但是在家里我们离美食最近的仅仅是一本《河畔咖啡馆食谱》。食谱和热汤方法的指导都来自卡片，而不是罐头盒子。

好像是要缓和这种期望与现实配合不当的不足，我们越来越放纵自己，不为食物，而是为厨房的设施。在一段时间当中，家里原本不起眼的炉灶体积膨胀开来，大的足以为全家提供丰盛午餐。可是如果这样的设施平时只用于加热一些自用的小菜，它的大块头又有什么用呢？

为了实现家庭梦想，家居公司(Habitat)和宜家公司(IKEA)都将它们的营业部建立在用以展示或为顾客讲授如何完成整个内部装修的空间内。不可避免，两个品牌都以特别的风格方式建立了形象，随着各分部在世界各地——北京、盖茨黑德、香港、吉隆坡、马德里、纽约和华沙——的建立以及各厂家的供给(有很多还是在东欧的低工资地区)，宜家公司当仁不让地成为第一个进入起居室的家具零售商，也是第一个离经叛道、瓦解顾客的文化常规，并以这种方式对抗其民族精神的零售商。自20世纪90年代初宜家公司通过收集材料几乎消除了设计与市场间的鸿沟，其制品都是源自新设计师，贾斯珀·莫里森(Jasper Morrison)和康斯坦丁·格尔齐茨(Konstantin Grcic)这些为意大利领先生产者工作的设计师，而其价格也合理。挑战就在于宜家公司的价格要使其产品尝试使用瑞典化的名称但仍又令人信任，甚至在英国电视台打广告战的时候要求顾客“Chuck out your chintz”，暗示着与其要改变其产品以适应公众口味，不如领导公众的潮流。

好像要基于事物的外观而不是实质来反映其文化似的，20世纪90年代的建筑以一系列的标志完成了设计的旅行。雷姆·库哈斯(Rem Koolhaas)的艾瓦别墅(Villa dall Ava)完成于1991年，坐落在巴黎舒适的郊区圣克劳德(St.Cloud)。其外表材质是波形钢板的格构，周边建筑均是抹灰的。以埃菲尔铁塔为远景，和它对齐的还有一个水池。在内部，库哈斯避免使用传统的建筑空间语言。艾瓦别墅的起居空间边缘是模糊的，安排在一个以坡道串联的八个对象组成的有力组合当中，而不是传统的走廊式或串联式的组织，首层的主要起居空间位于花园，被屏风和竹子隔开。

在此10年中建筑走向两个极端，一方面一部分人从混乱中寻找秩序，试图在比例和细节中建立完美，通向这个目的的道路有几条，约翰·鲍森的克制，澳大利亚的格兰·莫科特(Glenn Murcutt)的精确，理查德·迈耶的纯静。另一方面则是越加严重的夸张的、雕塑般的元素，将住宅处理成无法居住的东西。在20世纪的结束时刻，住宅变得极其自由和包容，它不再只是一个帐篷或其他的什么东西。

由包霍夫(Pauhof)建筑师事务所的沃尔夫冈·鲍赞巴克(Wolfgarg Pauzenberger)和迈克尔·霍夫斯塔特(Michael Hofstätter)设计的P住宅于1997年完成，是基于奥地利高山的景观设计的。在外部，住宅以混凝土为基座，上层用铝板，这些材料被内部的暖色和木材柔化

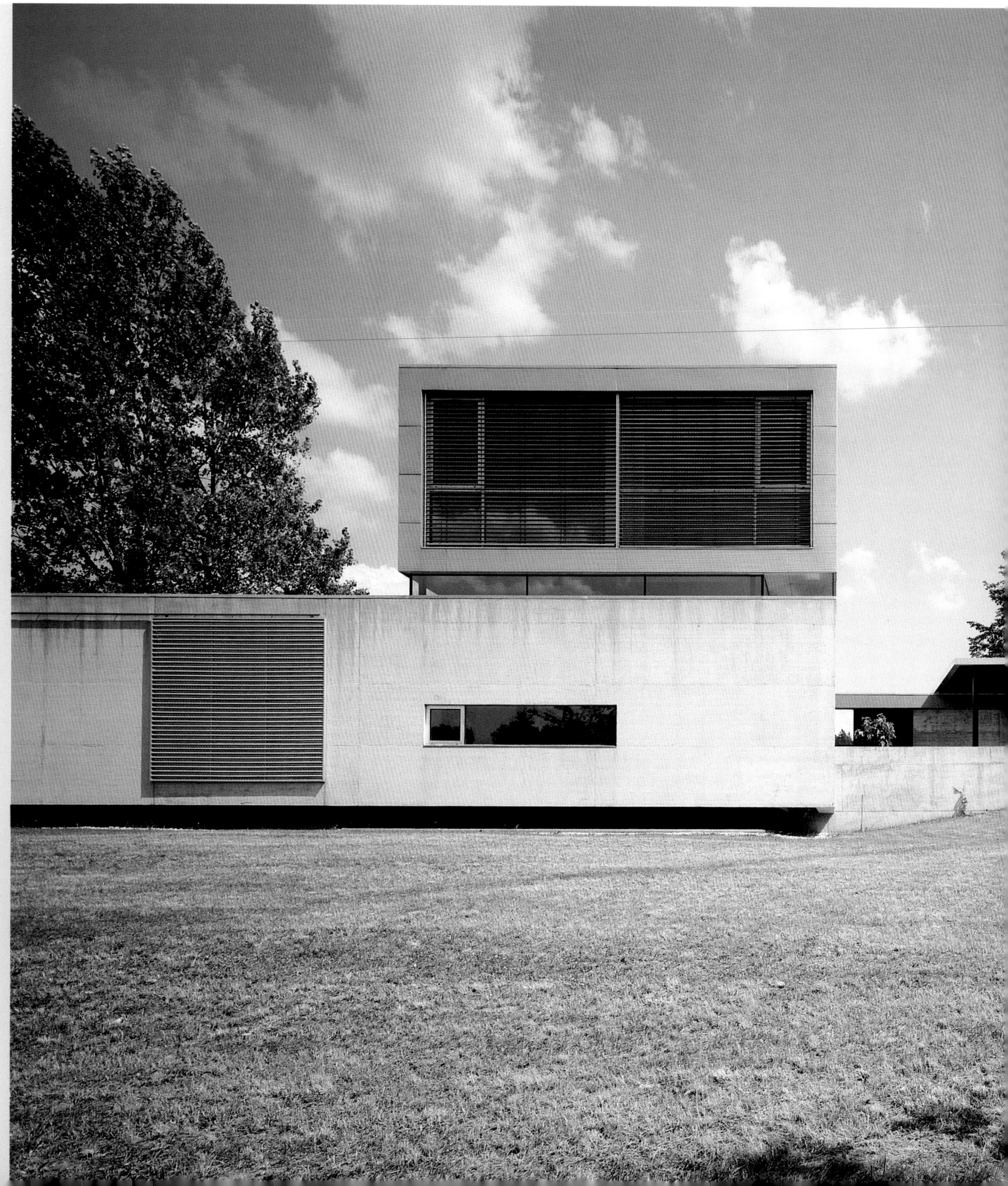

P住宅

House P

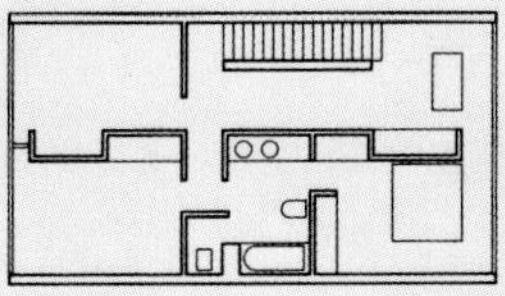

二层平面

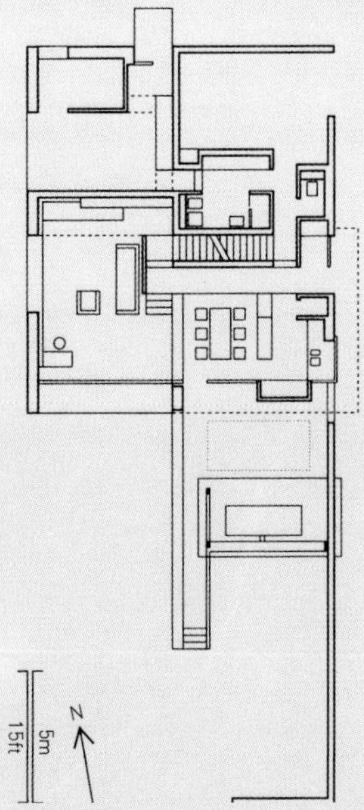

首层平面

露丁住宅

Rudin house

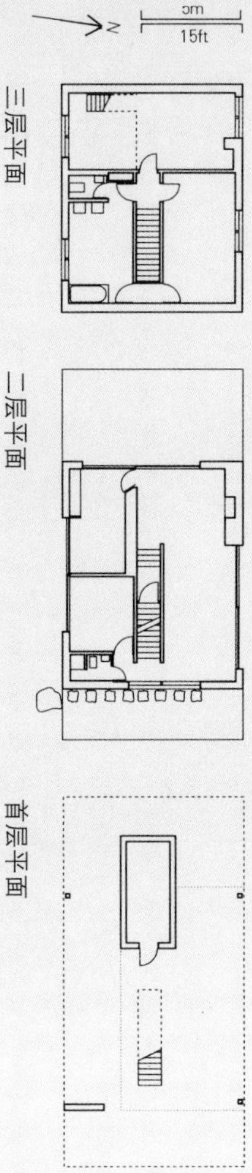

赫尔佐格(Herzog)和德莫龙(de Meuron)于1993年设计的露丁住宅位于法国莱芒。住宅使人回想起童年回忆中的大烟囱，斜屋顶单纯的体量，在内部通过素混凝土暗示了一种简洁，就像房间是从石头中雕出来一样

The next generation: 50 new houses

下一代:
50个新住宅设计作品

艾查纳／李(Eychaner／Lee)住宅
芝加哥，伊利诺伊州，美国

项目组
安藤忠雄及谷野正隆(Masataka Yano)

建造时间
1992–1998

Eychaner/Lee house
Chicago, Illinois, USA

Project team
Tadao Ando with
Masataka Yano

Construction
1992–98

Tadao Ando Architect & Associates Osaka

安藤忠雄建筑师事务所
大阪

艾查纳／李(Eychaner/Lee)住宅是安藤忠雄在美国建造的第一件作品。通过在一个丰富的自然景观中创造了一种令人沉思的、雕刻般的环境而展示了他对艺术独特的把握。整个基地被树木充分覆盖，尤其是其中的一棵树，一棵巨大的白杨树，被主人尤为珍爱，它限定了整个住宅的设计。在安藤严谨的正交几何形体构图中，只有一堵墙是曲线形的，就是为了保证这棵树被保留下来。在树的一边，安藤用一个水池将水引进住宅。

住宅本身由三个长方体构成的分区组成。其中最大的体块为三层高的部分，是家庭的主要住所。次大的体块只有最大部分的一半大小，是用作公共空间使用的，包括一间客房及接待区域。这两个主要体块通过第三个体块联系起来，这是一个长而狭的起居空间。所有的这些空间都是内视的，且都将视线集中在内院的水池上。一个坡道连接了水池与二层的露台，这个向天空开敞的露台是此住宅中最为重要的部分。就像安藤所说的："水面倒映着树影，微风吹起涟漪。这是一个把自然引入日常生活的宁静空间。"住宅使用了克制的色彩元素：墙面的材质是素混凝土，而屋顶则使用花岗石与木材相互搭配。

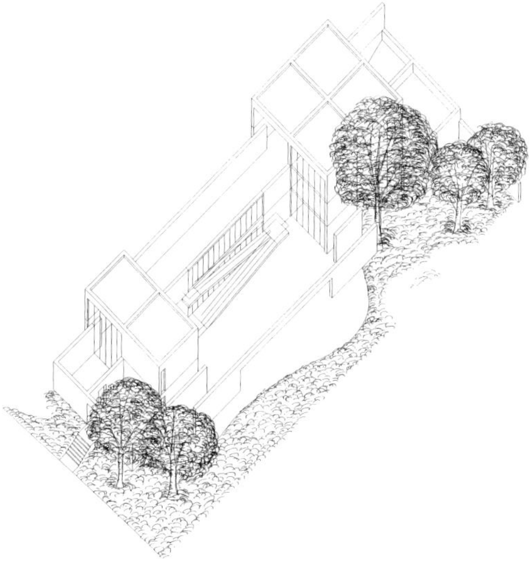

轴测图

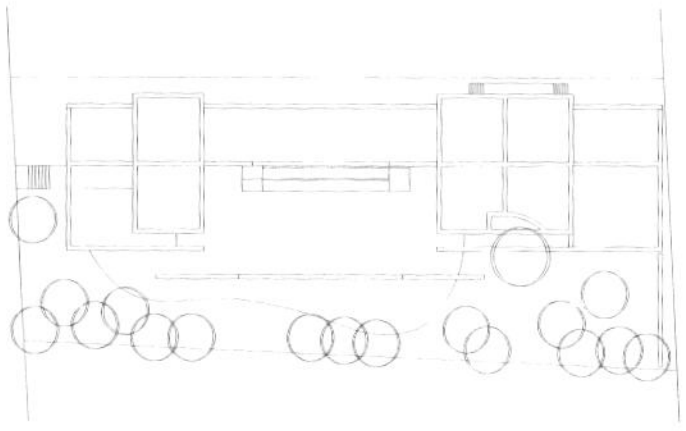

总平面

三层平面

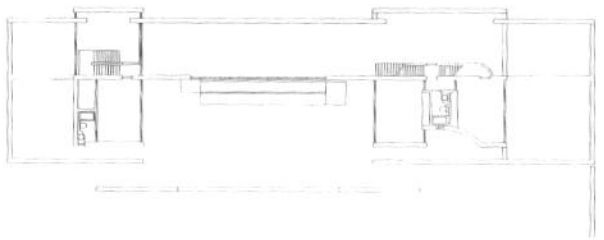

二层平面

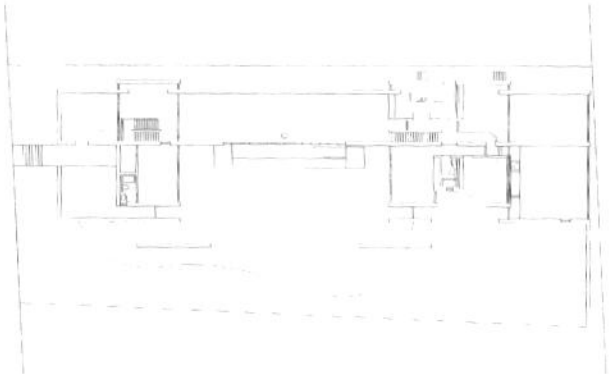

首层平面

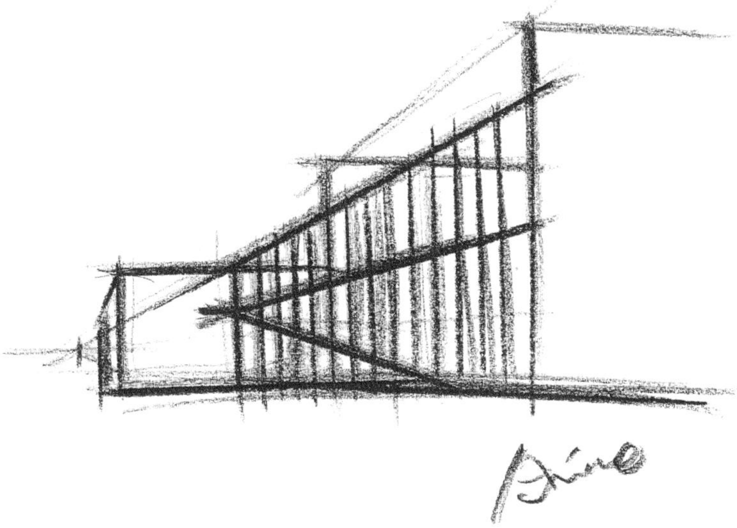

Ron Arad Associates London

罗恩·阿拉德建筑设计事务所

伦敦

Amiga house
London, UK

Project team
Ron Arad with
Barnaby Gunning and
Geoff Crowther
Buro Happold: Mike Cook
(structural engineers)

Design
1997

阿米伽住宅
伦敦，英国

项目组
罗恩·阿拉德及巴纳比·冈宁和杰夫·克劳瑟
布罗·哈珀德：迈克·库克（结构工程师）

设计时间
1997

罗恩·阿拉德受委托为阿米伽家设计一所新房子，其内容不仅包括拆除旧有房屋，而且特别指定新住宅不能与旧有住宅相似。基地坐落在一条安静的住区街道上，位于汉普斯蒂德·希思的边缘，最初是在20世纪20年代，由投机发展商以档次较低的手工艺形式进行设计的。等到罗恩·阿拉德接手这个设计项目，原先形成别墅的那些因素已经被多次地扩展。而它曾经具有的先天特质却又被长时间地闲置了。

阿拉德的雇主已准备重新开始。他们企图拆除这些地产并请他们的建筑师从头开始。在20世纪80年代的任何时候，做到这些都是不可能实现的想法。在威尔士王子反对建筑学的时代，当时的英国是一个充斥着排斥新方式的国家，而阿拉德的雇主并不赞同这种胆怯的世界观。阿拉德提出了一个毫不妥协的设计，它基于两个彼此咬合的蛋形壳体的形体构思，这同把令人乏味的砖墙或斜坡屋顶作为标志性建筑语汇的做法没有任何相似之处。它们采用碳纤维合成材料，而这种做法源于造船工艺。

体块住宅
科隆，德国

项目组
威尔·阿雷茨及多米尼克·帕帕
西毕尔·托马克，恩里克·瓦斯特，
理查德·威尔顿，
金·埃格霍姆（模型）
威尔·阿雷茨（景观）

设计时间
1995

The Body house
Cologne, Germany

Project team
Wiel Arets with Dominic Papa,
Sybille Thomke, Henrik Vuust,
Richard Welten,
Kim Egholm (models),
Wiel Arets (landscape)

Design
1995

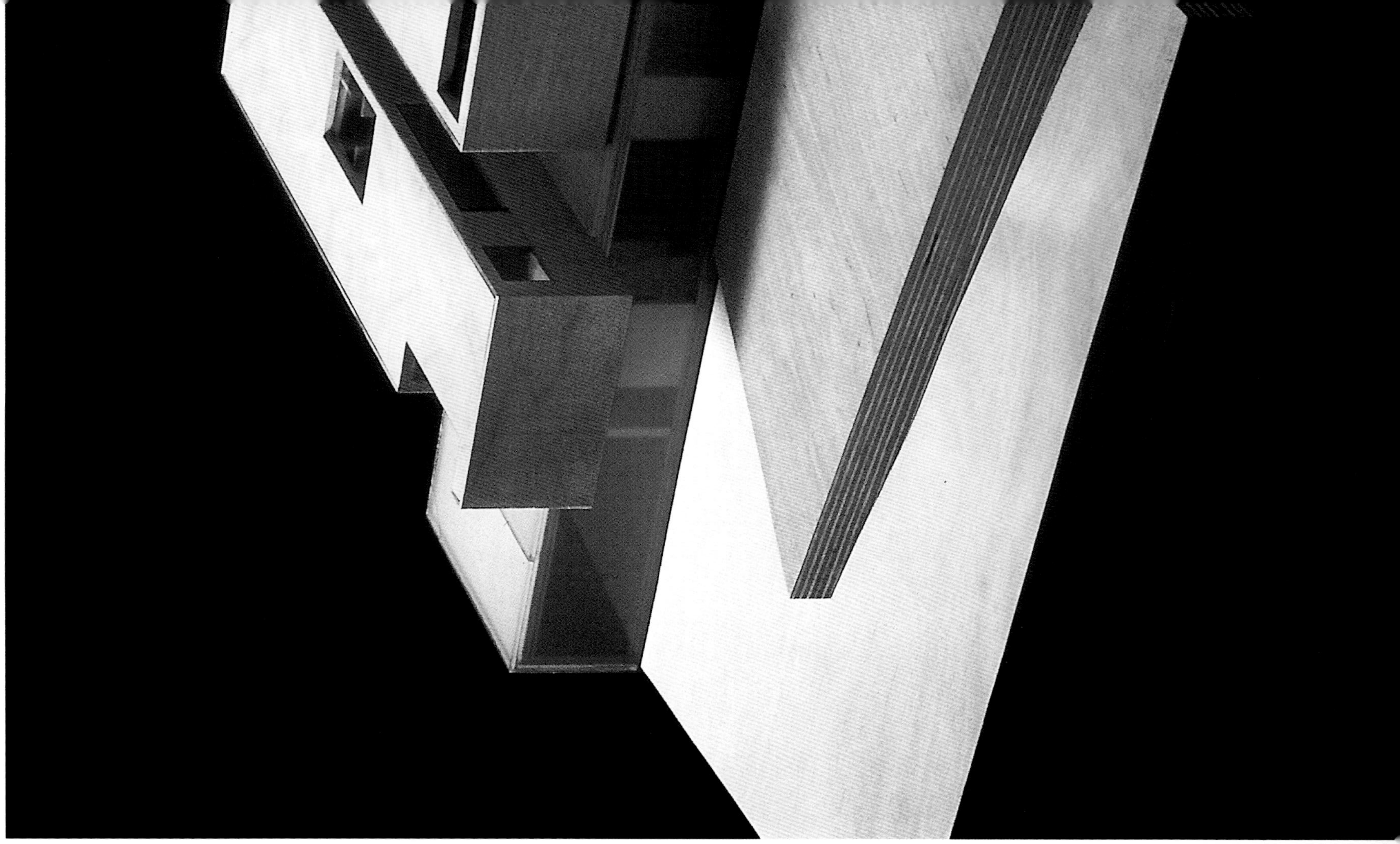

剖面图

沿街西立面

威尔·阿雷茨建筑师事务所
马斯特里赫特

Wiel Arets Architects & Associates
Maastricht

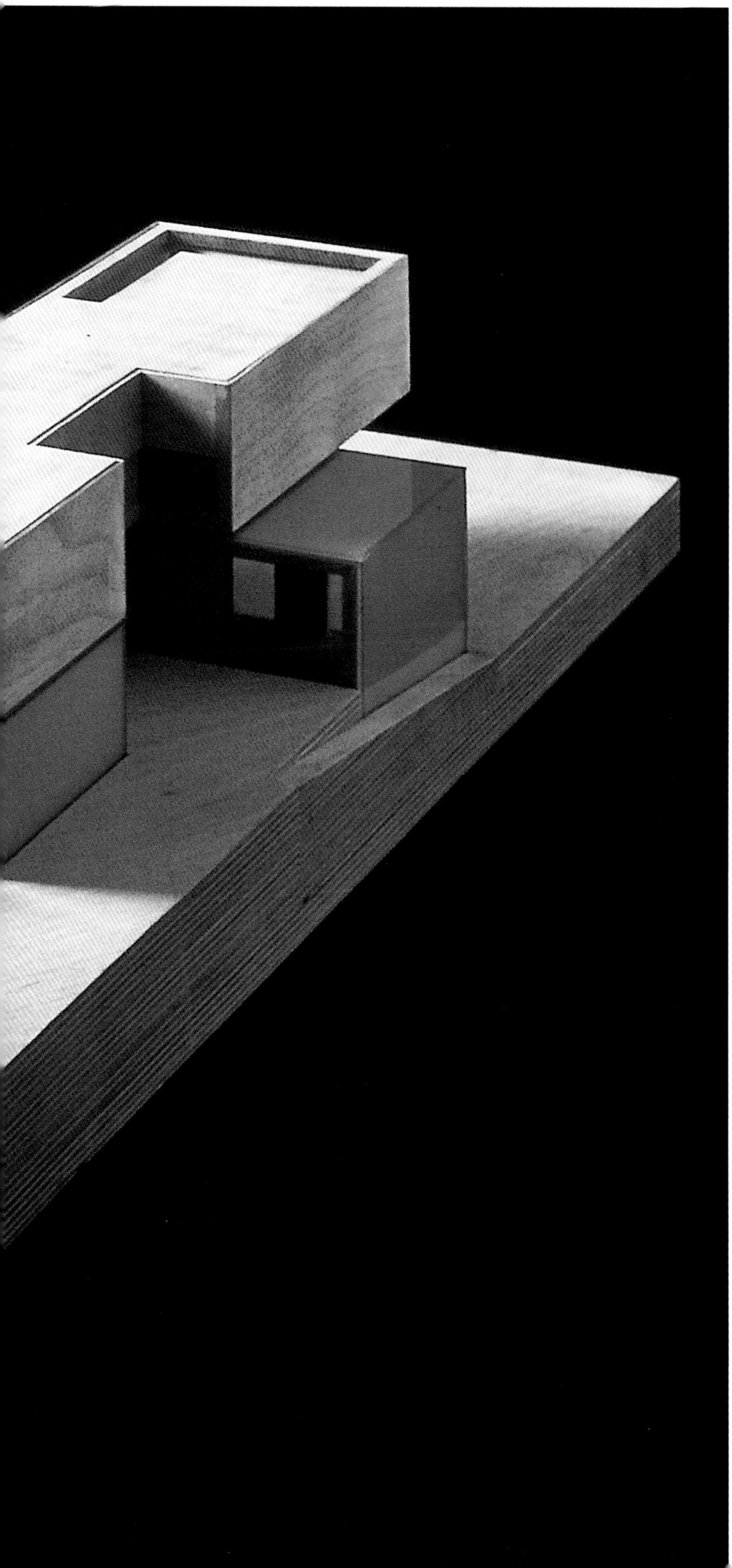

体块住宅尝试在别墅设计上向景观设计提出更多富有挑战的联系因素，而不仅限于传统地从其位于郊区的地理区位上所自然生成的形态。住宅设有多样的环路，以便相互沟通，为住宅各“体块”之间创造一种更紧密的联系，也为各家庭“成员”之间创造一种更亲密的气氛。

这个别墅由四块体积相同的部分组成，它们占据了整个基地的中心。它的出现把原来基地的地貌改变成为两个大小相等但完全不同的花园：一个是平坦的，而另一个则从街道开始向内倾斜。住宅中地势较低的部分成为住宅中地势较高部分与低地花园的联系交汇枢纽，由此创造了一个巨大的流动空间，这里是家庭成员聚会的场所。住宅下层全部以连续封闭的玻璃包裹，在此仅通过材料处理本身就可以改变其私密性要求的程度，究竟是全封闭性的、功能性的抑或是运动性的。两个巨大的石头体块盘旋在封闭玻璃体块的上方，每一块面向其中一个花园并为它提供户外遮蔽空间。家庭私密领域占据了这一层，分为主人房和一个既可作为客房也可作为管家住所的区域。在基本体块的朴素外表下隐藏的是把私密性要求同谨慎地选择户外视野结合起来的复杂安排，而内部采光则利用内天井与天窗。

楼层平面
迈耶住宅

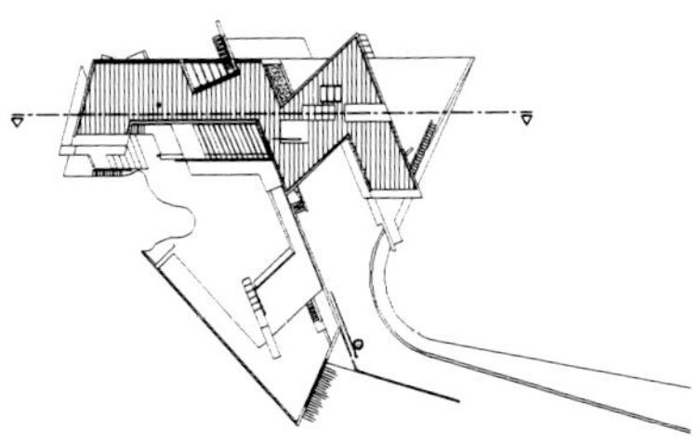

楼层平面
保卢斯住宅

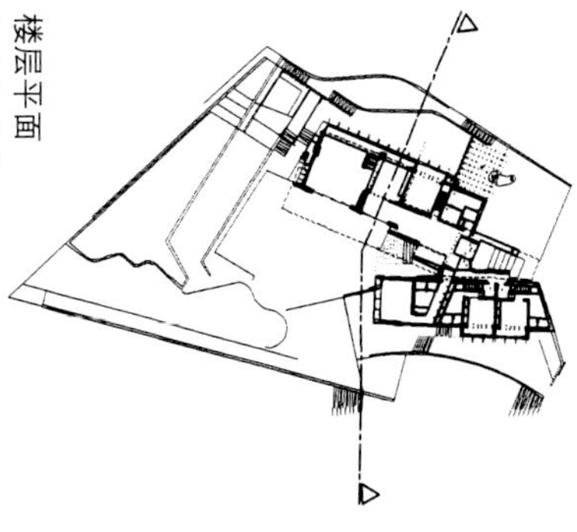

迈耶住宅与保卢斯住宅作为一对建筑，它们占据了西班牙南地中海岸上一块拥有良好景观的崎岖岩石坡地，俯视直布罗陀。为了呼应自然地貌和家族的传统信仰，建筑物被分成若干体量较小的体块以顺应地势、日照和周围的景观。

坡地和周围邻近地段相关的条件加在一起使得这两个设计过程相似的住宅有着不同的朝向。迈耶住宅的平面位于陡峭的山坡上，从车库到卧室以一种扇形的运动形式一步步展现在我们面前，通过一个统一倾斜的大屋顶再现了原始地形。而保卢斯住宅则位于一个山脊上，它沿用了典型的传统内天井住宅形式，通过向内倾斜的坡屋顶以及一个半封闭的院落为远处的景观提供了框定的风景。

剖面
迈耶住宅

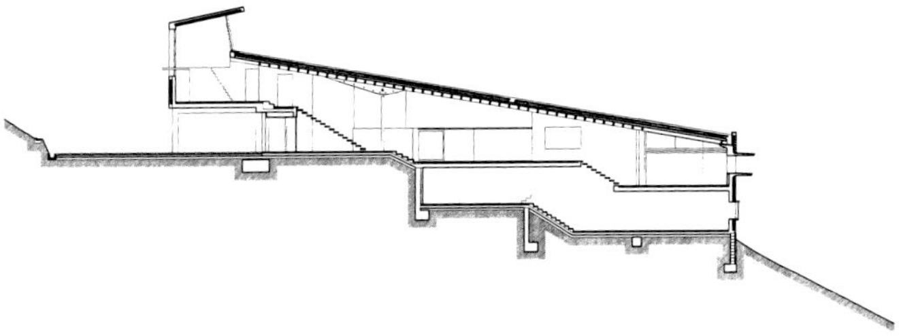

剖面
保卢斯住宅

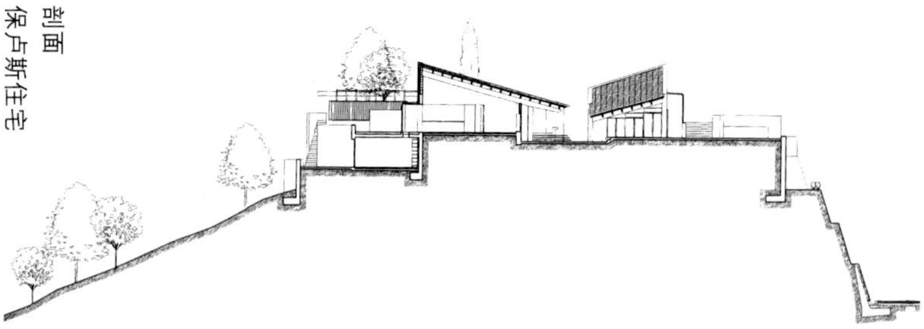

Alfredo Arribas Arquitectos Associades Barcelona

阿尔弗雷多·阿里瓦斯·阿基泰克多斯建筑师事务所 巴塞罗那

Meyer and Paulus houses
Málaga, Spain

Construction
1996–98

迈耶住宅与保卢斯住宅
马拉加，西班牙

建造时间
1996–1998

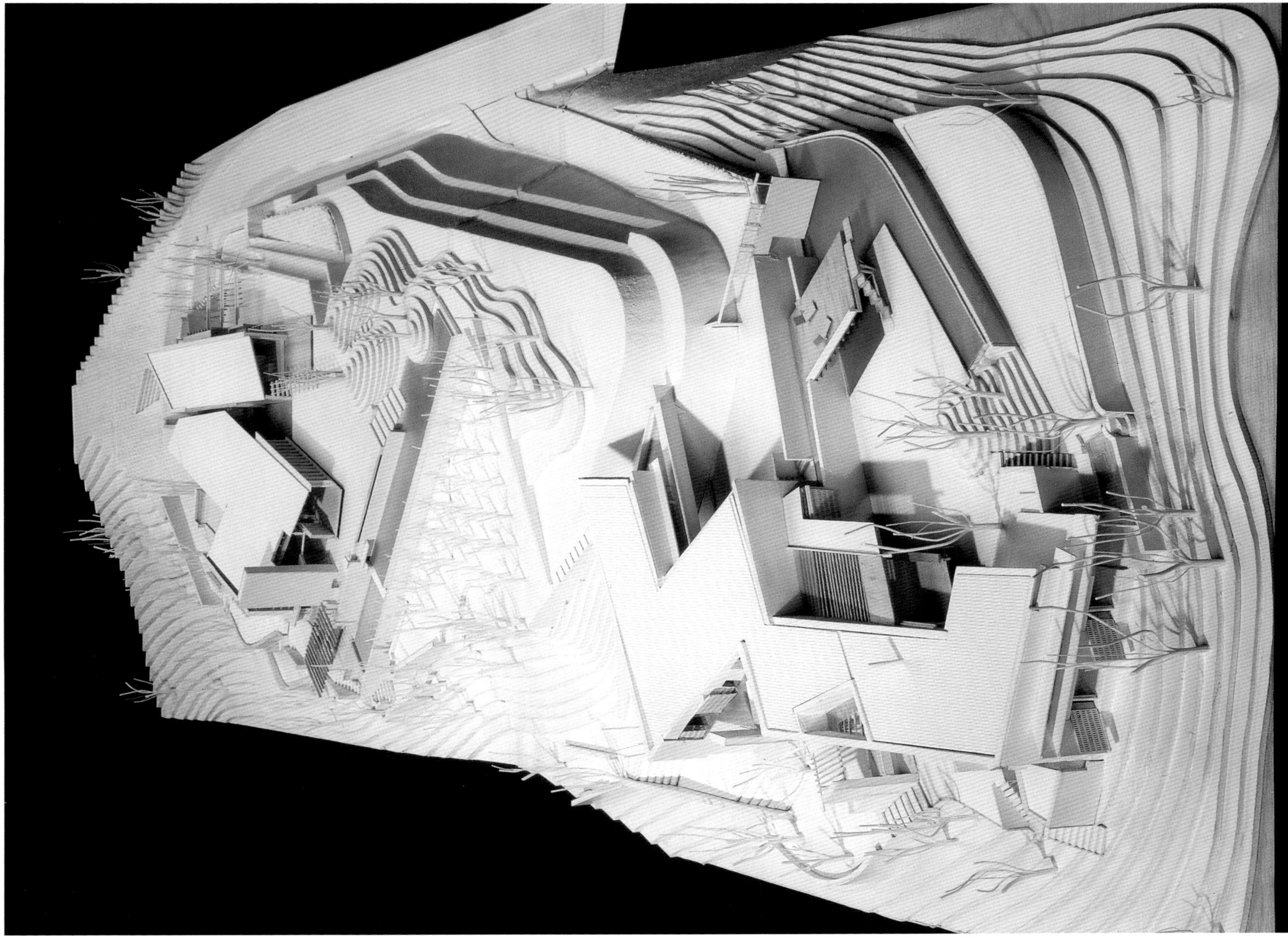

Artec Architects Vienna

阿泰克建筑师事务所 维也纳

Zita Kern Space
Raasdorf, Austria

Bettina Götz and
Richard Manahl

Project team
Bettina Götz, Richard Manahl
with Maria Kirchweger

Construction
1997–98

齐塔·科恩空间
拉斯多夫，奥地利

贝蒂娜·约茨与理查德·马纳赫

项目组
贝蒂娜·约茨，理查德·马纳赫
及玛利亚·基希威格

建造时间
1997–1998

这是为一个不寻常的女士设计的一个与众不同的空间。齐塔·科恩既是一个农场主同时也是一名作家，她生活在远离维也纳的家族农场庄园里。在紧张的财政预算下，贝蒂娜为她设计了一所全新的住宅，形式上参考了一个旧马厩。新的体量看上去像一个奇怪的屋顶。仅有楼梯间部分仿佛把这个铝板包裹的物体同周围日常崎岖不平的农田联系起来。在简单的农场与这个新颖的住宅间形成的张力是非常吸引人的。这个空间包含了一个工作室和两个露台。卫生间在首层原来的建筑中，屋顶被设计成可以收集雨水。而室内则覆盖以橡胶、白杨木夹板和铝板。

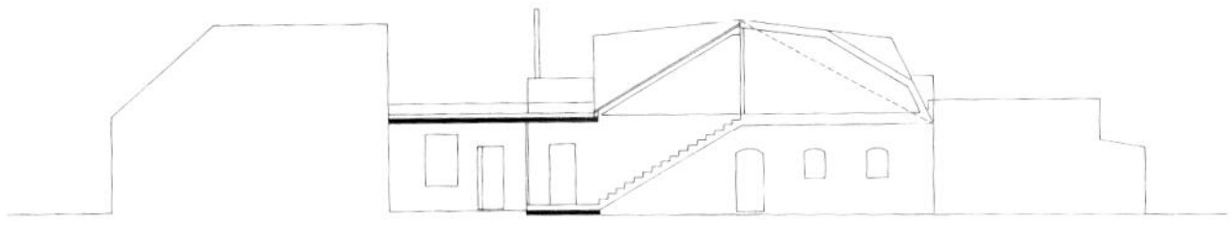

纵剖面

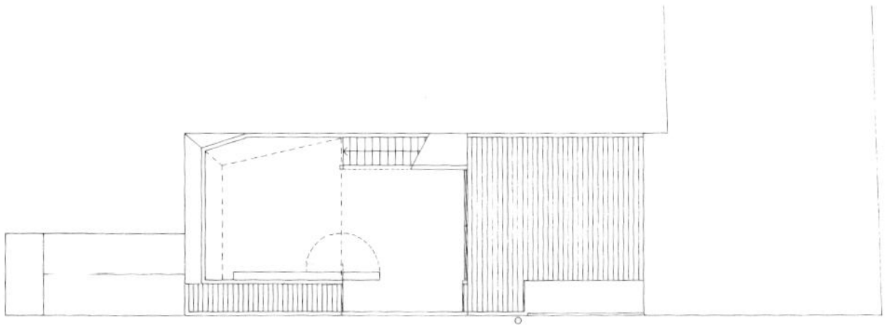

二层平面

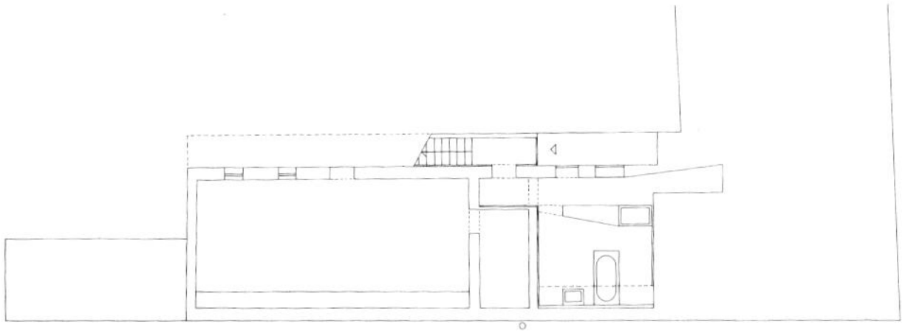

首层平面

坂茂(Shigeru Ban)设计了大量钢框架玻璃立方体的住宅。这个特别的作品采用了9方格柱网的形式。首层平面为10.4m(34英尺)见方，通过一种可滑动的门与墙体系，可适应一系列不同的空间组合配置。随着墙体的充分伸展，平面被划分为9个完全相同的空间：北向与南向的外墙是透明的，同样这些墙也可以折叠起来以便把整个住宅向周围的景观敞开。

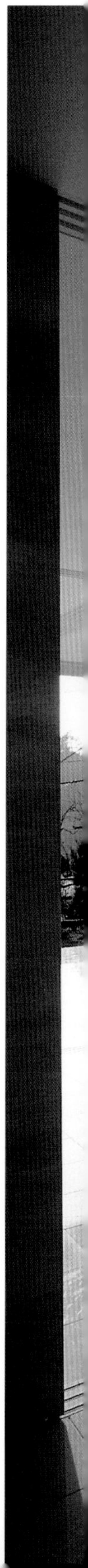

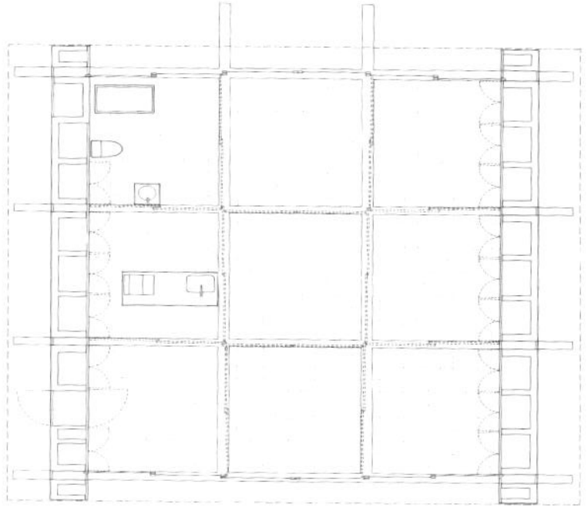

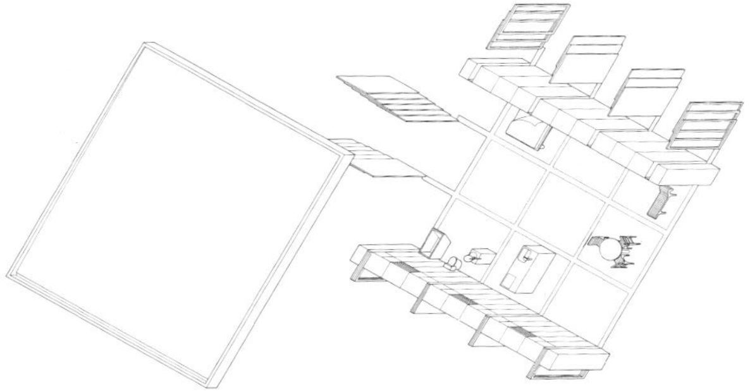

Shigeru Ban Architects Tokyo

坂茂建筑师事务所
东京

9 Square Grid house
Kanagawa Prefecture, Japan

Construction
1996–97

9 方格柱网住宅
神奈川县，日本

建造时间
1996–1997

Baumschlager & Eberle Bregenz

鲍姆斯彻拉格与埃贝勒建筑师事务所 布雷根茨（奥地利）

Ulmer house
Schwarzach, Austria

Carlo Baumschlager and
Dietmar Eberle

Construction
1997–98

乌尔默住宅位于奥地利西部阿尔卑斯山美因河谷地区。这是主河谷左侧一块很小的空间，在此形成了通往西部的主要交通路线。因此，大部分新住宅发展规划都是稠密地聚集在一起，住宅与住宅之间仅留有很狭小的自由活动空间。

鲍姆斯彻拉格与埃贝勒对这种存在问题的基地的回应就是设计了一栋为自己定义了外部文脉的住宅，而不是去毁掉它。传统的房间划分已经被重新组织，创造了一种更加统一的同外部相关联的建筑叙述语言，同时允许在尽可能的条件下创造一个更大的花园。

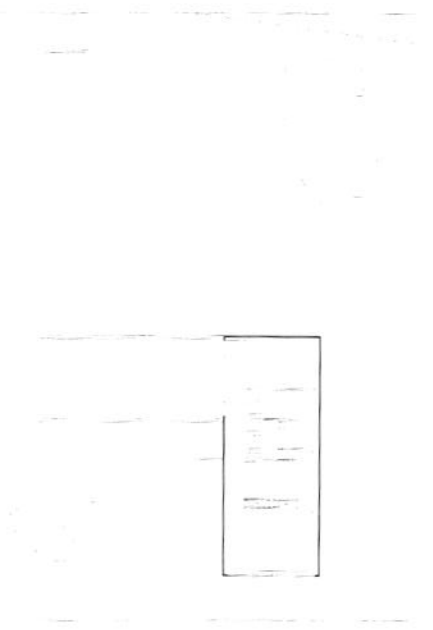

首层平面

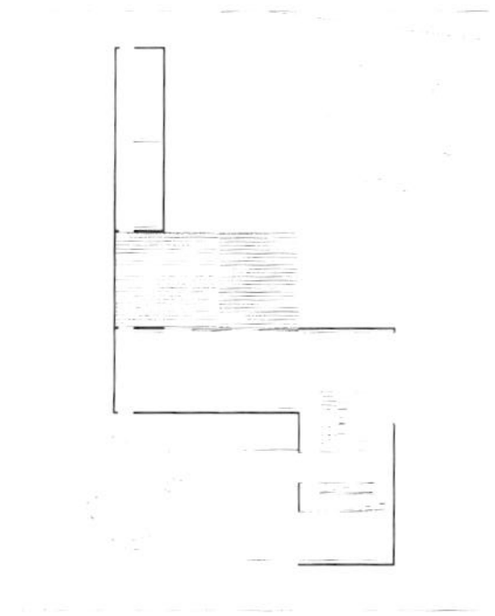

二层平面

乌尔默住宅
施瓦察赫，奥地利

卡洛·鲍姆斯彻拉格与迪特马尔·埃贝勒

建造时间
1997–1998

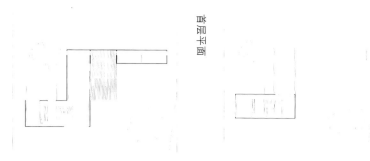

独立住宅
兰讷斯，丹麦

项目组
苏珊妮·汉森（方案设计），马提亚·希尔格特（3D 虚拟设计）

设计时间
1998

Detached house
Randers, Denmark

Project team
Susanne Hansen (project architect), Matthias Hilgert (3-D illustration)

Design
1998

Bystrup Architects Copenhagen

比斯特鲁普建筑师事务所 哥本哈根

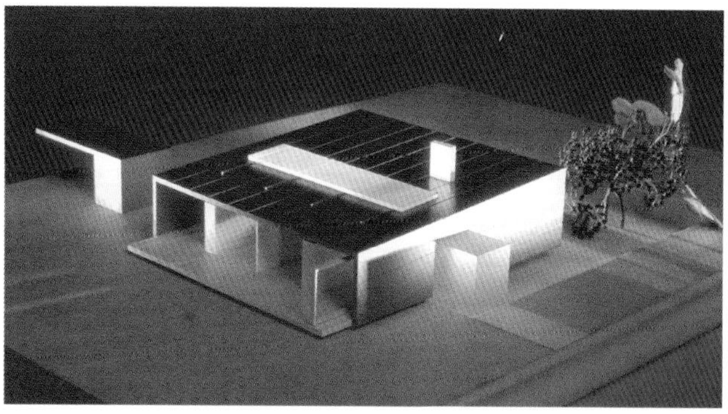

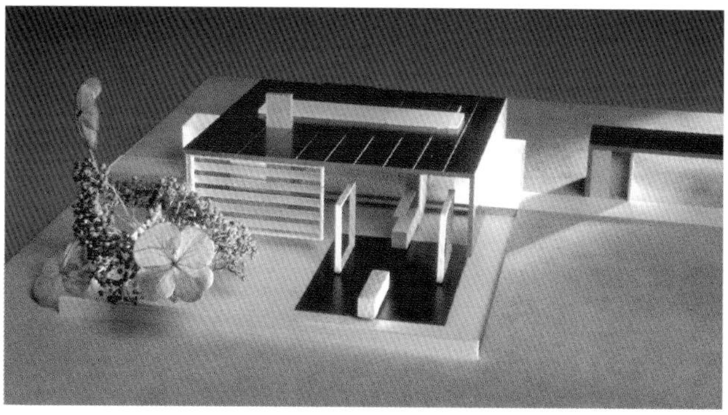

在一个显然很小而且很简单的钢与木材的方盒子里，来自比斯特鲁普建筑师事务所的苏珊妮·汉森创造出一套复杂的空间系列。一个薄片被插入基本的立方体体块中，它从入口开始结束在卫生间，横贯整个建筑，而这两者都是透明的体块。这条划分线把自然光线引入了住宅中的每一个房间，并且在没有分隔的情况下，区分了私密空间与公有的起居空间。每一个房间都有自己贯穿整个住宅的景观视野，并且允许最大限度地灵活划分使用。此外，房间都带有可以立即取掉的外部维护，以保证很容易地进入花园，同时把自然引入住宅内部。专门设计的配套家具更突出了这栋住宅的特点。

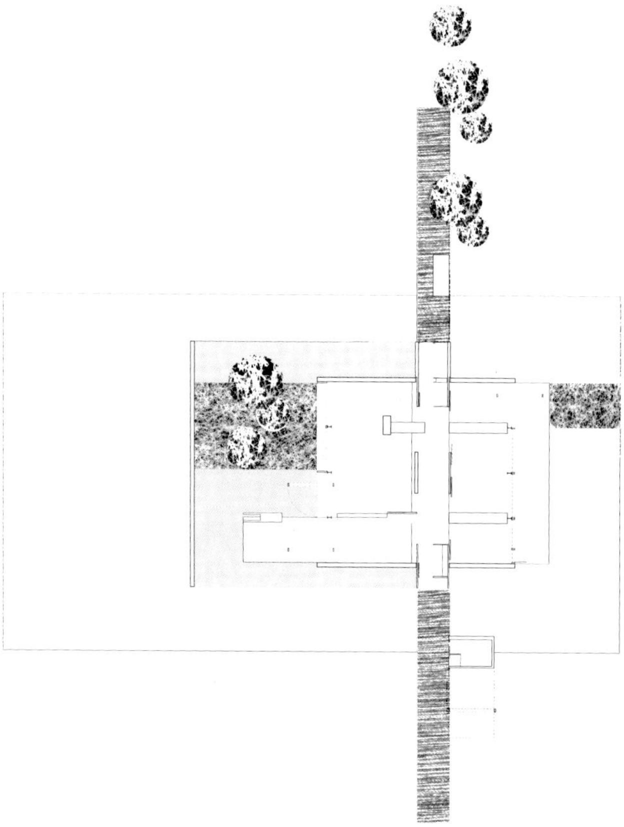

楼层平面

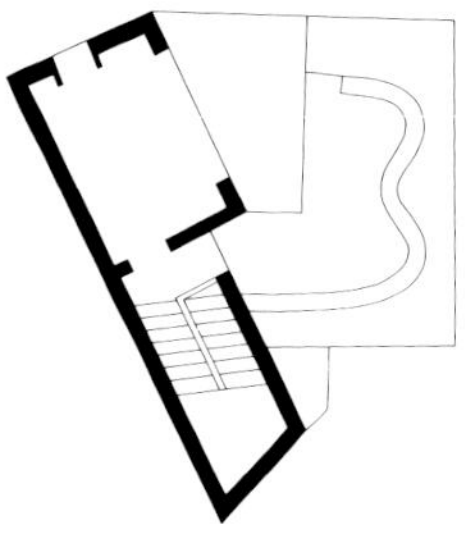

三层平面

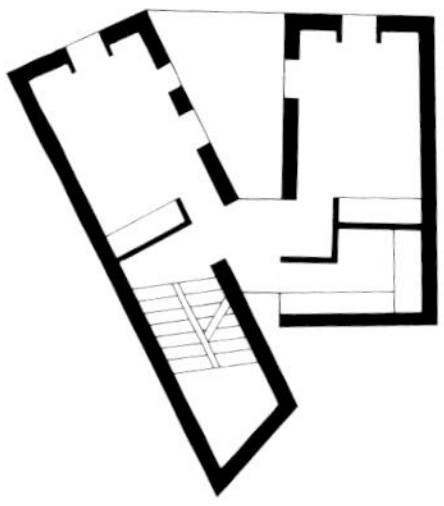

二层平面

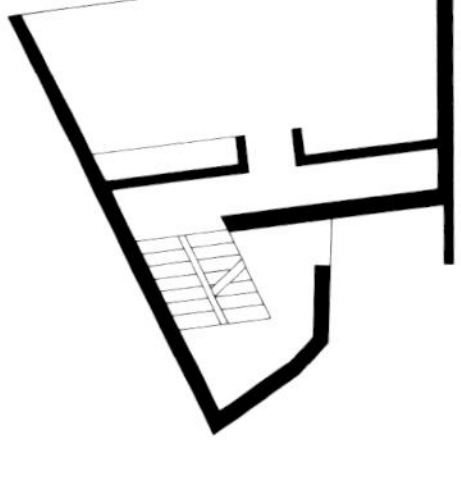

半地上层平面

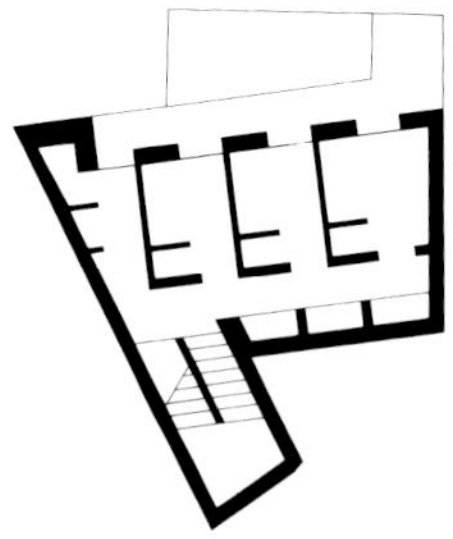

半地下层平面

Private house
Galicia, Spain

Project team
David Chipperfield with Pablo Gallego-Picard, Ove Arup & Partners, Javier Estevez (technical consultants), Serinfra S.A. (contractor), Tim Gatehouse Associates (quantity surveyor)

Design
1995–97

私人住宅
加利西亚，西班牙

项目组
戴维·奇珀费尔德及巴勃罗·加莱戈·皮卡德，奥维·阿鲁普及其助手，贾维尔·埃斯特威茨（技术顾问），塞瑞弗若 S.A.（承包商）蒂姆门房联合公司（质量勘察验收鉴定）

设计时间
1995–1997

David Chipperfield Architects London

戴维·奇珀费尔德建筑师事务所 伦敦

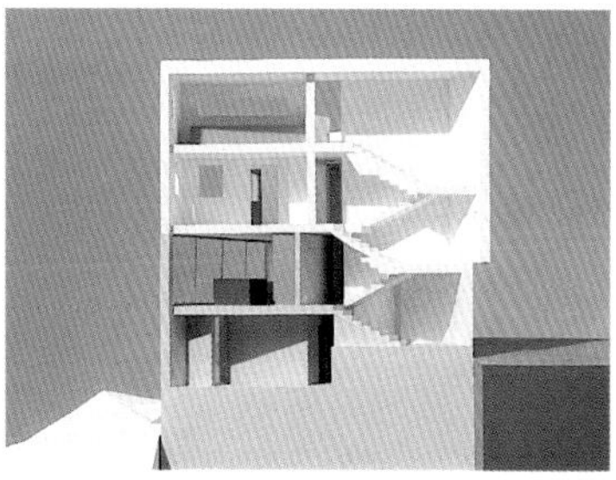

这栋住宅填满了加利西亚大西洋海岸一个小渔村中主要街道的一个空隙。现存的空地提供了富有戏剧性的港口与海面景观。这个村子坐落在一个巨大海湾的北端。村落的组织遵循着复杂的几何构图，这是由地形和历史上形成的土地划分所决定的。这栋建筑沿大海建造，背朝海面，面向村子的聚居空间。住宅的形式出于解决复杂的基地地形和周围建筑高度问题的愿望。

一些主要的开敞元素被引入到原本封闭的立面中。主起居空间不仅提供充分的海景，而且限定了住宅的基部与顶部。基部延续使用了港口的大块石材与混凝土的材质，而住宅的上部采用了同样的类似雕塑般的艺术手法。石材与混凝土的基部也提供了经由一条石质坡道通向下面海滩的通道。沿街的立面是封闭的，采用了街道上的几何图形，并形成了一个小的入口庭院。上方的卧室围绕巨大的封闭露台布置。这提供了一种框定的受约束的海面景观，并把住宅上部雕塑般的体块分为若干等级。材料选用的是混凝土、石材和抹灰，而窗则采用铝合金。室内非常简洁，全部采用白色粉刷墙面和密封混凝土地面。

Beach house
Playa Escondida, Peru

Project team
Henri Ciriani
with Enrique Santillana,
Jorge Drax,
Pablo Gomez (engineer),
Francisco Barrantes (structural),
Roberto Ribeiro (mechanical),
Jorge Angulo (electrical)

Construction
1998–99

海岸住宅
埃斯孔迪达盐湖(Playa Escondida)，
秘鲁

项目组
亨利·奇里亚尼及恩里克·桑蒂利亚纳，
乔治·德拉西，
巴布罗·戈梅茨(工程师)，
弗朗西斯科·巴兰蒂斯(结构)，
罗伯特·里贝若(机械)
乔治·安戈鲁(电气)

建造时间
1998–1999

“我们站在一些新事物的开端，这不是社会性地确定意识形态的时代，而是从不容置疑的未来中得到的自由之一。这种状态最大限度地显示出技术的进步，同时为住宅创造了全新的空间与视觉条件……我们的作品企图抓住这个新趋势。我们试图专注于两个建筑设计方向：它们都是关于空间的，一是敞开封闭的空间，另一个是封闭开敞的空间。这两种截然相反的处理手法通过使水平方向与垂直方向处于一种运动状态而再次结合起来，这就是我们所说的‘连续运动的事物’。”

“很显然这栋住宅是一个典型的方盒子，它的基础是水平分层，封闭的向心内天井在带有离心性的向上的体块中垂直地显露出来，它的通透性被控制在一个连续的混凝土带中。通过使中央空间处于运动状态，我们也创造了一种不断变化的内部活动全景。为了拓展这种想法，我们用玻璃砖、黑色马赛克和彩瓦覆盖楼梯间，以便创造一种既是工业化的也是图片化的完美视觉。这些材料的使用也增加了在海岸住宅中冷静的接待气氛。一棵棕榈树沿袭了这种竖向推进力，明白地显露出在一个不同的、全是矿石的环境中自然生机的存在。”

首层平面包含孩子和客人的卧室，管家室和车船库。上层是起居空间、主人房，而在更高的一层上是阳光室。

立面

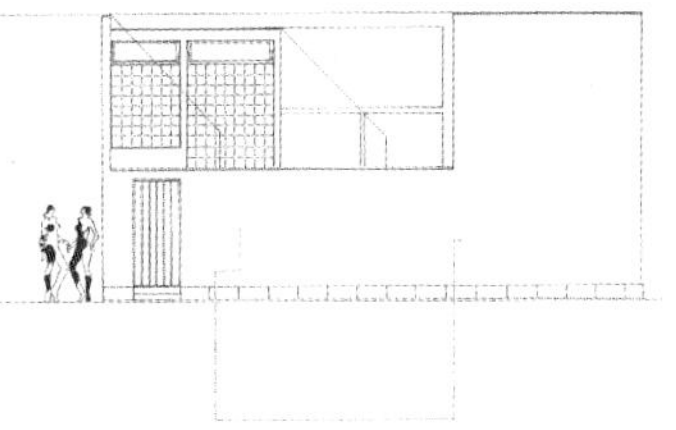

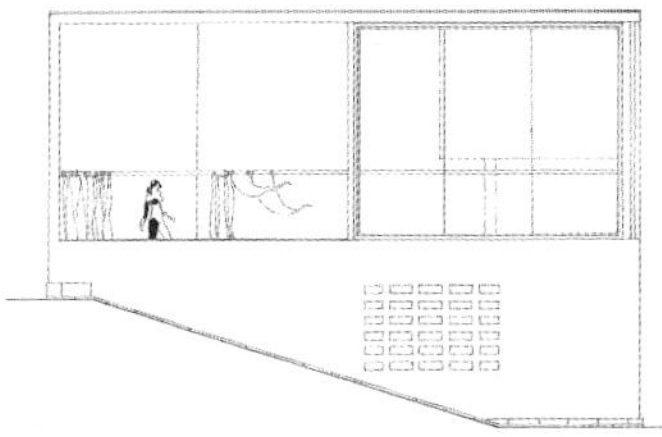

剖面

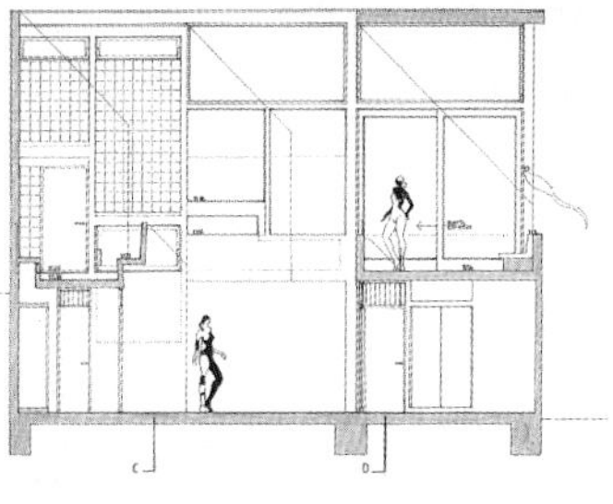

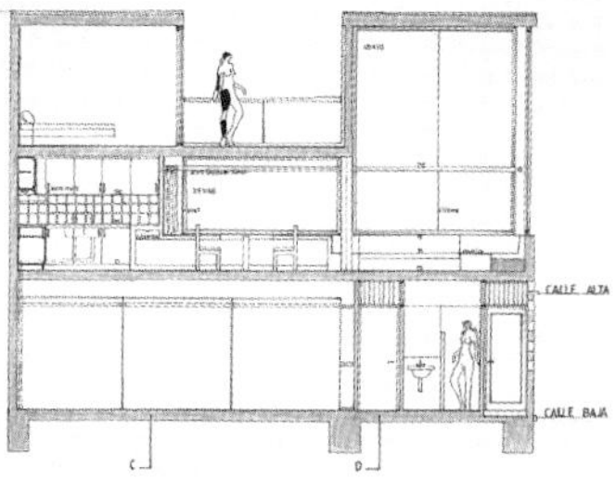

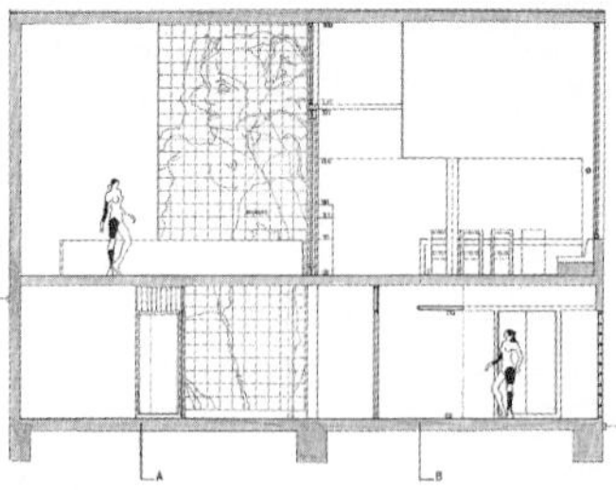

Henri Ciriani Architect
Paris

亨利·奇里亚尼建筑师事务所
巴黎

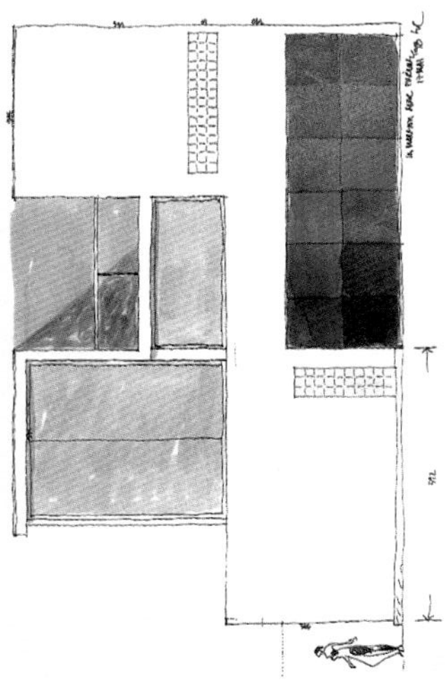

Antonio Citterio and Partners Milan

安东尼奥·奇泰里奥及合伙人建筑师事务所 米兰

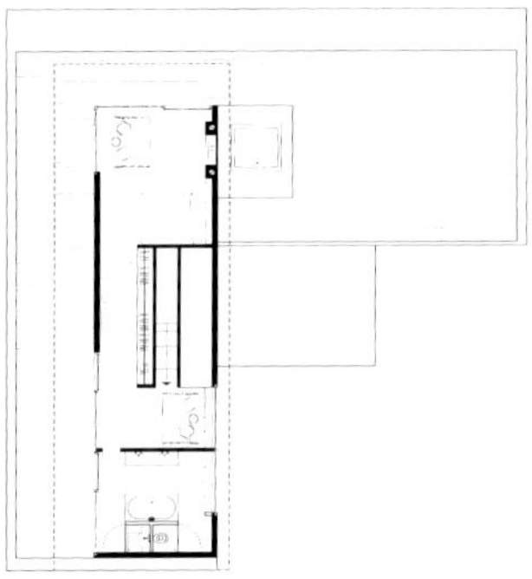
二层平面

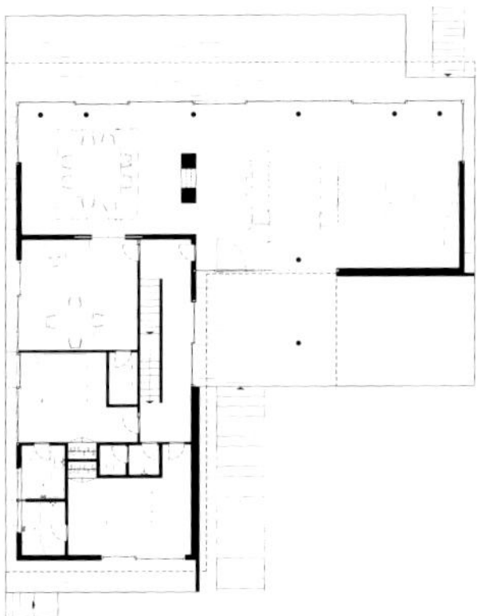
首层平面

这个L形的海边住宅位于长岛，它坐落在一个沙丘上，一边可以欣赏大西洋的海景，另一边是私家的半围合院落。住宅内设游泳池，它形成了活动的中心。构造采用传统的木结构以及大量玻璃框定周围优美的环境景观，创造了一个幽雅但又轻松惬意的周末度假别墅。

公共房间安排在首层面向南边的海滩，而儿童房和厨房等服务房间位于其紧邻的另一翼端。父母的房间设在二层，通往屋顶露台和一个户外的Jacuzzi。长长的水平悬挑屋顶，固定的和可滑动的柚木板与开敞的带有百叶板窗的柚木遮阳天棚避免了阳光的直射。采用垂直的油漆木板条建筑式样是为了呼应当地传统的建筑类型，并且通过不锈钢的边缘得到净化。它还有一个附属的客人住宅，其中带有停车场、车库设施和私人平台。

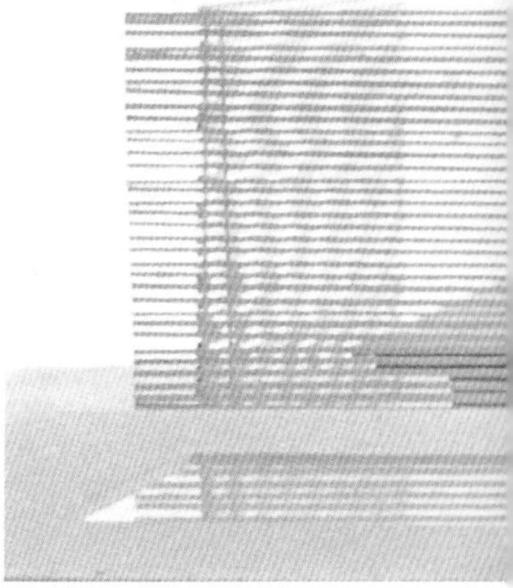

Weekend residence
Hampton Beach,
New York, USA

Project team
Antonio Citterio with
Laurence Quinn and
Patricia Viel

Construction
1998

周末别墅
汉普敦海滩
纽约，美国

项目组
安东尼奥·奇泰里奥及劳伦斯·奎因和帕特里夏·维耶尔

建造时间
1998

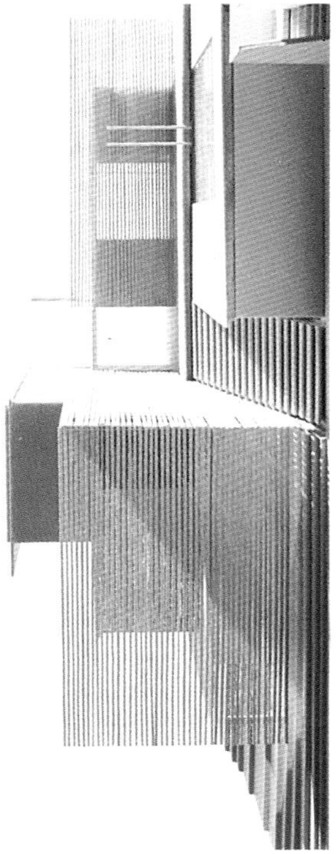

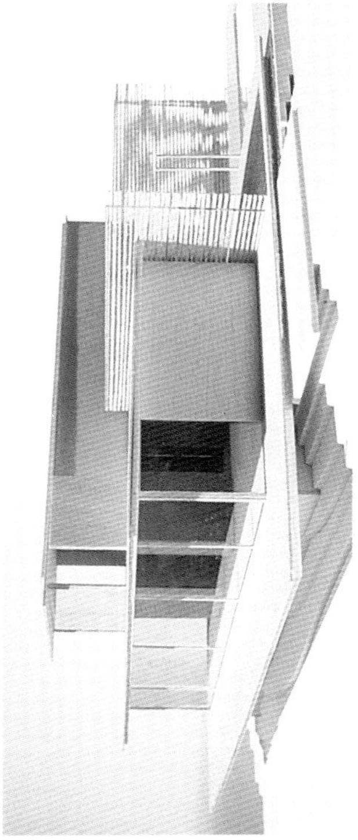

Villa Kerckhoffs
Meerssen, the Netherlands

Project team
Jo Coenen with Stefanie Hesse, Danny Bovens

Construction
1998–99

克尔克霍夫别墅
梅尔森，荷兰

项目组
约·克嫩及斯特凡尼·埃斯，丹尼·伯文斯

建造时间
1998-1999

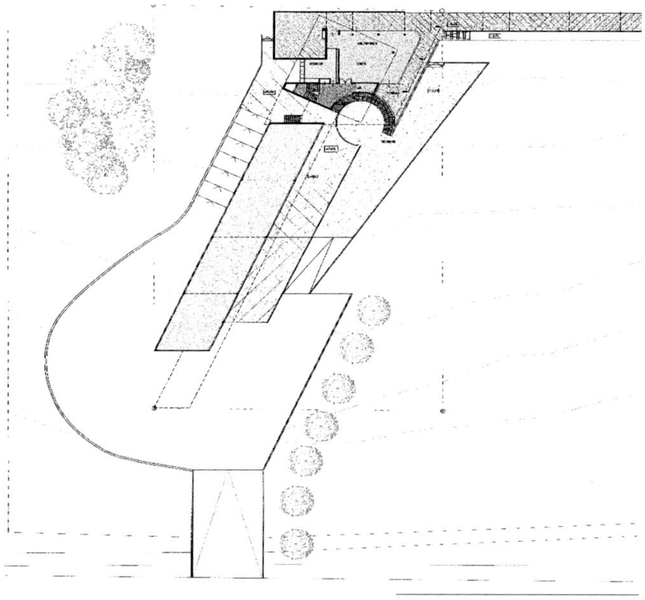

首层平面

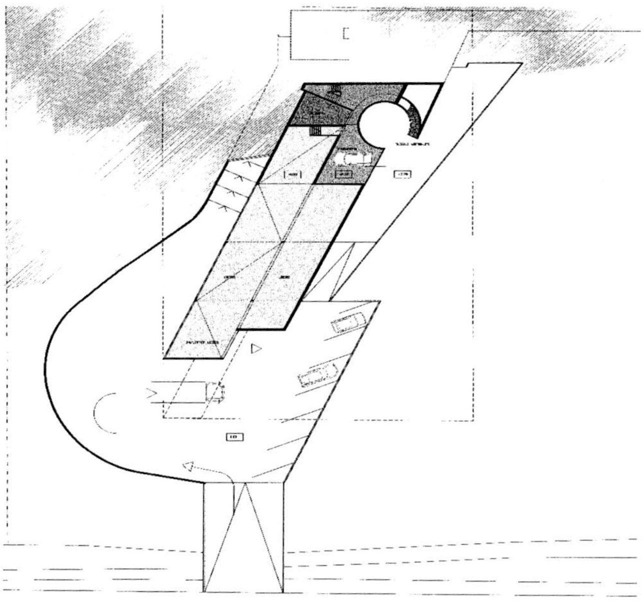

半地下层平面

克尔克霍夫别墅的基地位于荷兰最南端一个富有乡村特色的地方，它被迫服从于紧张的基地限制。如果他们采用部分主要被用作农业用途的建筑设计形式，这个新的居住建筑将勉强被许可。

因此，这栋建筑包括了放置农业机械的棚屋和装农业产品的仓库。它还包括一个带大窗户的小起居厅，由此可以俯瞰整个山林的自然美景，充分满足了雇主的主要愿望之一。住宅的屋顶顺着山脊的轮廓线方向并沿对角线穿过整个基地。两个巨大的悬挑屋顶被用来强调地势，使住宅与周围景观成为一个整体：因为墙面采用了当地的山石。

住宅的入口在较高的地势上，通过一个坡道和一个弧形楼梯可以到达。一条便道和一条延伸的花架廊把周围的果园同住宅连接起来，它还通往装配有篝火装置的室外凉亭空间。

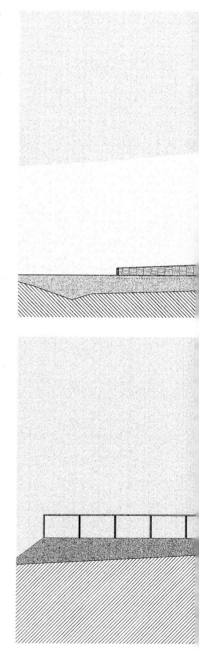

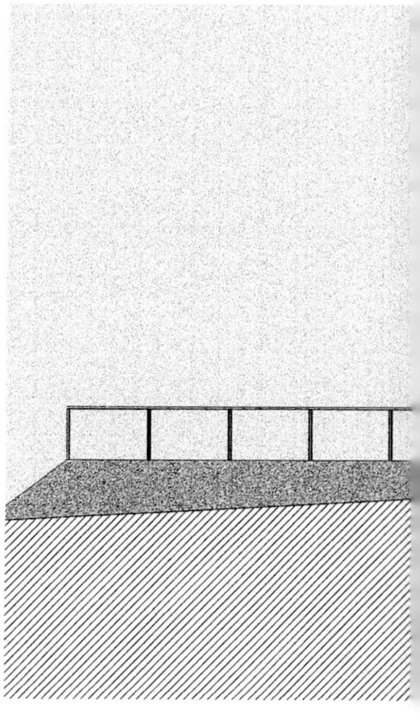

Jo Coenen & Co., Architects Maastricht

约·克嫩联合建筑师事务所 马斯特里赫特

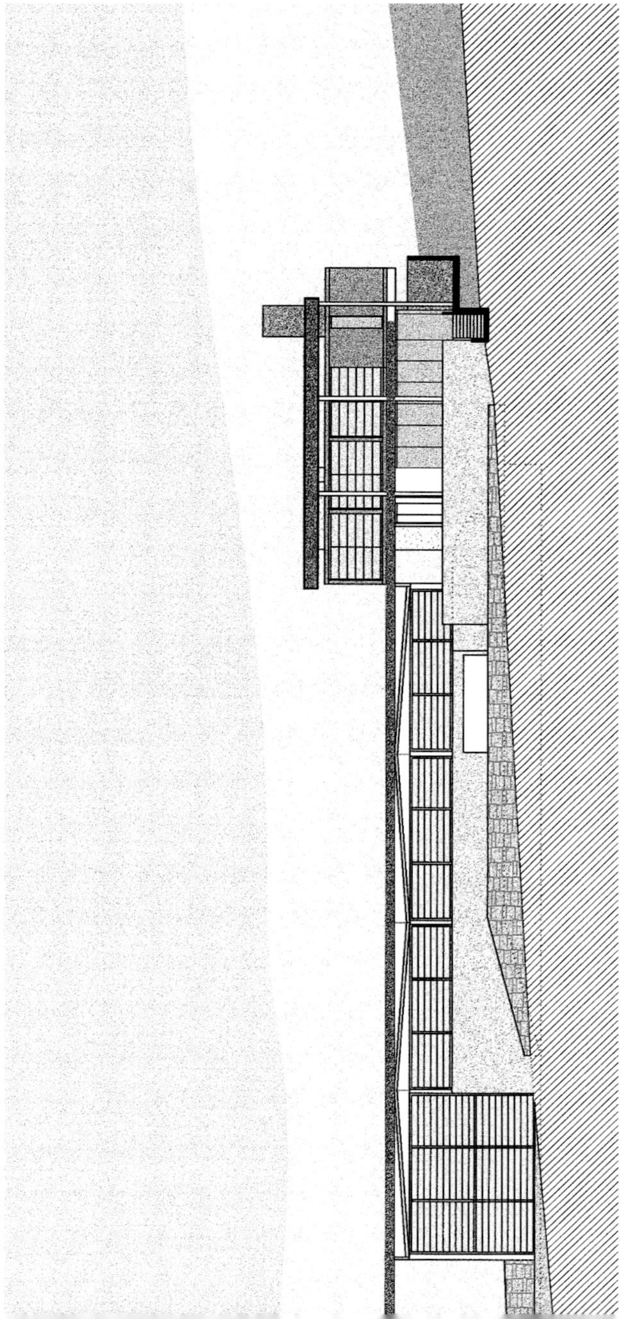

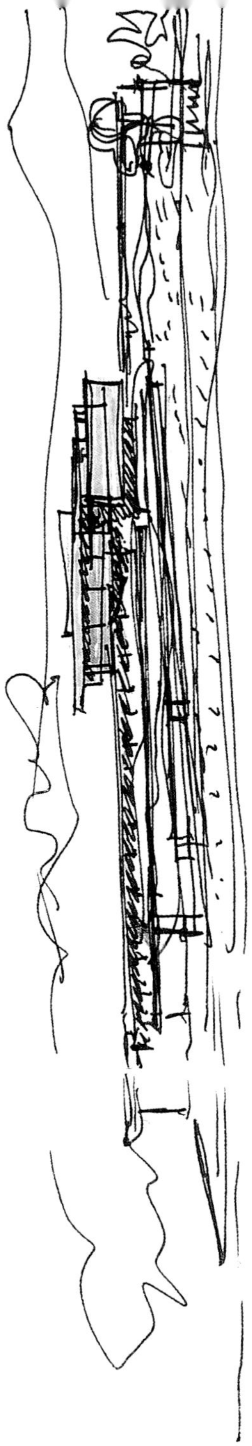

Preston Scott Cohen Boston

普雷斯顿·斯科特·科恩建筑师事务所 波士顿

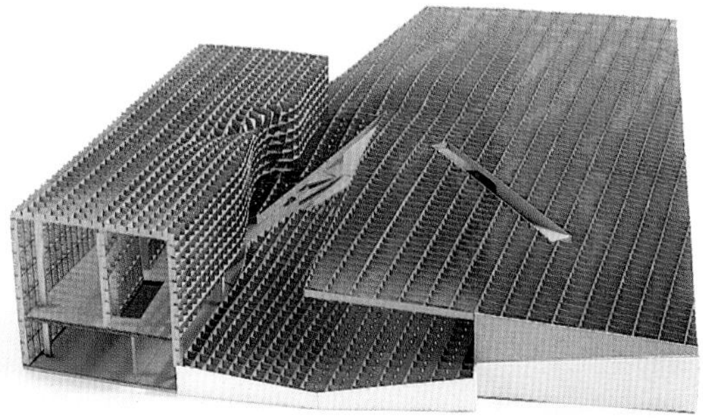

这个住宅由两个体块构成，它们的作用就是彼此相互间对称地替换翻转。前部的伸展体块作为从后部的主体块的一道投影显现出来。作为一种居住景观，它伸展至基地的表面并且让建筑的主体部分地埋于地下。前面的户外空间阻隔了来自道路的视线和噪声干扰，并且保证了建筑中室内与室外间自由穿梭的活动。

基地本身包含四个相交界的区域：停车场；入口大厅及工作室车间单元；起居室；餐厅、厨房、图书馆和卧室。这些区域是由结构外膜和支柱划分限定的，并在倾斜与水平的顶棚和地板之间建立了一种联系。采用两层胶合叠层的水喷工艺磨制的结构框架，通过一种钢梁和管状支柱的支撑体系，结构骨架被固定在一起。结构框架被一种木模混凝土板体系所围合，其中结合了固定玻璃窗和可开启的窗。

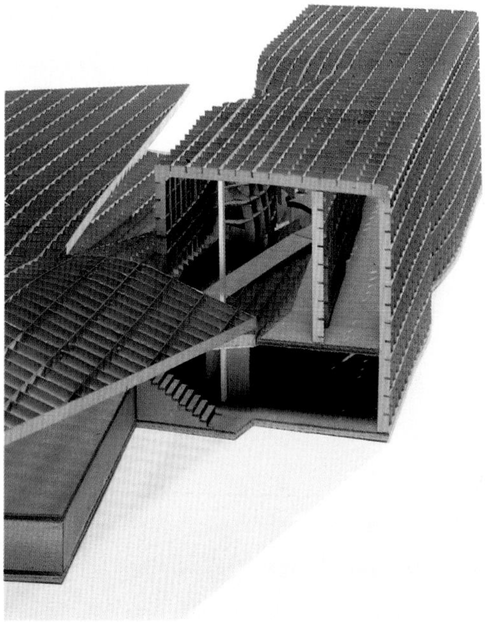

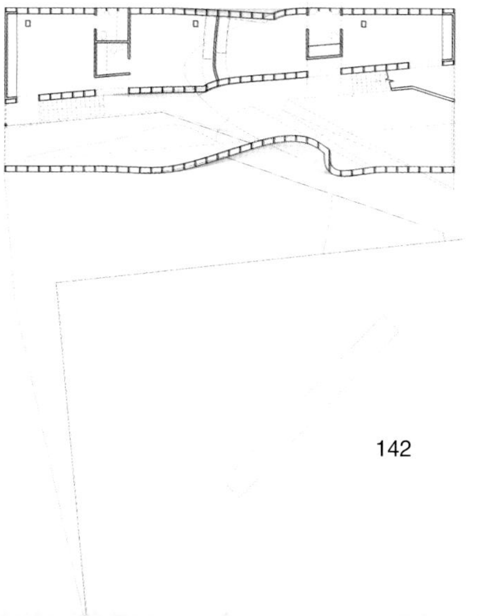

首层平面

House on a terminal line
New Jersey, USA

Project team
Preston Scott Cohen
with Alexandra Barker,
Michael Samra, Mark Careaga
(exhibition graphic design),
Chris Hoxie (collaborator)

Design
1998

一个终点线上的住宅
新泽西，美国

项目组
普雷斯顿·斯科特·科恩及亚历山德拉·巴克尔，
米歇尔·萨马若，马克·卡瑞伽（展示设计），
克里斯·豪西（合作者）

设计时间
1998

Cookson Smith house
Twickenham, Middlesex, UK

Project team
Edward Cullinan
with John Winter,
Peter Inglis, John Romer
with Joanna Pencakowski,
Derek Lovejoy Partnership
(landscape design),
Michael Popper Associates
(services engineer),
Peter W. Gittins and Associates
(quantity surveyor),
Gilby Construction (contractor)

Construction
1996–99

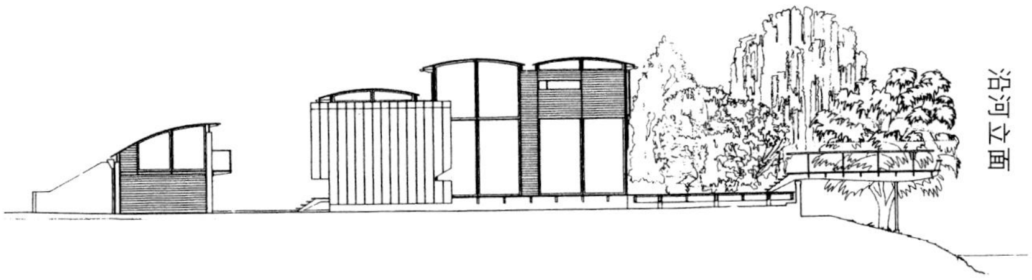

Edward Cullinan Architects London

爱德华·卡利南建筑师事务所 伦敦

库克森·史密斯住宅
特威克纳姆，米德尔塞克斯(Twickenham，Middlesex)，英国

项目组
爱德华·卡利南及约翰·温特，
彼德·英格利斯，约翰·罗莫及乔安娜·彭卡科沃司基，
德里克·罗伏乔伊组合(景观设计)
米歇尔·普珀联合公司(服务工程师)
彼德·W·吉廷斯联合公司(质量勘察验收鉴定)
吉尔比建筑公司(承建商)

建造时间
1996-1999

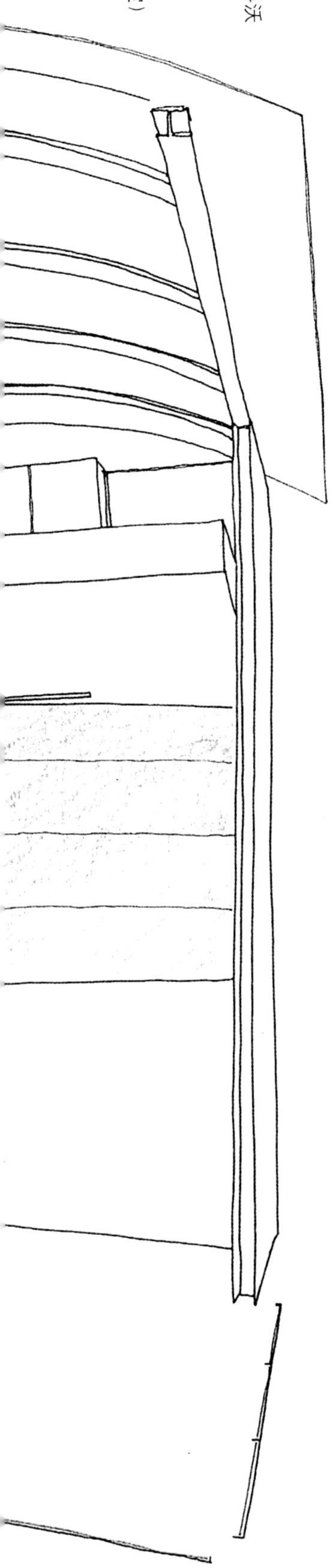

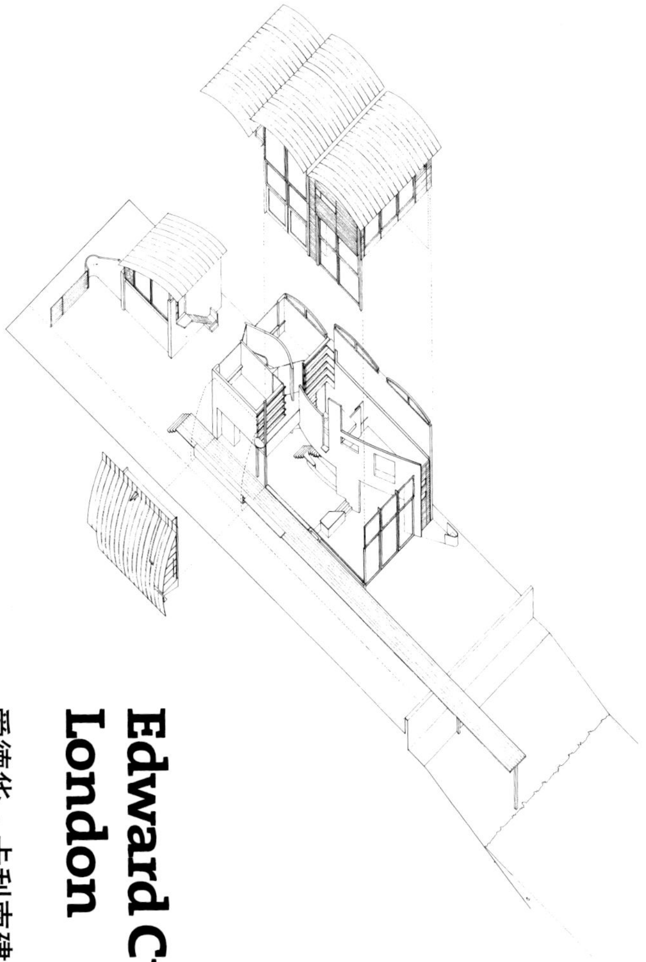

库克森·史密斯住宅位于紧邻泰晤士河的一个狭长的基地中。整个基地的划分利用一种A-B-A-B-A的标准模数体系，其中A为4.8m(15英尺)，B为1.2m(3.9英尺)，并依此来划分虚空间与实空间，它们依次是车库、内院、住宅(采用三个方盒子)、后院。

此住宅的结构是由纤细的钢框架组成的简单的“方盒子”。一个弧线的屋顶轮廓覆盖在这个方盒子上，划定了住宅内部的空间界限并且容纳或者说支撑了悬吊在上层的服务房间，如卫生间、厨房、书房和楼梯间。

在景观设计中，弧线的屋顶轮廓也起到了改变水平单调感与材质的作用。纵向穿过基地的木甲板把来访者带到入口门厅；经过这里后，木甲板最后结束在河边，形成一个木制停泊码头。沿着这条线，我们可以感受到从人为设计的街道景观到自然形成的河岸景观的转变。

在材质的使用上，北面采用镶砖墙面，南面与东面使用玻璃、钢和西部红杉木，而屋顶采用镀锌板。

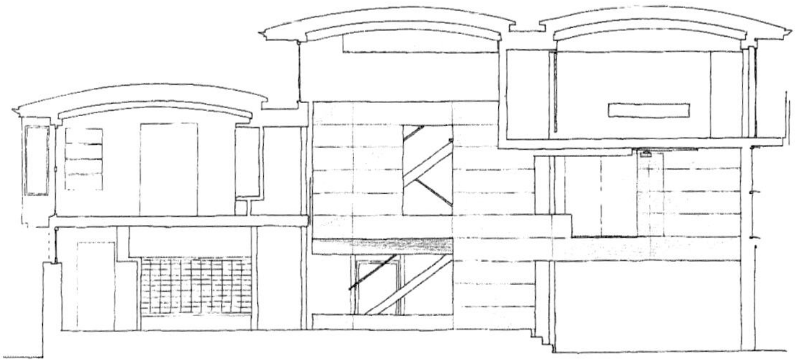

剖面图

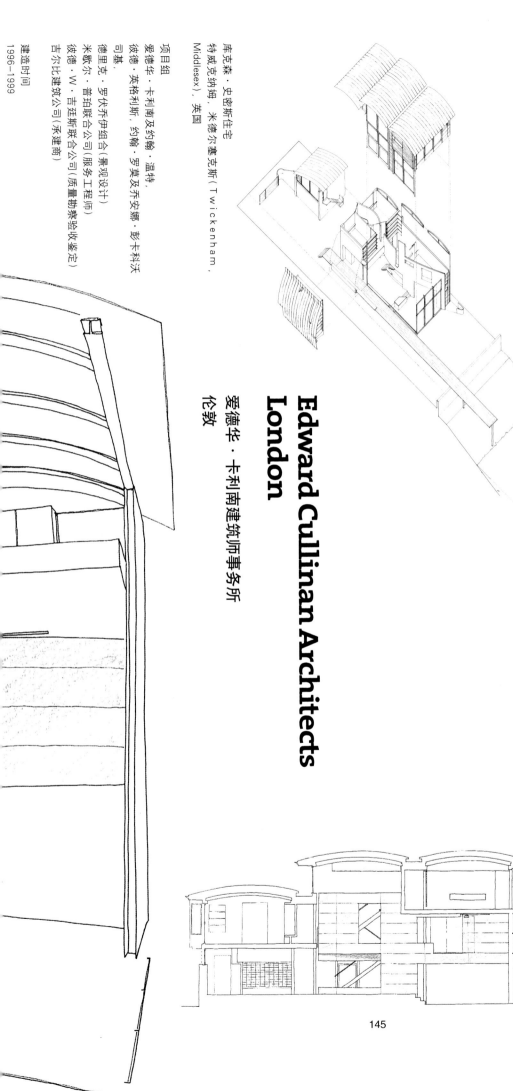

Sheep Farm house
Victoria, Australia

John Denton, Bill Corker,
Barrie Marshall

Project team
Denton Corker Marshall Pty Ltd. (including landscape architecture),
Bonacci Winward Pty Ltd. (engineers), Multiplex Constructions Pty Ltd. (builder)

Construction
1997–98

牧羊农场住宅
维多利亚，澳大利亚
约翰·登顿，比尔·科克，巴里·马歇尔

项目组
登顿·科克·马歇尔联合设计公司（含景观设计）
伯纳西·沃华德联合设计公司（结构工程师）
综合建筑联合公司（承建商）

建造时间
1997–1998

Denton Corker Marshall Melbourne

登顿·科克·马歇尔联合设计公司 墨尔本

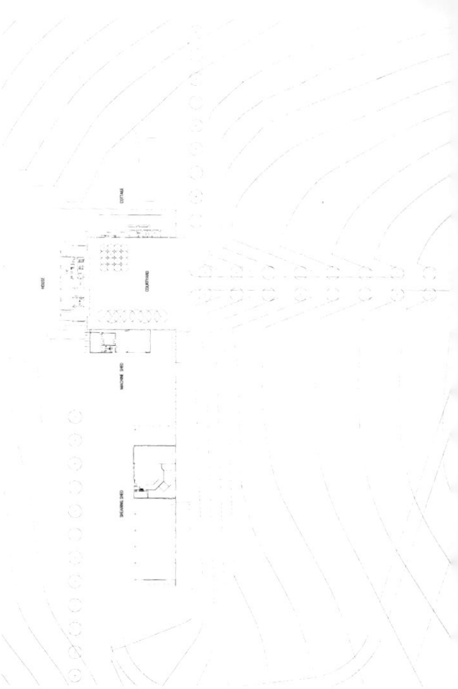

在墨尔本北部光秃秃的花岗岩石山上，登顿·科克·马歇尔建造了——或者更为形象地说是隐藏了—— 一座为生产优质安卡拉纯羊毛的现代牧羊农场。

主体建筑是一个巨大玻璃方盒子体块，它还带有两个较小的封闭方盒子，其中容纳的是洗衣房、卧室和卫生间。通过一排整齐的，形式奇特的树列(一种澳大利亚农场的普遍特征)，来访者来到农场前，在他眼前呈现的是一堵混凝土墙，它的作用是作为一种联系元素使住宅后面的农场中不同的要素，如农业机械库、农舍和剪羊毛棚统一起来。这种独特而又质朴地对景观的介入遮蔽了院落。在一堵曾经更高的木炭墙后面，隐藏着真正的入口门廊。在发现了入口之后，视线豁然开朗，住宅和更远处的农场尽收眼底并一直延伸到远方的山谷。从入口区开始，被遮蔽的通路连接了住宅和农业机械库及农舍。住宅与混凝土联系墙互相依靠并共用一个坡屋顶，形成了被遮蔽的一体空间，在结构上，从主体到剪羊毛棚形成一种严格的空间等级系列。

Donovan & Hill
Spring Hill

多诺万及希尔联合建筑师事务所
斯普林希尔（澳大利亚）

House C
Suburb of Brisbane, Australia

Brian Donovan
and Timothy Hill

Project team
Brian Donovan, Timothy Hill
with Fedor Medeck,
Michael Hogg

Construction
1991–98

C住宅
布里斯班郊区，澳大利亚

布赖恩·多诺万及蒂莫西·希尔

项目组
布赖恩·多诺万，蒂莫西·希尔及
费德·莫迪克，米歇尔·霍格

建造时间
1991–1998

C 住宅坐落在一个典型的布里斯班郊区。建筑盖在一个山包上，必须从下面进入。周围的自然景观被充分利用，仿佛是把来访者自然地引入住宅中心的楼梯。相反，一个悬挑的屋顶和狭长的厨房翼端所围合的户外房间则仿佛像是一个小村落的主广场。由于这里温和的气候条件，它几乎可供居住者全年使用，无论居住者是一个大家庭，或是单身、一对夫妻、还是一个公司。这个住宅具有一种微缩城市的特征。

米白色混凝土是室外和室内主要采用的建筑材料，通过一些纯净的细部加以衬托。混凝土的建筑结构与高水平的建造技艺形成强烈对比。此外还有房间尺度大小的木构架塔式天窗，通风设施，细木装修，填充墙以及天窗和为爬藤植物设置的花格架。

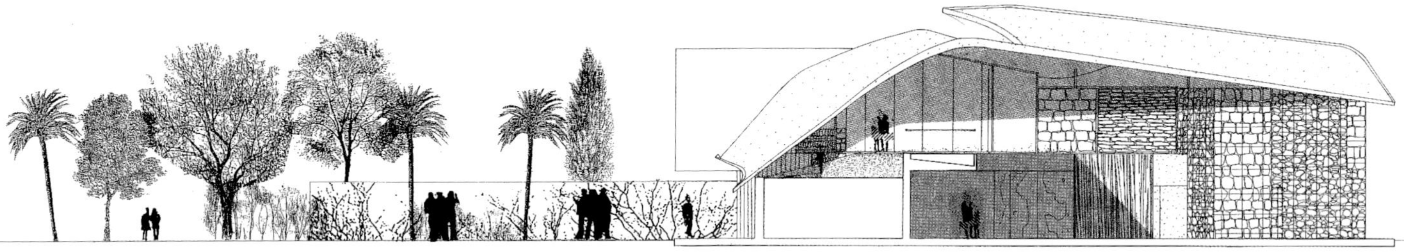

埃里克·范·埃格瑞特联合建筑师事务所 鹿特丹

Eric van Egeraat Associated Architects Rotterdam

荷兰大使馆前任代理领事住宅研究
新德里，印度

项目组
埃里克·范·埃格瑞特及莫妮卡·亚当斯，马西莫·贝尔图兰诺，保罗－马丁·利德，彼德·海文斯，斯蒂芬·弗罗默，奥尔·施密特

设计时间
1998

Study for the house of the deputy chef de post of the Dutch Embassy New Delhi, India

Project team
Eric van Egeraat with Monica Adams, Massimo Bertolano, Paul-Martin Lied, Peter Heavens, Stefan Frommer, Ole Schmidt

Design
1998

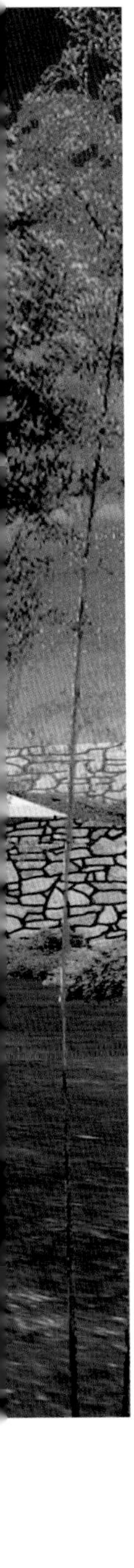

埃里克·范·埃格瑞特对前任荷兰大使馆代理领事在新德里的住宅所做的研究方案不得不解决两个原则性问题。前任代理领事的大部分工作主要涉及大量的社会活动。他必须与印度政府官方、商界和学术机构保持密切联系，使他们意识到荷兰可以为他们提供经济与技术的发展机会。

这栋住宅必须为这种功能需要提供背景支持，但同时它又必须是一个完整的家庭住宅，一个休闲与放松的场所。这种双重功能限定了设计方案，它把所有装有宽阔玻璃窗的公共空间设置在基地中最边远的一角，朝向前花园。私人房间设在二层，可俯看盖顶的内天井。

埃格瑞特的研究方案解决的设计关键是荷兰建筑风格与当地印度建筑文脉间相互交叉融合的问题。埃格瑞特的策略是采用新技术工艺实现传统建筑使用的方法。巨大的屋顶遮蔽了阳光同时还使用了一些由竹子造的流动元素。自由堆砌的毛石墙仿佛一个阳光过滤器，使室内的特征不断变化。通过对诸如草皮、石头和水面等材料的选择，这栋建筑真正成为景观的一部分。

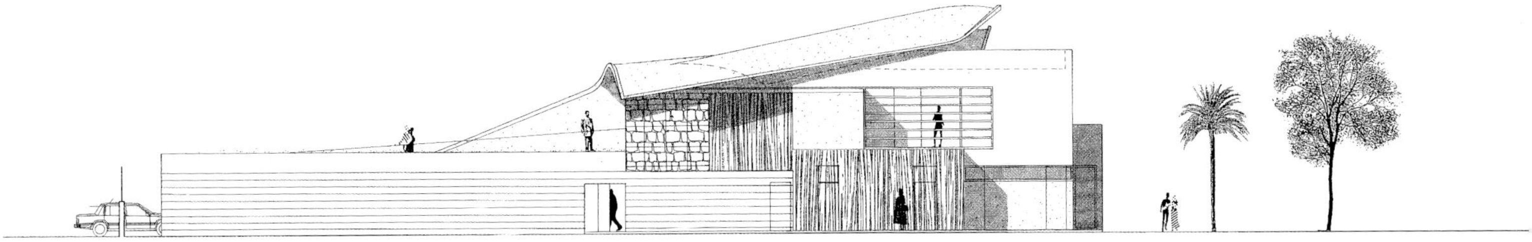

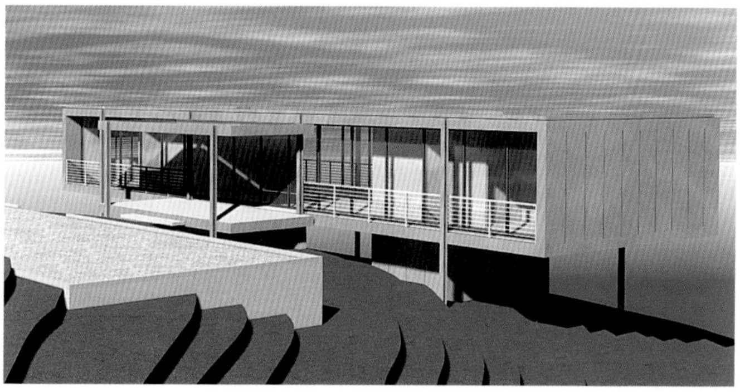

Engelen Moore
Sydney

恩格伦·穆尔联合建筑师事务所
悉尼

罗斯住宅是一栋临山面海的矩形住宅。它充分利用了基地上南北向的山脊，避开了较陡的山坡以便拥有最大范围的景观。一种轻型钢结构最小化了住宅在周围景观中的观感。整个结构在东西两边上各向外悬挑了3.2m(10.4 英尺)。地板是支撑在永久性钢模板上的混凝土板，屋顶则采用轻型钢。

住宅通过两个服务区域被划分成三块。父母有属于他们自己的分区，这是从起居和就餐房间中分离出来的，同时它也从住宅中孩子所在的区域分离出来。两个服务区穿过地板直达首层的隐藏了所有的水管装置和配套的宽敞储藏空间。沿建筑的南北向都有覆顶的像船甲板的外廊，既遮阳又能抵御恶劣的天气。入口通过一个有百叶板窗的铝合金屋顶作为标识，同时它也可作为门廊使用。

横剖面

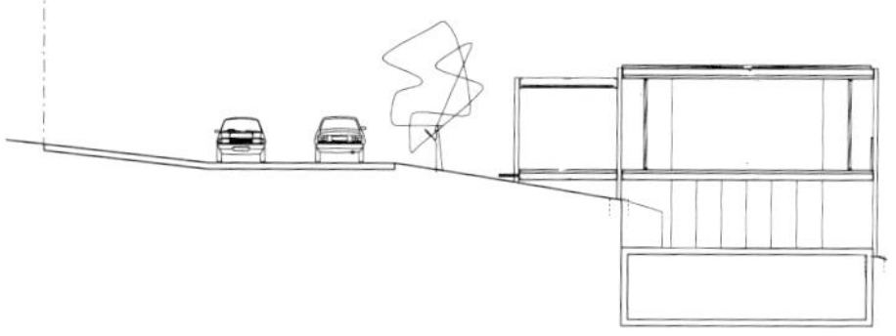

纵剖面

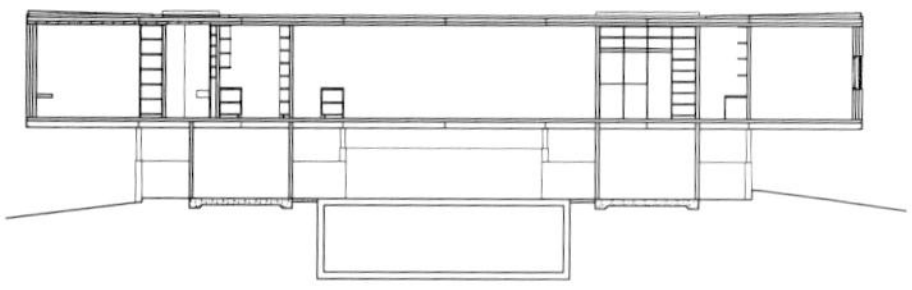

首层平面

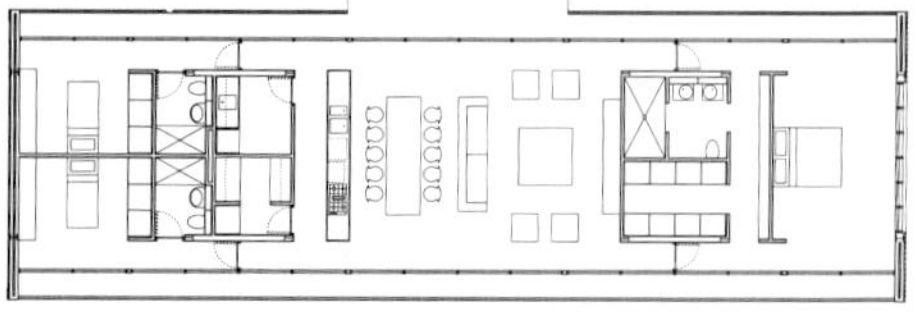

Rose house
Kiama, New South Wales, Australia

Tina Engelen and Ian Moore

Project team
Ian Moore, Tina Engelen with Claire Meller, Sterrin O'Shea, Peter Chan and Partners (engineer), Cottier and Associates (geotechnical engineer)

Construction
1998–99

罗斯住宅
基亚马，新南威尔士州，澳大利亚

蒂娜·恩格伦与伊恩·穆尔

项目组
伊恩·穆尔，蒂娜·恩格伦及克莱尔·米勒，斯特因·奥莎，彼得·陈及助手（工程师），科蒂尔建筑联合公司（岩土工程师）

建造时间
1998–1999

Studio Granda Reykjavík

格兰达建筑工作室 雷克雅未克(冰岛)

迪莫哈瓦夫住宅位于靠近冰岛首都雷克雅未克的一个小镇——科帕沃于尔的边界，从这里可以俯瞰湖水和火山地区。住宅建在一个坡地上，它从一个单层部分升高到湖边的两层部分。入口位于可遮蔽经常性恶劣天气的挡土墙之间。同时这些墙标示出通往车库的入口。半段楼梯通往朝向下沉花园的厨房和就餐区域。它旁边就是卧室翼端。更远处另外半段楼梯上是起居空间，它带有一个前厅，其一边被当作书房使用。观景窗提供了优美的湖面景观。一个外露的混凝土顶棚飘浮在两层之间，在这个并不紧凑的住宅中创造了一个富有特色的空间。在原处的墙除了划分了建筑的两个楼层之外，这些墙还被厚厚地平行覆盖以红木和铝板制成的固定家具。

最后，住宅主要被包裹以垂直波状的铜板，这些铜板区分了入口和高窗的平口接缝铜片。屋顶上种植了与基地上原有草木同样的植物，使得住宅保持一种原始的野生状态。目的就是为了让住宅最终与周围景观融合在一起，当铜板生锈了，草就从屋顶上长出来了。

Dimmuhvarf house
Kópavogur, Iceland

Steve Christer and
Margret Hardardottir

Project team
Steve Christer with Gunnar Bergmann Stefánsson, Thorgeir Thorgeirsson (structure and piped services), Verkfraedisofan Jóhanns Indridasonar (electrical services), Ingvar & Kristján (concrete), Páll Stefánsson (electrical contractor), Örn Hafsteinnsson (plumber), Gípsmúr – Árni Thórvaldsson (plasterer), KK Blikk (copper cladding)

Construction
1997–99

迪莫哈瓦夫住宅
雷克雅未克，冰岛

史蒂夫·克里斯特与玛格丽特·哈达多蒂尔

项目组
史蒂夫·克里斯特及古纳·伯格曼·斯蒂文森，
桑吉尔·桑吉尔逊（结构及管道服务），
沃克弗瑞蒂瑟芬·约翰·英德里达索纳（电气服务），
英戈发与克里斯汀（混凝土），
帕尔·斯蒂文森（电气承包商），
奥恩·哈夫斯坦逊（管道工），
吉普斯莫－阿尼·桑瓦德逊（抹灰工），
KK·布里克（铜板包裹）

建造时间
1997–1999

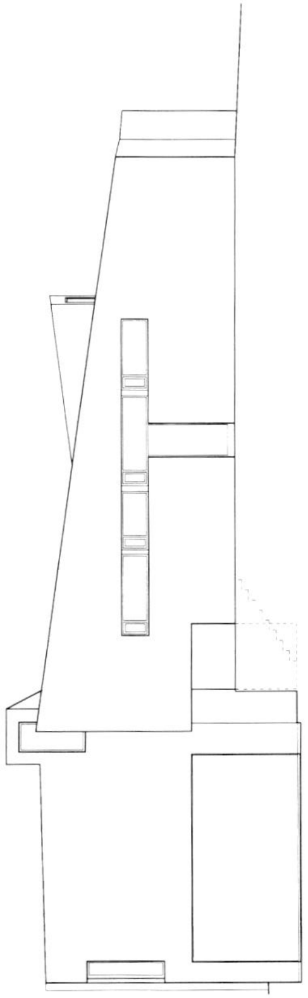

北立面

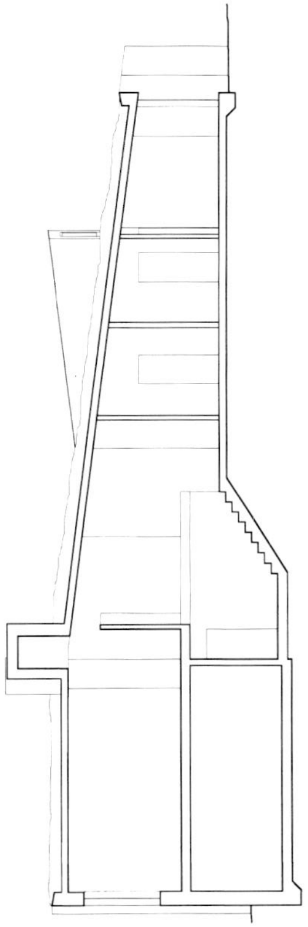

东西剖面

奥克通道
洛杉矶，加利福尼亚州，美国

达内尔·格恩里与汤姆·布瑞什

项目组
达内尔·格恩里，汤姆·布瑞什及马克·斯凯利斯，
贾尼斯·清水，索菲娅·斯密特司

建造时间
1998–1999

Oak Pass
Los Angeles, California, USA

Danelle Guthrie
and Tom Buresh

Project team
Danelle Guthrie, Tom Buresh with Mark Skiles, Janice Shimizu, Sophie Smits

Construction
1998–99

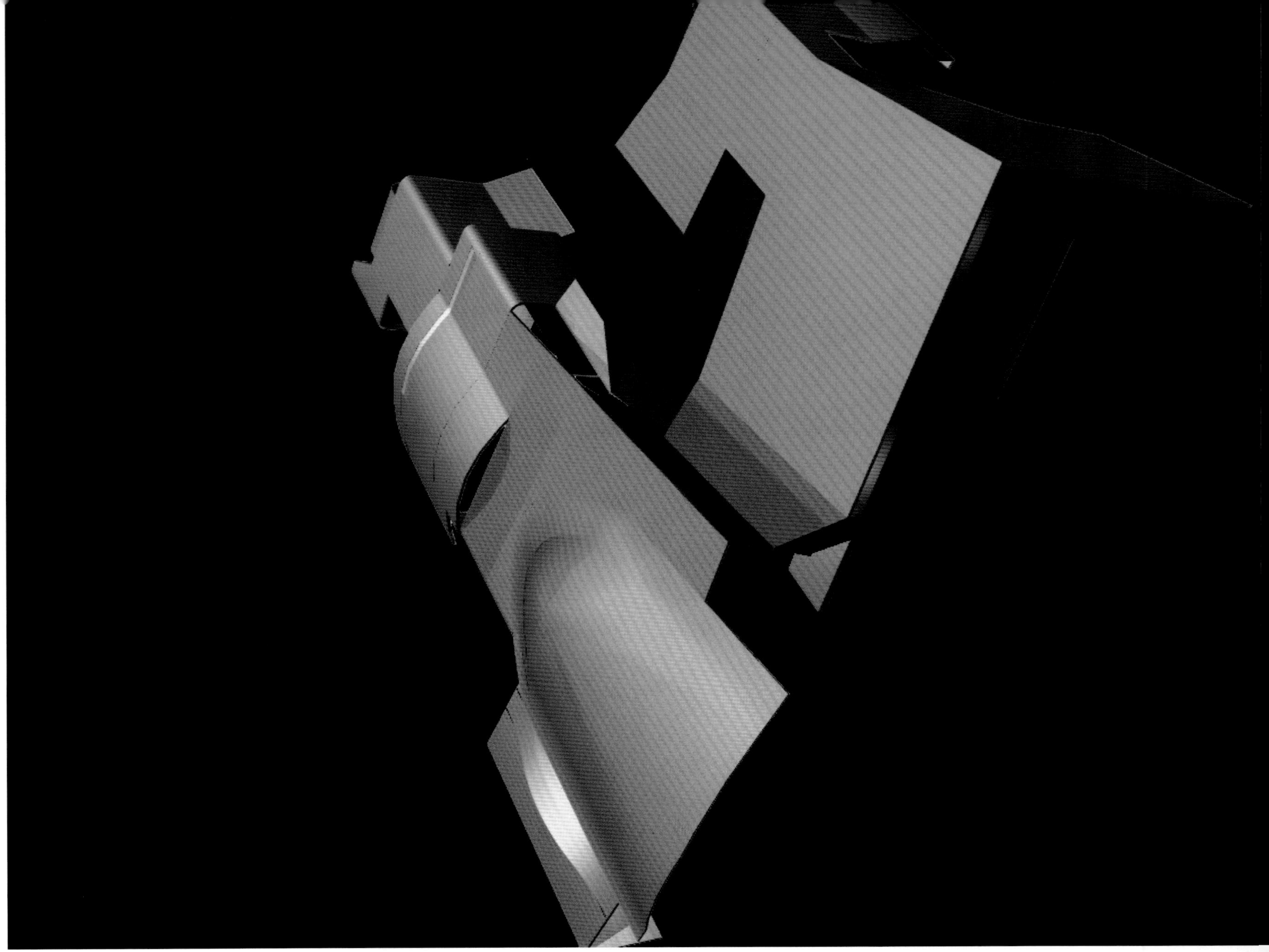

Guthrie + Buresh Architects Los Angeles

格恩里 + 布瑞什建筑师事务所 洛杉矶

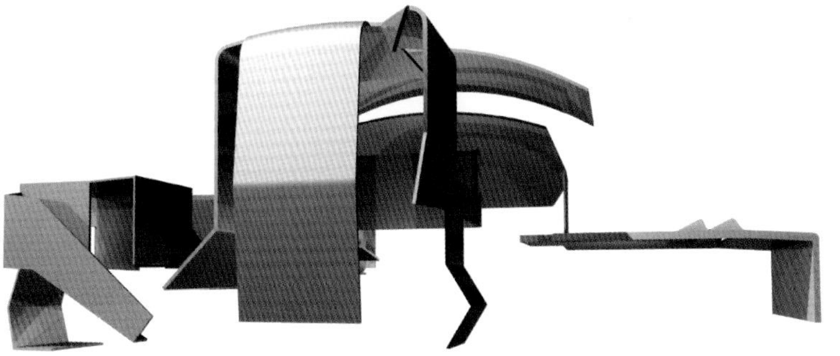

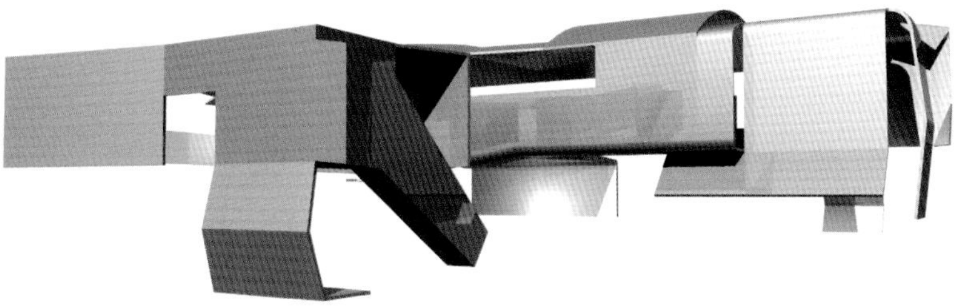

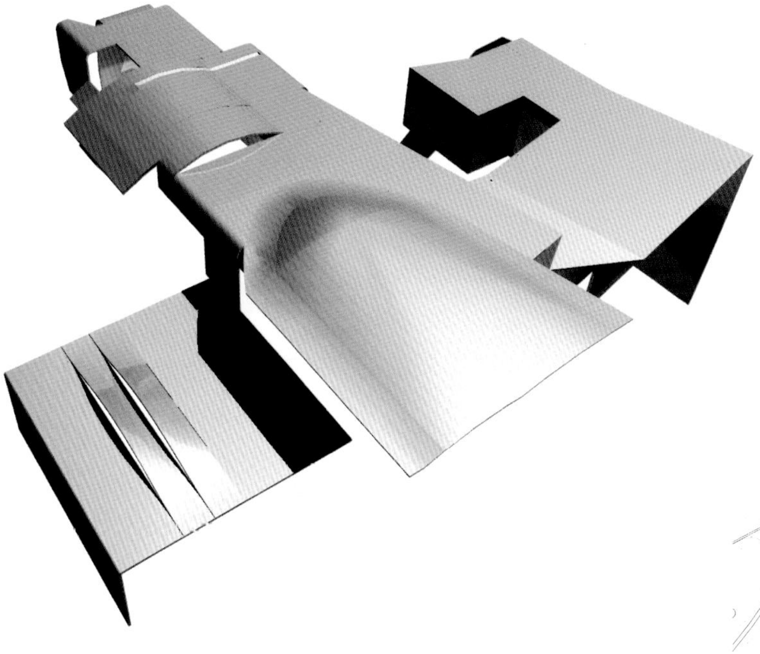

奥克通道坐落在比华利山上圣莫尼卡山麓，这是一块抬高的树木茂密的基地中的一处开阔地。住宅的主要居住者是一对对艺术和设计怀有强烈兴趣的夫妇及他们的女儿。设计方案经过多次讨论、综合了不同的建议并经历了一段时间才确定。

作品的核心是改变这栋处在家庭生活景观中住宅的功能本质。建筑师认为形式与功能的关系应该从早期现代主义认为的“紧密结合”中摆脱出来，并希望探索潜在的“轻松结合”甚至是不符合的可能性。奥克通道把易变的家庭生活程序组织起来，使它看上去与基地、朝向和匀称的形式构成有着更为牢固的联系。

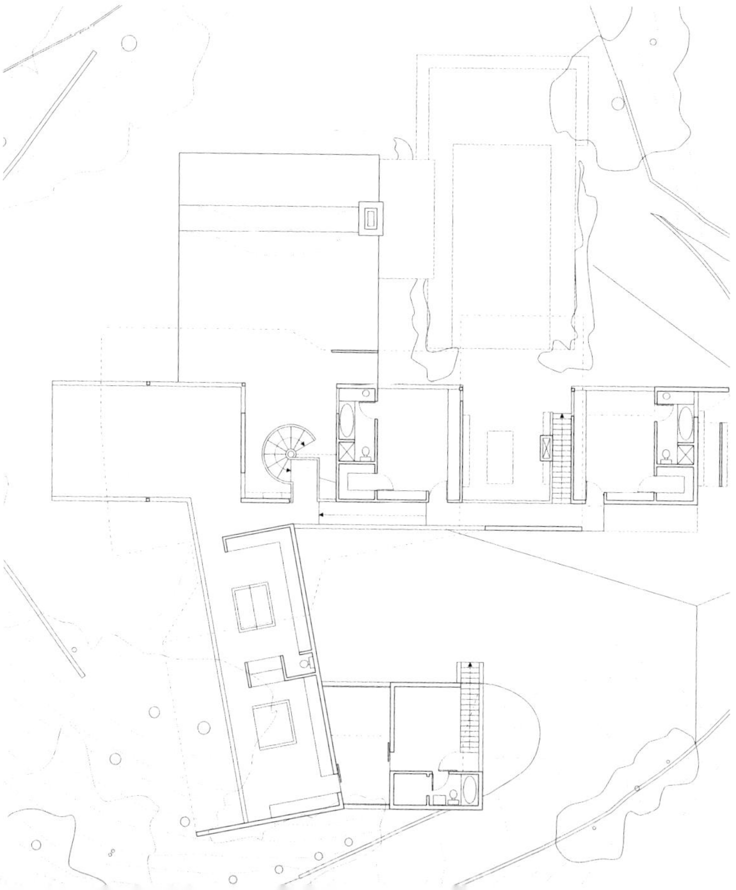

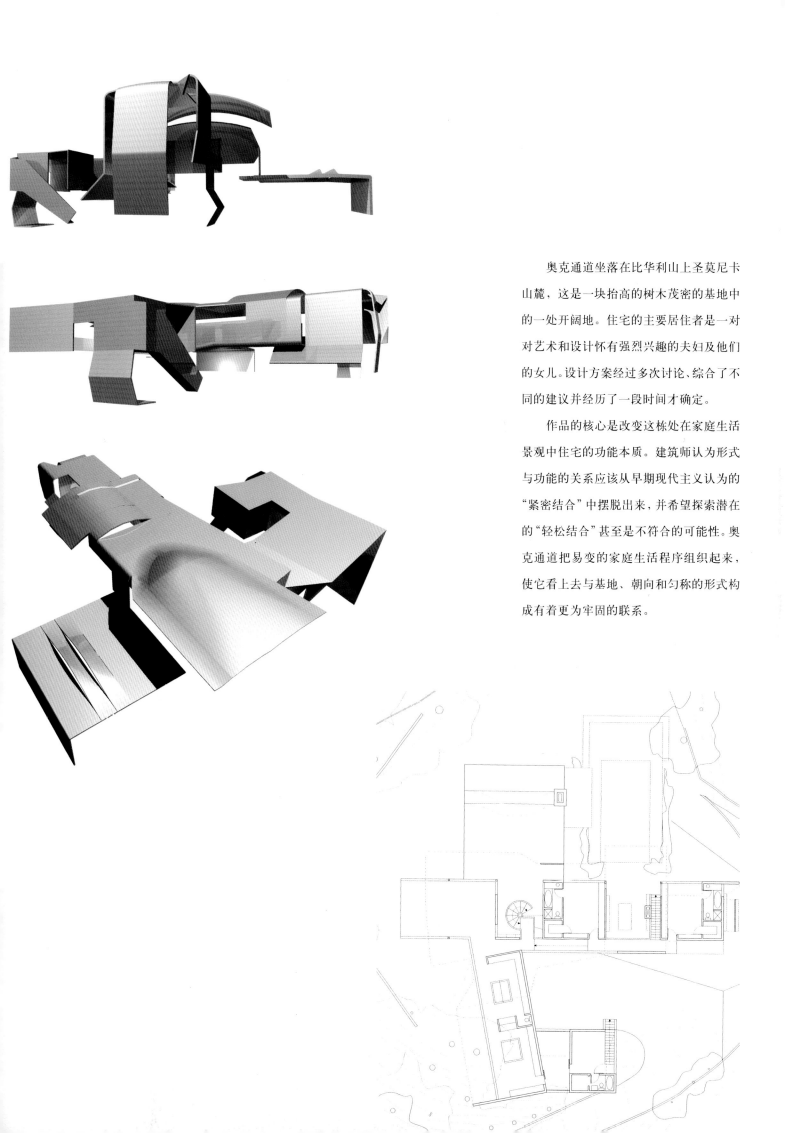

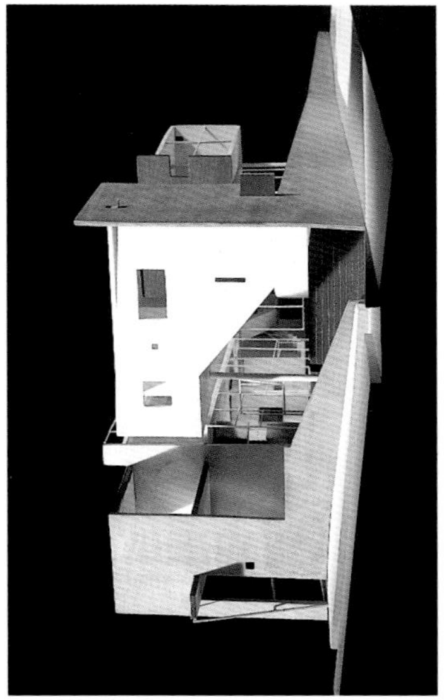

Hanrahan & Meyers Architects New York

汉拉恩·迈耶斯联合建筑师事务所
纽约

Duplicate house
Bedford, New York, USA
Thomas Hanrahan and Victoria Meyers

Project team
Victoria Meyers, Thomas Hanrahan, Lawrence Zeroth

Design
1997–98

双重住宅
贝德福德(Bedford)，纽约州，美国
托马斯·汉拉恩与维多利亚·迈耶斯

项目组
维多利亚·迈耶斯，托马斯·汉拉恩，劳伦斯·什罗瑟

设计时间
1997–1998

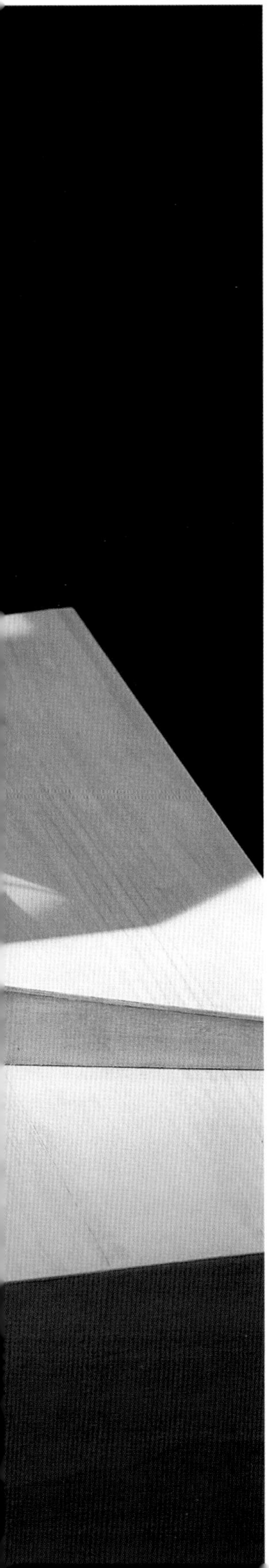

这个作品探索了双重需要的可能性及其双重转化方式的想法，以期回应特定的形式、设计过程和基地。这些转化在这栋住宅及其剖面与平面设计中得到证实。

该方案是为一对夫妇——即一位精神病医师和一名画家及其正在成长的子女而设计的住宅。因此它既是一个用于工作的场所，同时又用于生活起居。住宅位于纽约贝德福德郊外西南向的一块树木茂盛的坡地上。

第一个双重性体现在剖面上构思了一个用于工作和睡眠的上层建筑。其下层结构为呼应坡地地形的阶梯形基座。而在这两层之间的中空地带则是可转换用途的起居空间。

第二个双重性体现在平面上精神病医师的会诊室和画家的工作室相互对应。这两块作为上层平面中的剩余部分对称地分布在一个开敞庭院的两侧。

第三个双重性体现在外墙上，一面红墙和一面蓝墙区分出两个工作空间。这两面墙的双重性暗示着存在于时间之上的变化。相互垂直的墙体提醒人们注意到在两个工作室之间以及内部庭院与外部景观之间交替更迭的联系。

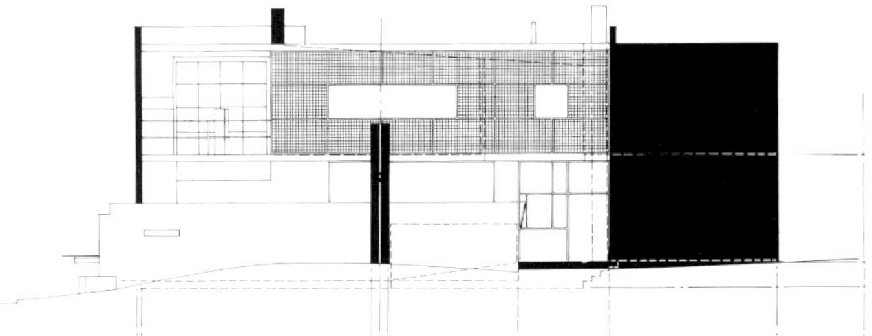

镜像的北立面

二层平面

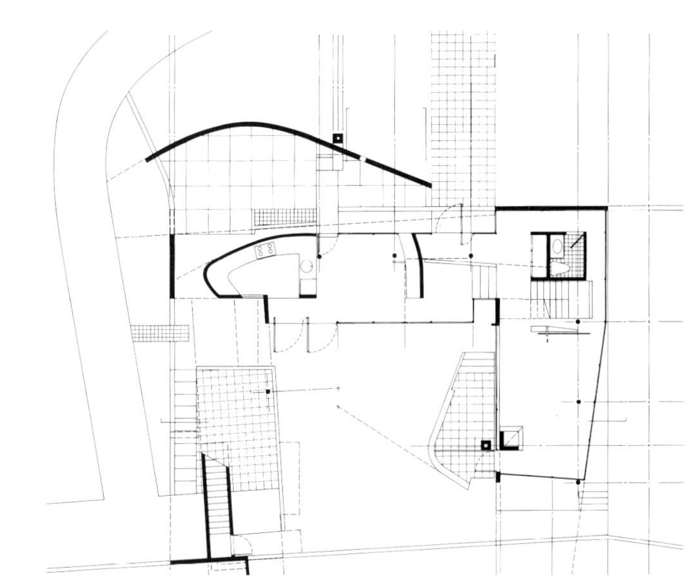

首层平面

独户住宅
兰讷斯，丹麦
克里斯托弗·哈兰格与西涅·斯蒂芬森
建造时间
1998–1999

Single-family house
Randers, Denmark
Christoffer Harlang and Signe Stephensen
Construction
1998–99

Harlang & Stephensen Architects Copenhagen

哈兰格与斯蒂芬森联合建筑师事务所 哥本哈根

一个被称作“Laenge”的对传统丹麦建筑类型进行现代阐释的作品成为1998年丹麦独立住宅全国设计竞赛的获奖作品之一。

哈兰格与斯蒂芬森的目标之一就是在建筑工厂生产一个住宅单元的有限预算内建造一栋体现清晰建筑特质的住宅。由于其出人预料的形象和从不同角度与方向的自然采光，使得这栋简单的矩形方盒子住宅的建筑特质不仅是条理清晰，而且近乎诗意。整个住宅的组织刻意地保持简单，以便根据家庭生活的现代期望提供自由选择 因此，中心房间与厨房被认为是住宅中最为重要的房间，也是住宅中惟一提供的空间。

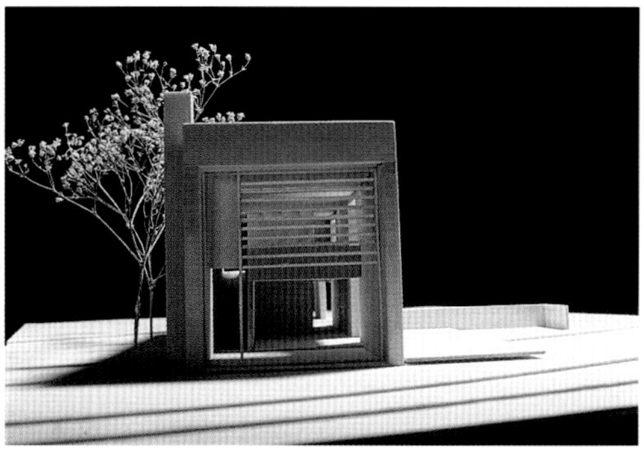

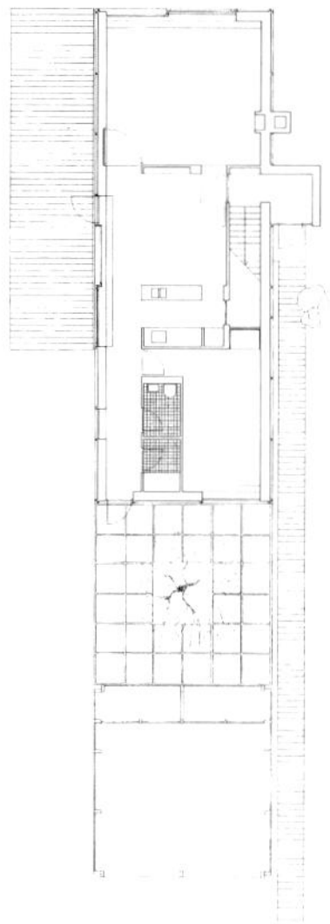

首层平面

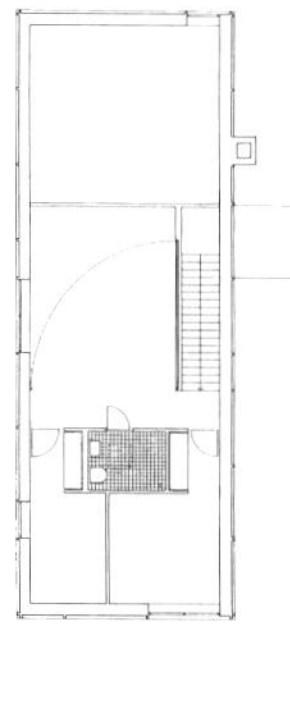

二层平面

Zvi Hecker Architects
Berlin

兹维·黑克尔建筑师事务所
柏林

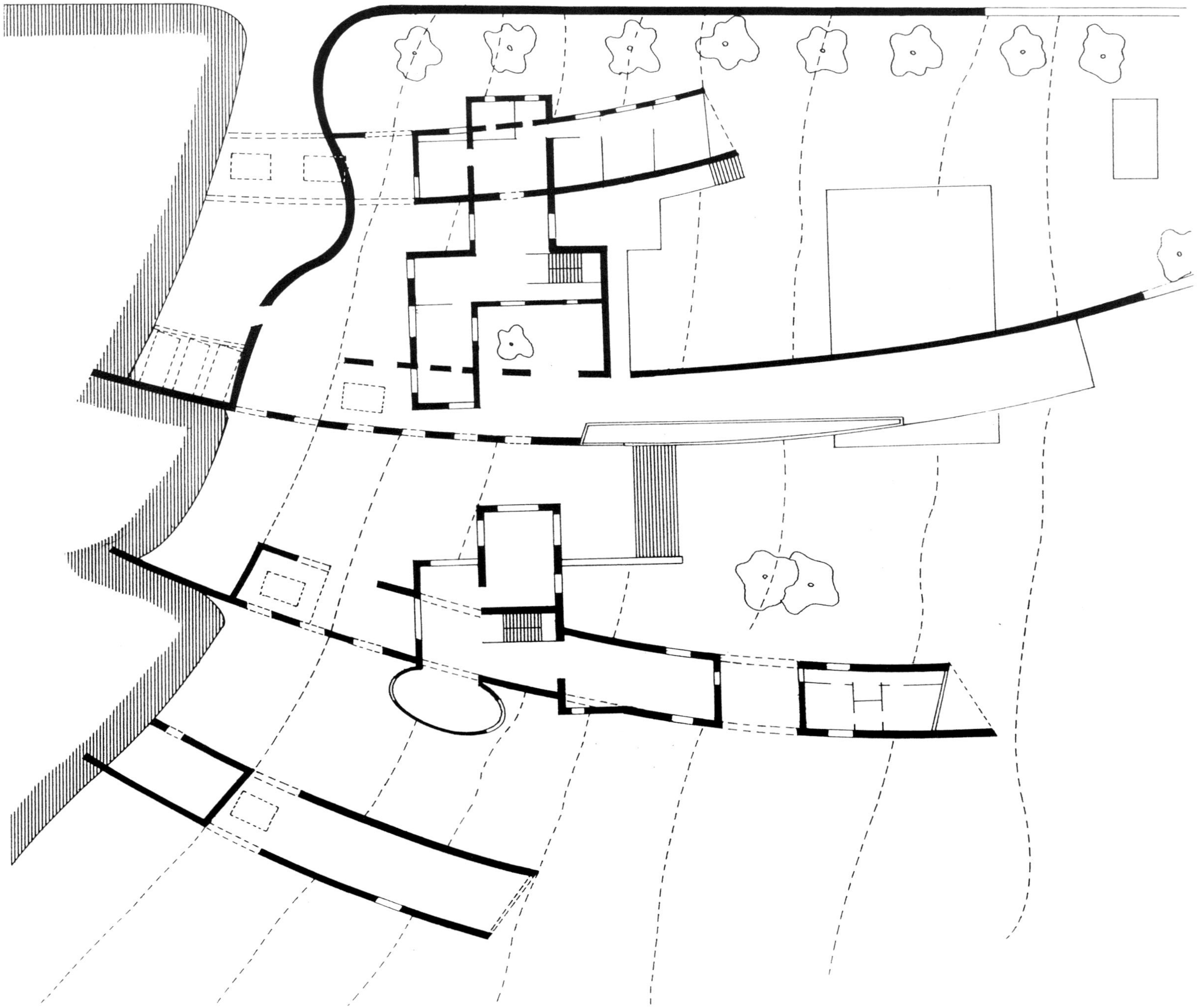

Offer house near Tel Aviv, Israel

Design
1997

供给住宅
特拉维夫附近，以色列
设计时间
1997

该住宅位于特拉维夫外的一片农业区。整个房子的组织是以主人家庭的生活方式为基础的，它有一个为父母准备的中心空间，这也兼作家庭成员聚会与交流之用。四个孩子占据了基地东端属于他们自己的一个翼段。而基地西面的另一端则是为游泳池和网球场提供的更衣室和服务区。方案以地形作为设计的原则精神。而建筑则发展了其自身的语汇，但仍属于周围自然景观的一部分。

Henke and Schreieck Architects Vienna

亨克与施赖艾克联合建筑师事务所 维也纳

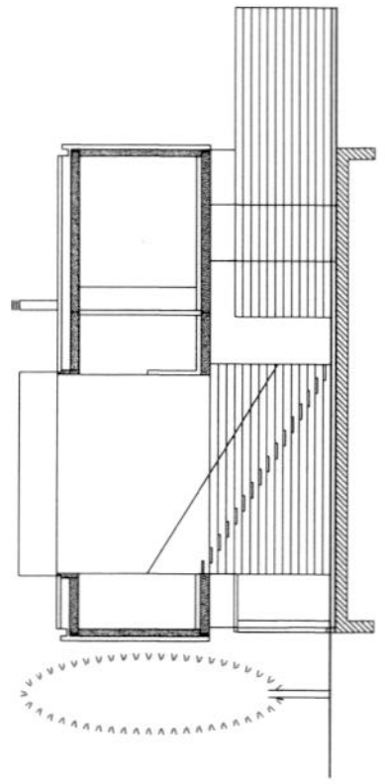

剖面

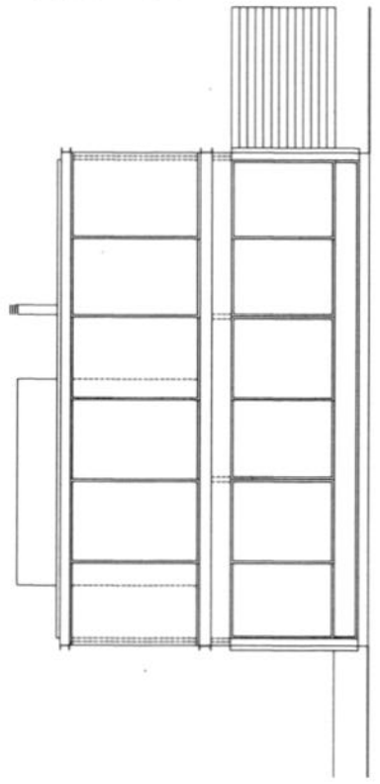

沿街立面

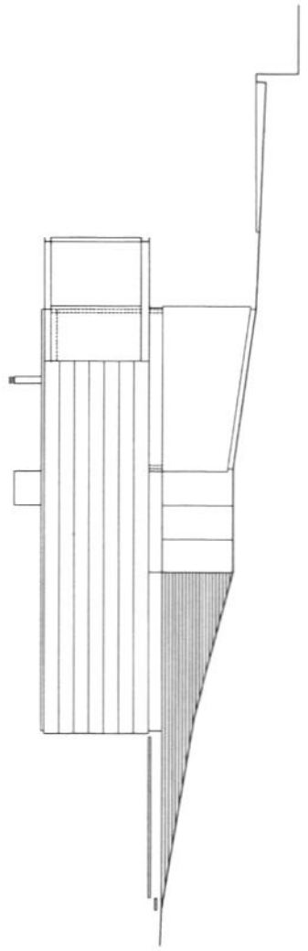

纵向立面

Single-family house
Vienna, Austria

Dieter Henke and
Marta Schreieck

Project team
Dieter Henke, Marta Schreieck with Limin Chen, Rudolf Seidl, Gmeiner Haferl (structural engineer)

Construction
1997–98

独户住宅
维也纳，奥地利

迪特尔・亨克与玛尔塔・施赖艾克

项目组
迪特尔・亨克，玛尔塔・施赖艾克
及陈立民，鲁道夫・塞德，
格梅纳・哈菲若（结构工程师）

建造时间
1997–1998

这栋住宅位于维也纳西部一块美丽的绿地上。它在基地上的形态主要取决于建筑法规。这些限制引发了创造一栋表现二重性观感住宅的想法，即临街的一面带有城市特征而面向果园的一面则保持乡村风格。

整个上层被设计成一个巨大的单一空间，它由一堵挡土墙和沿街面的悬臂梁支撑。儿童房被作为独立的方盒子，安置在上层方盒子的下面。

沿着挡土墙，住宅的入口位于纵向一边。上层通过楼梯间划分出狭窄的侧边道，同时通过把单一大空间分割为不同空间的长衣橱划分出纵向长边道。

住宅采用轻质结构：框架为钢结构而楼地面与墙为木制。室内依然使用木制，其结果形成了室内外强有力的联系。

独户住宅
阿斯克尔，挪威

耶尔特尼斯与彼得森联合建筑事务所

项目组
科努特·耶尔特尼斯，汉纳·彼得森，特雷伊·奥雷恩（土木工程师）

建造时间
1995–1997

Single-family house
Asker, Norway

Hjeltnes & Pettersen Architects

Project team
Knut Hjeltnes, Hanne Pettersen, Terje Orlien (civil engineer)

Construction
1995–97

Knut Hjeltnes Architects Oslo

科努特·耶尔特尼斯建筑师事务所 奥斯陆（挪威）

在离奥斯陆海湾不远处的一块幽静的基地上，科努特·耶尔特尼斯设计了一栋简单的独户住宅，这是同汉纳·彼得森一起合作完成的，从那时起他们就开始联合经营。宁静的地理位置与紧张的预算启发了设计。主要的日常起居层包括一个独立的起居房间，以及可通过推拉滑动门加以区分的厨房与就餐区。位于一角的凹陷处为孩子们提供了一个隐匿玩耍的地方，同时也可作为客房使用。一个11m(36英尺)宽的大窗使建筑向东南方向开敞，提供了十分壮观的海湾景观。二层包含四间卧室和一间卫生间。在这栋简洁而又相当质朴的住宅中，专门设计的家具帮助塑造了充满流动感且又宽敞的空间氛围。

作为对斯堪的纳维亚传统的一种延续，室内以松木地板和桦木胶合板的隔墙、顶棚及厨房橱柜为特征。入口与卫生间采用混凝土地面。抹灰涂料是彩色的，木材则涂以亚麻子油，屋面采用锌板，其颜色有点类似于阴沉的天空。

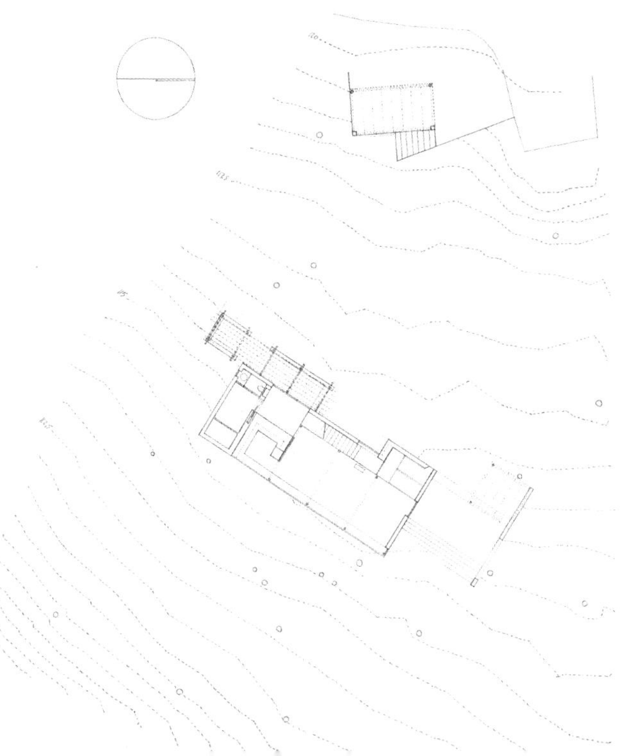

剖面

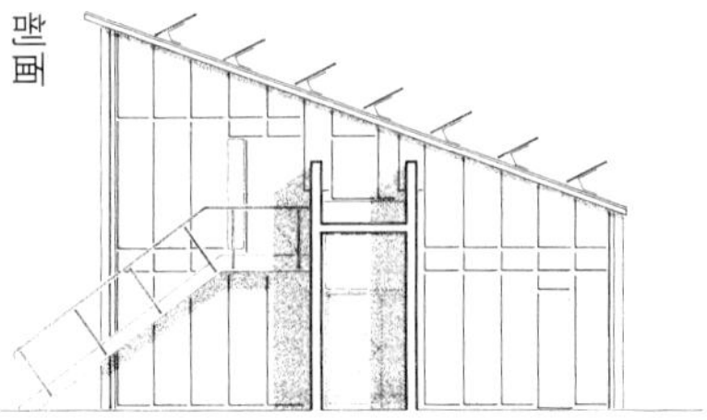

剖面

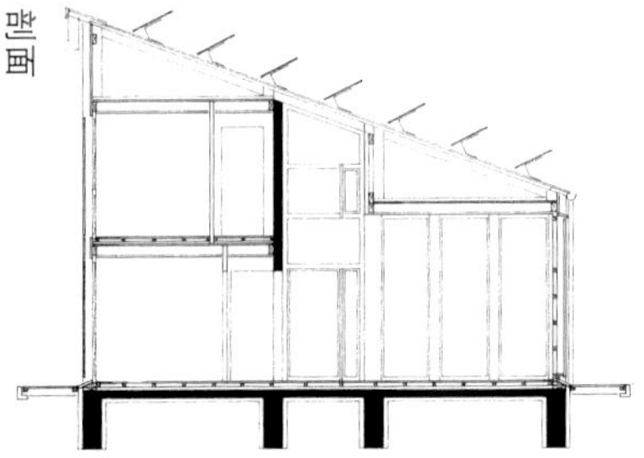

Kister Scheithauer Gross Cologne

基斯特·沙伊特豪尔·格罗斯联合建筑师事务所 科隆

马赫住宅
德绍，德国

项目组
约翰尼斯·基斯特教授，莱因哈德·沙伊特豪尔，苏珊娜·格罗斯

建造时间
1995–1998

Mach house
Dessau, Germany

Project team
Prof. Johannes Kister, Reinhard Scheithauer, Suzanne Gross

Construction
1995–98

马赫住宅的建造地曾经是一座托儿所的花园，它采用一种半工业建筑的类型——花房作为其主要的形象参考模式。在不远处是由沃尔特·格罗皮乌斯为包豪斯的主人设计的具有历史价值的住宅，其中的家具是由马塞尔·布里尔设计的，这些是另外一个重要的参考模式。尽管如此，这栋新住宅以完全不同的方式解决了其功能问题。

这栋住宅的正立面看上去仿佛一堵独立的混凝土墙，但实际上这是住宅的前厅，为不同的居住者创造了一系列的通路和小的院落。住宅的主体由包含贯穿房屋的主通道的两堵混凝土墙所限定。建筑的表皮以木质框架结构为基础，覆以混凝土板，其中一些是可移动的窗户遮阳板。屋面朝向西，通过木板条遮阳，这些木板条安装在固定的位置上并可确保冬日的阳光可以晒进住宅以便保持室内温暖。因此，该住宅几乎可以实现能量自给。

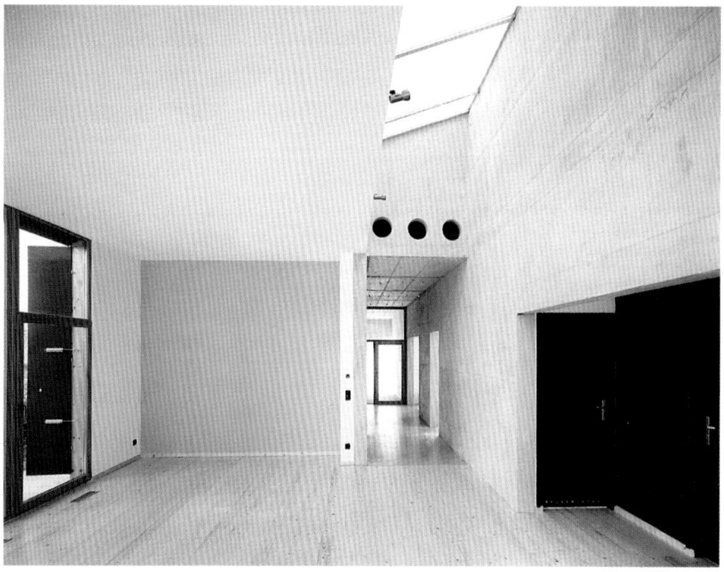

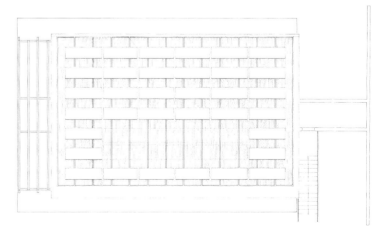

屋顶平面

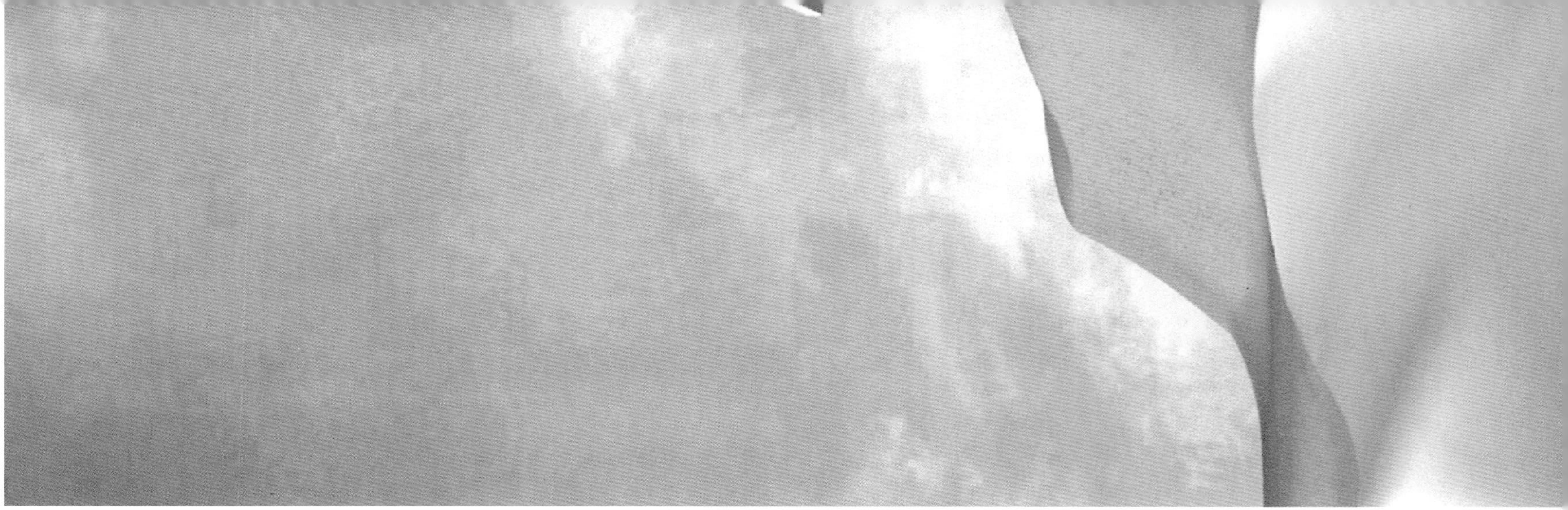

Kolatan/MacDonald Studio New York

科拉坦／麦克唐纳德建筑工作室 纽约

室内透视

剖透视

下层平面透视

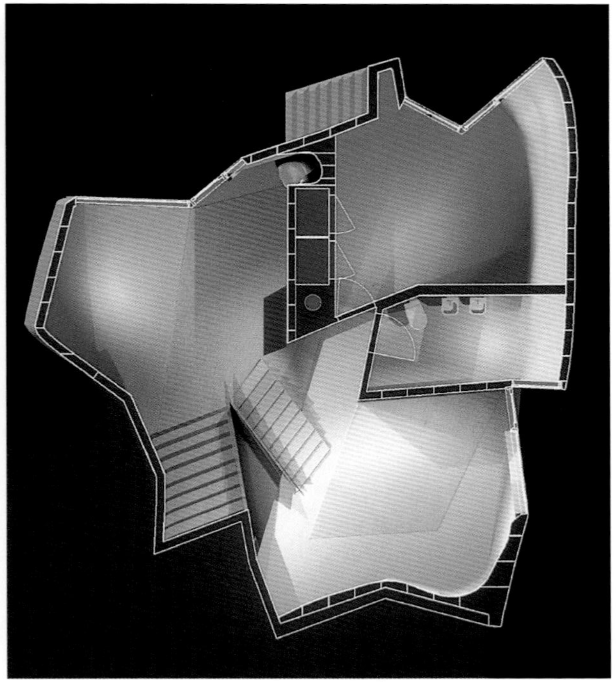

Raybold house and garden
Connecticut, USA

Sulan Kolatan
and William J. MacDonald

Project team
Sulan Kolatan
William J. MacDonald
with Erich Schoenenberger

Construction
1997–99

雷伯尔德住宅及花园
康涅狄格州，美国

苏兰·科拉坦与威廉·J·麦克唐纳德

项目组
苏兰·科拉坦
威廉·J·麦克唐纳德及埃里奇·舍嫩伯格

建造时间
1997–1999

基地上现存的构筑物包括游泳池、车库及一栋传统的“斜盖盐箱形”住宅(一种前坡屋顶短，后坡屋顶接近地面的木框架房屋——译者注)——这些都是设计雷伯尔德住宅的启示。然而这些片段的传统特质已经被建筑师所谓的“共同引述”和“幻想”的策略所改变。最终形成了属于其自身形式的、构造的、系统的特质，这也暗示着功能已超出其最初的涵义以外。在新建住宅中景观被特别地“共同引述”了，并且部分的新建住宅正在“共同引述”于景观之中。通过住宅的影响，周围景观的特殊地貌也被修改，呈现出全新的形象。住宅的建造与景观是相互联系的。周围景观中修改的基地与住宅保持协调，因此可作为既用于住宅表面又用于住宅结构的混凝土板的铸模。当这些混凝土板被移走，这些铸模就成为景观的一部分。在这里混凝土被选为一种易适应的材料，可适用于广泛范围的形式与材料特质。

Lacaton & Vassal
Bordeaux

拉卡顿与瓦萨尔联合建筑师事务所
波尔多(法国)

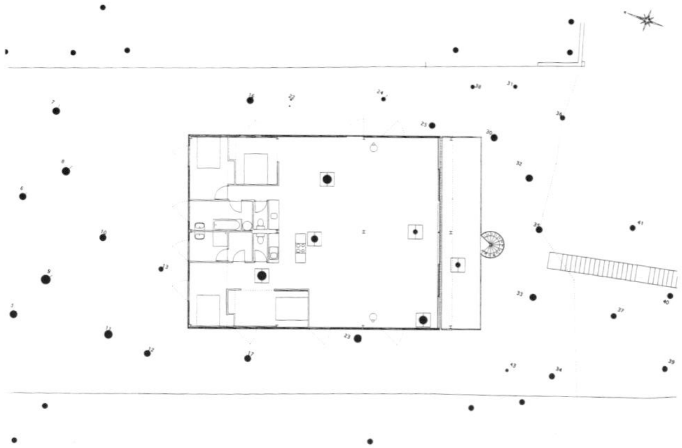

楼层平面

House at Lege, Cap-Ferret
Bassin d'Arcachon, France

Anne Lacaton and
Jean Philippe Vassal

Project team
Anne Lacaton
and Jean Philippe Vassal
with Sylvain Menaud,
Laurie Baggett, Pierre Yves
Portier, Emanuelle Delage
(collaborators),
CESMA – steel structure,
Ingerop Sud Ouest – foundations
(engineers),
INRA, Laboratoire de Rhéologie
du Bois à Cestas and Caue 33,
Mr Mousson, consultant
phytosanitaire (consultants)

Construction
1997–98

费雷山口的莱热住宅
阿卡雄湾，法国
安妮·拉卡顿与让·菲利普·瓦萨尔

项目组
安妮·拉卡顿与让·菲利普·瓦萨尔及西尔维恩·梅诺德，劳里埃·巴盖特，皮埃尔·伊维斯·波蒂尔，
艾曼纽尔·德拉吉（合作者）
CESMA—钢结构，
英格若普·萨德·奥斯特—基础（工程师）
INRA，Laboratoire de Rheologie du Bois a Cestas and Caue 33，莫森先生（顾问）

建造时间
1997-1998

拉卡顿与瓦萨尔被邀请在位于波尔多郊外的俯瞰阿卡雄湾的一块美丽而又与世隔绝的基地上设计一栋住宅，要求不能破坏波状起伏的景观和基地上现存的50棵松树。结果一栋树屋拔地而起，并为周围景观带来新的视野。住宅本身是一个结合了6棵树的简单方盒子，依据地势，采用钢结构框架建在2m和4m(6英尺和13英尺)高的桩上。周围的景观视野几乎没有被干扰，桩基看上去与树融为一体。正立面与楼面采用波形铝板，可反射水面。正立面上的开敞部分使用波形塑料板。临水面一侧的立面是完全透明的，由玻璃推拉门构成。透明的塑料板上嵌以适合树干大小活动橡胶垫圈，使得树干可在风中摇动。

Thomas house
Las Vegas, Nevada, USA

Mark Mack

Project team
Mark Mack with Tim Sakamoto (project architect),
Ed Diamante (project assistant),
Eric Starin (associate architect),
Merlin Contracting & Development – Steve Jones,
Bart Jones (contractor),
Morris Engineering – Bill Morris (electrical),
Joe Kaplan Architectural Lighting – Joe Kaplan (lighting),
Martin & Peltyn, Inc. – Roger Peltyn (structural),
Southwest Air Conditioning – Larry Halverson (mechanical)

Landscape
Bruce Anderson (design concept),
Anderson Environmental Design,
Hadland Landscape – Richard Hadland (installation),
Brad Bouch (landscape lighting),
Jay Fleggenkuhle (landscape architect)

Construction
1997–98

Mack Architects Los Angeles

麦克建筑师事务所
洛杉矶

托马斯住宅
拉斯韦加斯，内华达州，美国

马可·麦克

项目组
马可·麦克与蒂姆·萨卡莫托（项目主持建筑师），
艾德·迪亚曼特（项目助理），
艾里克·斯塔林（助理建筑师）
梅林承包与发展公司—斯蒂夫·琼斯，
巴特·琼斯（承包商）
莫里斯工程公司—比尔·莫里斯（电气），
乔·卡普兰建筑照明公司—乔·卡普兰（照明），
马丁与佩尔廷有限公司—罗杰·佩尔廷（结构），
西南空调公司—劳瑞·哈尔弗森（机械），

景观设计
布鲁斯·安德森（概念设计），
安德森环境设计公司，
哈兰德景观规划—理查德·哈兰德（铺装）
布拉德·布彻（景观照明），
杰伊·弗莱根库尔（景观建筑师）

建造时间
1997-1998

在内华达沙漠炙热的温度下，托马斯住宅保持了避难处与静居所的尺度与外观 这是一个庇护与遮荫的场所，可避免拉斯韦加斯的喧嚣与扰攘，及城市中大部分的幻象。这个住宅坐落在发展区的前部，通过内部的离散和抑制外部立面表达了该地区严格的造型设计规则。就像传统的伊斯兰住宅在空间组织中要反映出内部一样，托马斯住宅把它的外部仅仅当作街道符号元素的集合。这是一栋已经被修改以适应20世纪汽车支配时代的传统的院落式住宅。

房间围绕内部院落组织，表现出从正式空间到非正式空间及私密空间的过渡。住宅的入口是一个隐蔽的、几乎中国式样的、由墙和水冷系统围成的入口广场。入口处同样也是图书室，可作朝拜和娱乐等正式活动之用，而厨房／家庭室则是作为日常起居的非正式房间。住宅的剩余部分都是私密空间，与正式区域和家庭活动相隔离。

墙的设置层次使得周围景观与人造物之间产生了复杂的联系 它们坚固的形象与自然的颜色为更多自然界充满个性的色彩提供了背景。同样地，飞扬的巨大屋顶仿佛是一幅反映由水面和墙面反射光线不断变化图案的画布。

私人住宅
汉普斯特德，伦敦，英国

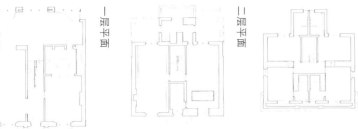

项目组
里克·马瑟与道格拉斯·麦金托什，
查尔斯·巴克雷，盖里·麦克鲁斯基，
理查德·林德里，克里斯·威斯多姆，
彼德·汉德森协会（质量鉴定），
第一工作室（结构工程师），
第十工作室（机械与电气工程师），
布鲁克·文森特及助手（界墙鉴定）

建造时间
1996–1998

三层平面

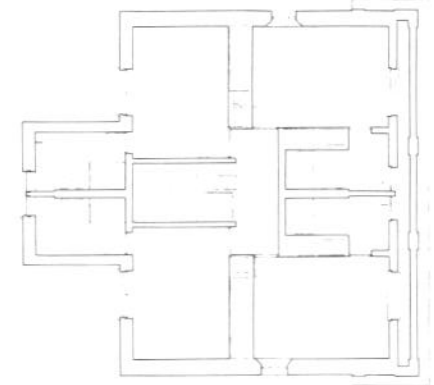

二层平面

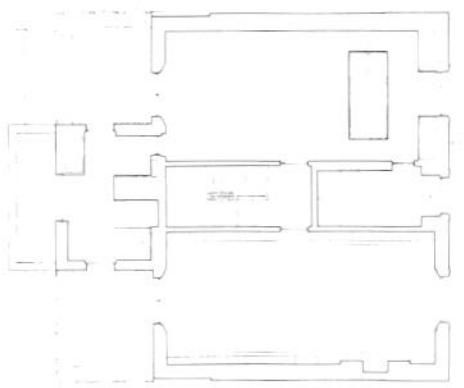

一层平面

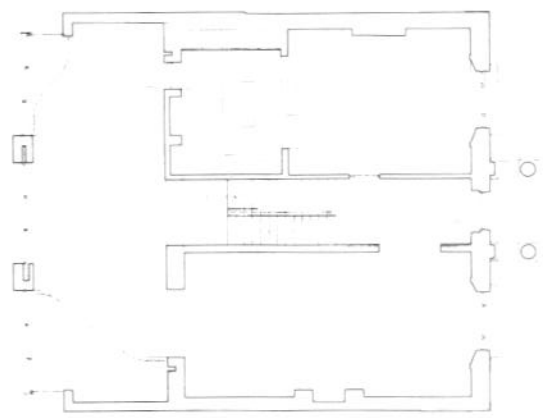

Private house
Hampstead, London, UK

Project team
Rick Mather
with Douglas McIntosh,
Charles Barclay, Gary McLuskey,
Richard Lindley, Chris Wisdom,
Peter Henderson Ass.
(quantity surveyor),
Atelier One (structural engineer),
Atelier Ten (M. & E. engineer),
Brooke Vincent & Partners
(party wall surveyor)

Construction
1996–98

Rick Mather Architects London

里克·马瑟建筑师事务所 伦敦

这项委托设计对于建筑师而言是一个难得的机会，因为将在周围都是乔治亚式与维多利亚式住宅占优势的邻里间设计一栋现代式住宅。业主与设计师需要共同考虑解决设计方案与周围居民、历史社区及当地政府之间的问题。这个反映出20世纪30年代现代传统的新建筑，由于反射了周围邻里建筑的尺度及其使用材料，从而适应了地区文脉。首要的想法就是形成一个空间层次丰富的居住场所“雕塑”，既充满出人意料的景观与空间却又毫无招摇炫耀之感。游泳池及其可用作将来孙辈孩童之用的附属房间也是该方案主要考虑之一。业主喜爱花园并希望同室外环境有较为亲密的接触，这一点通过几个拥有俯瞰伦敦天际线良好景观的露台而得以实现。屋顶天窗与透明屋面把自然光线引入首层的游泳池与螺旋楼梯，并把太阳与水面的反射带入起居庭院。躺在游泳池上通过一个玻璃屋面可向上看到屋顶天窗及其上方的天空。

特别的考虑还包括对能源最佳利用的设计。厚厚的外墙绝热材料与游泳池提供了巨大的热容量，因此稳定了室内的温度条件。游泳池的干燥设备产生的多余热量是室内空间采暖及加热水的主要能量来源。通风系统上的一个热交换器将帮助加热室内空气。

剖面图

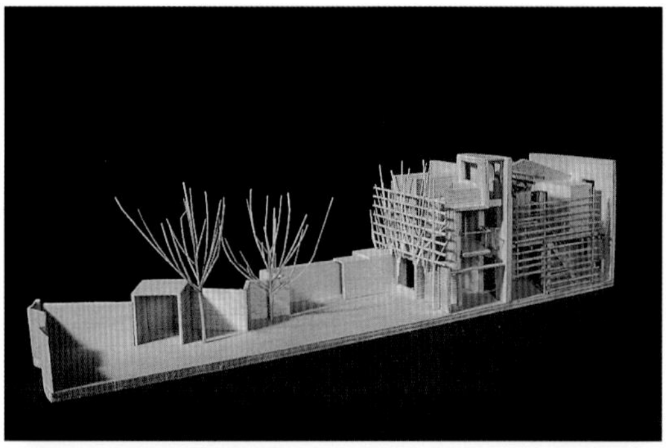

Enric Miralles, Benedetta Tagliabue Associated Architects Barcelona

恩里克·米拉莱斯，贝妮代塔·塔利亚布联合建筑师事务所 巴塞罗那

拉克罗塔曾经是巴塞罗那城外的一个区。城市的持续膨胀现在已经吞并了它，但其中还保留了一些果园和原有的具有乡村特色的农舍。两个这样的农舍联合在一起就形成了今天的“特里利亚住宅”。既有房间的谦逊尺度使得我们可以设想家具摆设将成为使室内空间适于居住的方式。反过来讲，原有室内空间的庭院、墙和内部照明则使得房间变得适于居住。两栋住宅现在变成了一个带有小花园的大房间。

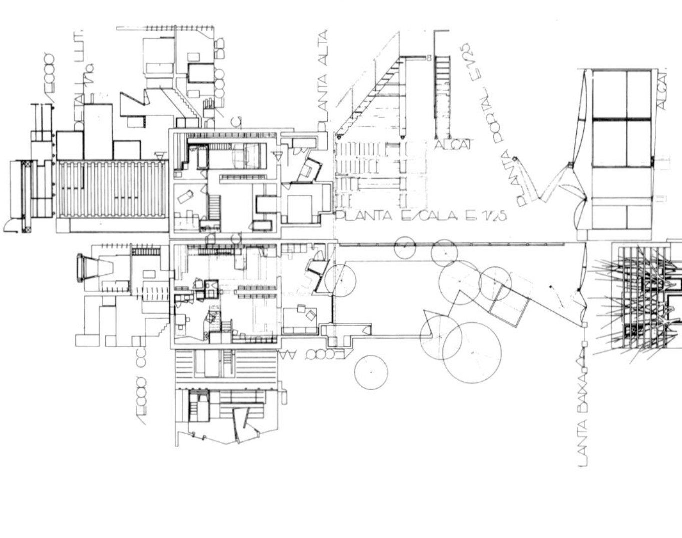

Casa Trilla
La Clota, Barcelona, Spain

Project team
Enric Miralles, Benedetta Tagliabue (architects) with Ricard Flores, Nicolai Lund Overgaard, Stépanie Le Draoullec, Verena Arntheim, Niels-Martin Larsen, Ricardo Gimenez (collaborators), Enric Miralles, Josep Ustrell (construction), Manuel Barreras (structure), Makoto Fukuda (photo collages), Kelie Mayfield, Loren Freed (model)

Construction
1997–99

特里利亚住宅
　拉克罗塔，巴塞罗那，西班牙
项目组
恩里克·米拉莱斯，贝妮代塔·塔利亚布（建筑师）
及理查德·弗洛雷斯，
尼古拉·隆德·奥沃伽德，
斯特潘尼·拉·德拉欧莱克，
弗里纳·安塞姆，
尼尔斯－马丁·拉森，
里卡多·吉门讷兹（合作者），
恩里克·米拉莱斯，约瑟普·乌斯特里尔（施工），
曼努埃尔·巴雷拉斯（结构工程师），
福田真由（照片拼贴），
克雷·马耶费尔德，劳伦·弗里德（模型）

建造时间
1997–1999

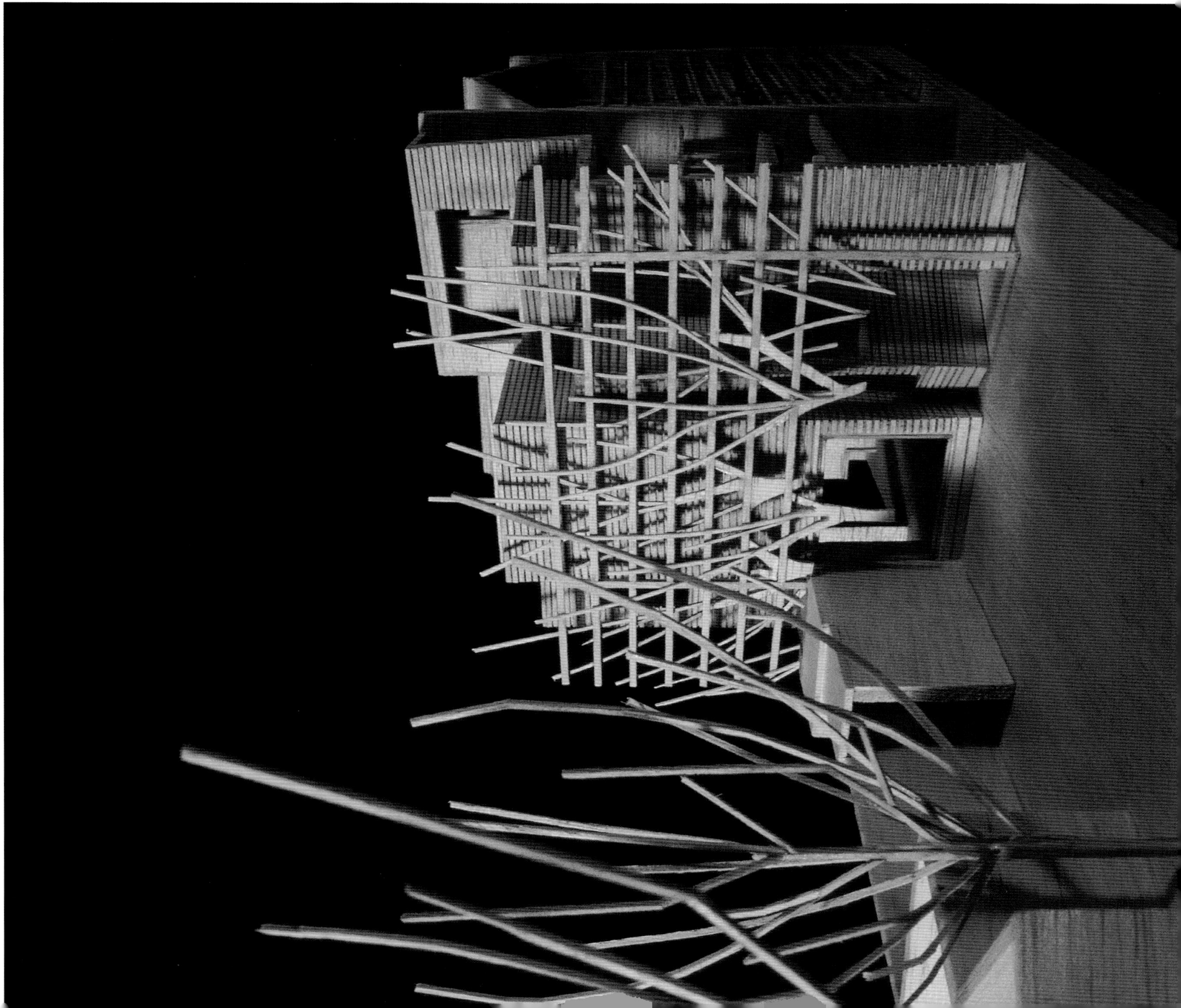

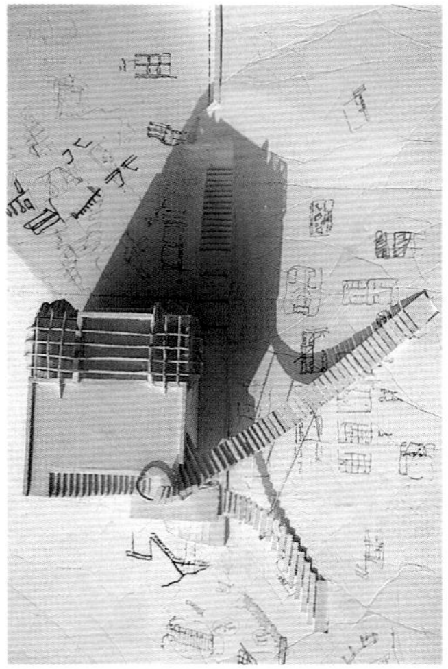

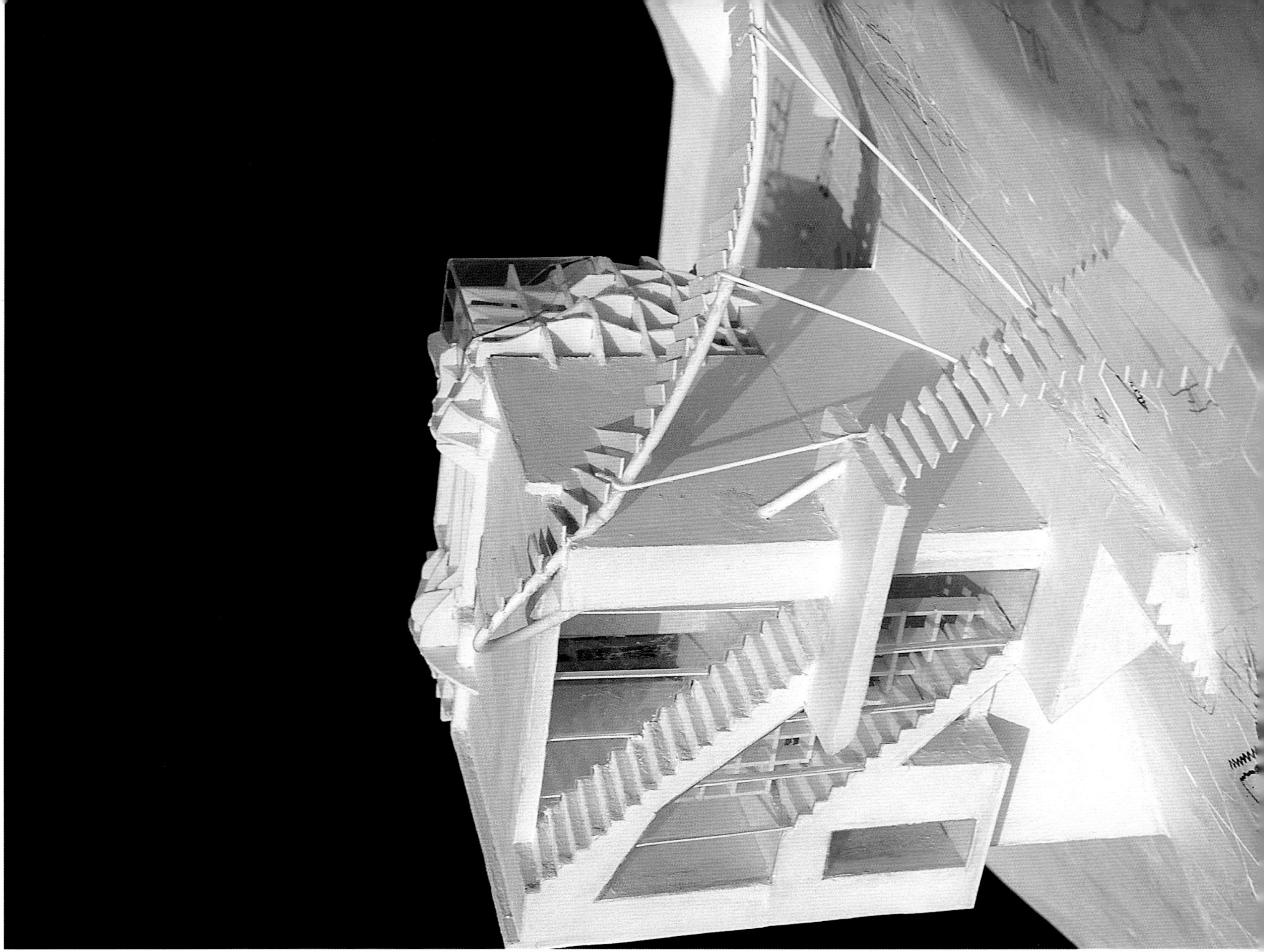

Eric Owen Moss
Los Angeles

埃里克·欧文·莫斯建筑师事务所
洛杉矶

Mills house
'Un-boxing the box'
Hollywood, California, USA

Project team
Eric Owen Moss with Jay Vanos,
Scott Nakao (project architect),
Stuart MacGruder, Holly
Deichmann, Gudrun Weidemer,
Micah Heimlich, Corinna Gilbert,
Simon Businger (design team)

Design
1998

米尔斯住宅
“非装盒化方盒子”
好莱坞，加利福尼亚州，美国

项目组
埃里克·欧文·莫斯及杰伊·瓦诺斯，
斯科特·纳考（项目主持建筑师），
斯塔特·麦克戈德，霍利·戴尔彻曼，
古德兰·威蒂莫尔，
米卡·海姆里奇，克里纳·吉尔伯特，
西蒙·布新格（项目设计组）

设计时间
1998

一对从事环境工业的年轻夫妇计划在好莱坞山上建造一个可以看到“好莱坞”标志的住宅。然而基地的陡峭地貌和较为复杂的土壤地质条件使得它几乎是一块不适合建造的地方。最终，仅有一个地点有足够大的水平面以支撑结构。一系列深达18m(60英尺)的混凝土沉箱基础被钻进岩床以提供必要的承载力。

如此精心完成的复杂基础，其花费超出了原本已经紧张的预算，这带来了一系列在设计中不得不勉强为之的限制。这些限制指示出一个原则，那就是简洁、正交的形状，本质上是一个方盒子。为提供看到“好莱坞”标志及周围城市景观的视野，方盒子的一“角”被削掉，并减小了相应的楼层。在立面上，这个角是规整的格栅，与方盒子的简洁相呼应，但从平面上看，却采用的是自由形式元素，既不可预料又突破了方盒子的束缚。它是基于曲线窗格，卵形编篓的结构基础上的 一种将不规则形与格栅相融合的方式。

两个跨越二层与上部面向山脉一侧的观景平台的天桥，连接了住宅和户外基地，并提供了周围区域的景观。树木与爬藤被引导向天桥上生长，进一步将住宅根植于周围环境景观之中。一个呼应曲线形山脉的曲线形钢管，既是楼梯也是穿过住宅的薄片的结构支撑，它再一次打破了方盒子的规整性。

主教街住宅
伦敦，英国

艾尔弗雷德·蒙肯贝克与史蒂夫·马歇尔

项目组
艾尔弗雷德·蒙肯贝克，
史蒂夫·马歇尔及查尔斯·洪姆弗里斯，
瑞伊·汤普森，
塔尼亚·卡里斯尔，尼考尔斯·罗切·麦克马洪(结构工程师)，
富尔克鲁姆(服务工程师)，
米克·曼迪，马克·拉克斯顿，
克里格·劳伯斯彻，保罗·斯温尼(沃里斯施工)，
诺斯克若福特(质量鉴定)，
吉恩卡罗·爱尔海德夫(室内设计)，
伊索麦特里克斯(照明设计)，
琼·皮埃尔·托尔蒂尔(室内家具布置)

建造时间
1994–1998

House on Bishop's Avenue
London, UK

Alfred Munkenbeck
and Steve Marshall

Project team
Alfred Munkenbeck,
Steve Marshall with
Charles Humphries,
Ray Thompson,
Tania Carlisle, Nickalls Roche
McMahon (structural engineers),
Fulcrum (service engineers),
Mick Mundy, Mark Laxton,
Craig Laubscher, Paul Sweeney
(Wallis Construction),
Northcroft (quantity surveyors),
Giancarlo Alhadef
(interior designer),
Isometrix (lighting design),
Jean Pierre Tortil
(interior furnishings)

Construction
1994–98

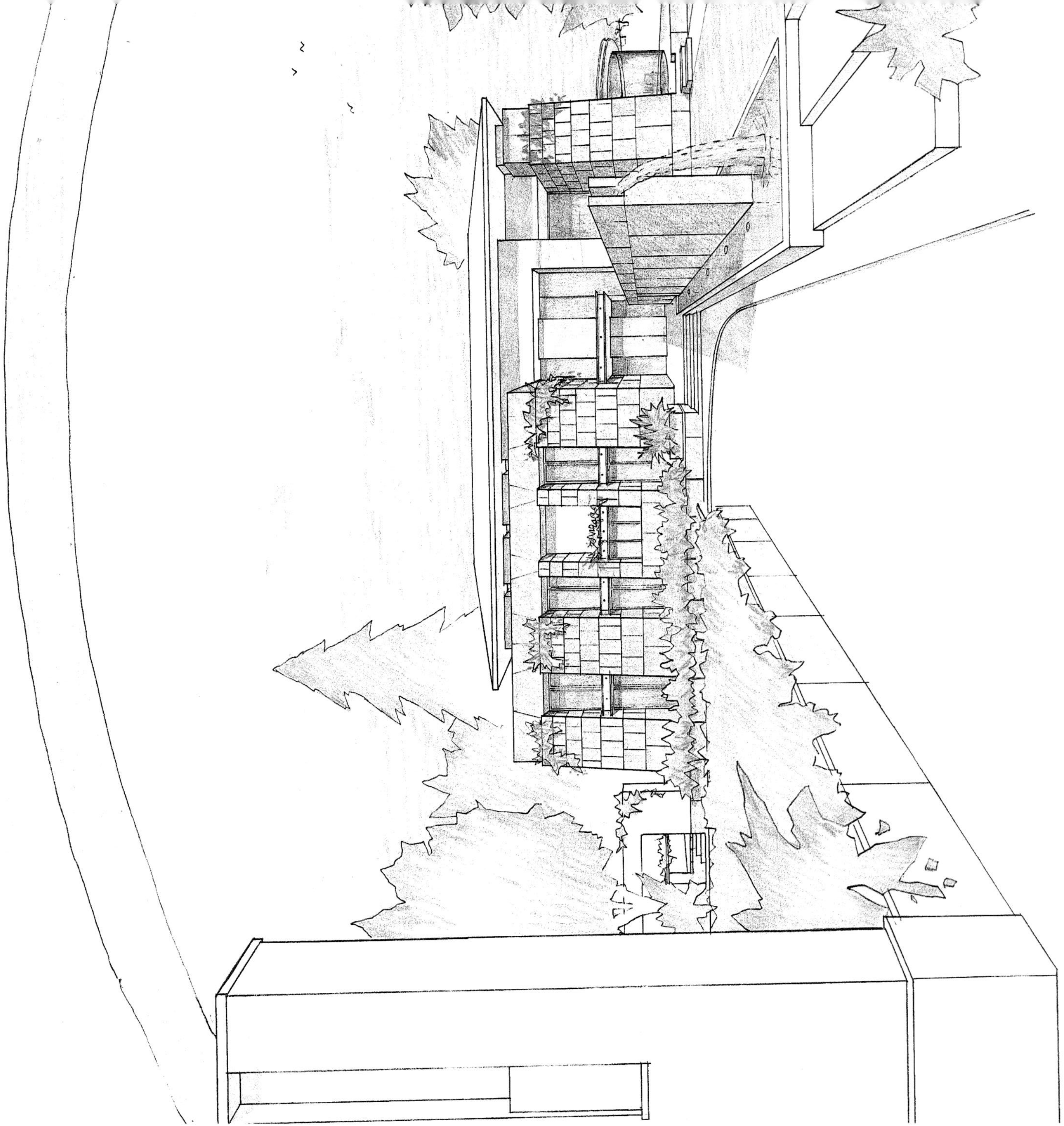

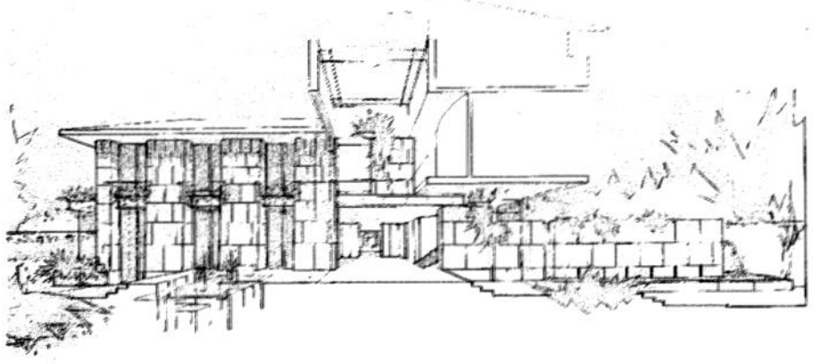

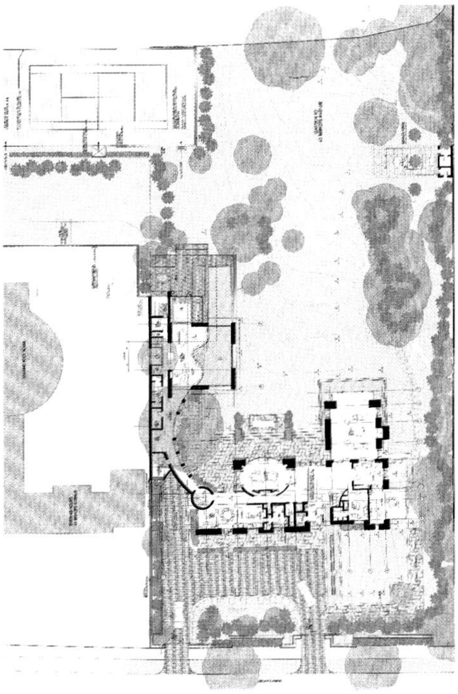

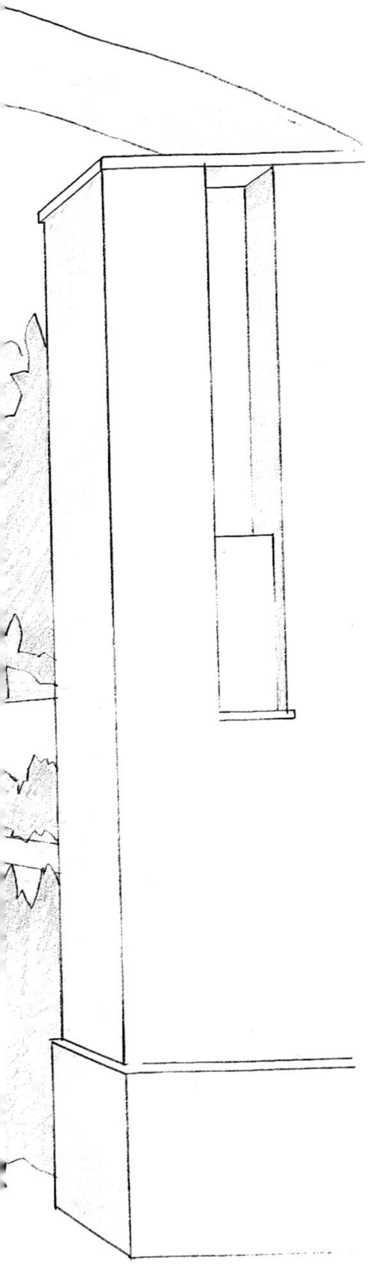

Munkenbeck and Marshall London

蒙肯贝克与马歇尔联合建筑师事务所 伦敦

蒙肯贝克与马歇尔很少有机会在伦敦最优雅的居住区之一设计一栋1858m²(20000平方英尺)的私人住宅，基地毗邻一块高尔夫球场地，足有一块足球场那么大。在汉普斯蒂德花园郊区严格的规划限制下，他们设计了一栋基于艺术与工艺理念的四层高现代建筑。

一个巨大的遮荫屋顶约束了住宅延展的宽度，同时使它看上去像是一系列带有木质填充物的巨大石碑。"这些石碑应当看上去仿佛一件正式的作品，它来自另一个时代，以一种非正式的方式逐渐适于居住"，阿尔弗列德·蒙肯贝克说道。材料选用钢结构及上层的木质填充料；建筑的外立面采用勃艮第石材覆面和iroko木，密封起来以免脱色。预先油漆好的镀锌屋顶带有木屋檐，其中含雨水槽。法式窗户以afrormosia木为窗樘。首层室内地面采用石材；橡木厚板则构成了上层地板。抹灰大部分采用磨光的意大利灰泥。游泳池可以通过可充气的屋顶遮盖起来，同时一个"切割"窗可允许人们在室内与室外间游来游去。一个带有完全镶嵌玻璃立面的大芬兰桑拿浴室为游泳池休息平台和高尔夫球场地提供了精美奢华的视觉效果。

Richard Murphy Architects Edinburgh

理查德·墨菲建筑师事务所 爱丁堡

House at Bakehouse Close
Edinburgh, UK

紧靠面包房的住宅
爱丁堡，英国

Design
1998

设计时间
1998

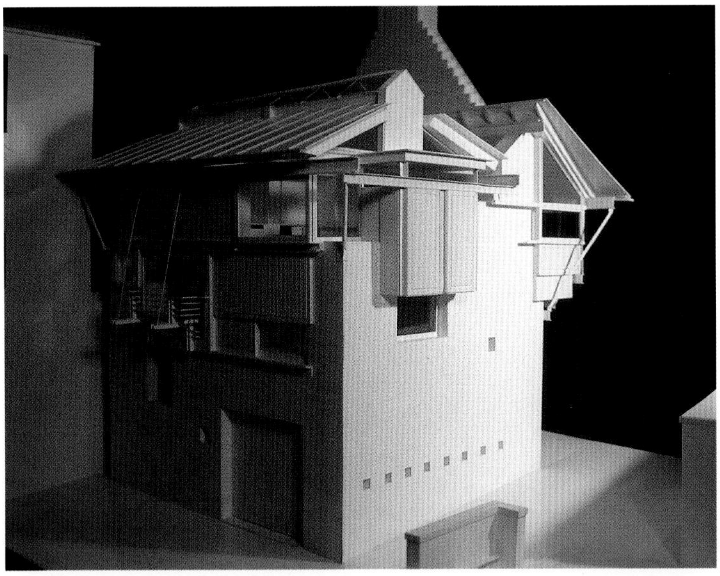

在皇家里弄的尽头，紧临亨特利住宅博物馆和苏格兰新堡啤酒厂的位置，理查德·墨菲设计了一栋受爱丁堡中世纪古城风貌精神影响的住宅，但这一地区也正面临着被一些新建筑改变的状况，这其中就包括由恩里克·米拉莱斯设计的新苏格兰国会大厦。这栋住宅的一些特征参考了紧临的亨特利住宅博物馆所重建的中世纪建筑风貌，特别是一个通往前门的暴露的外楼梯，以及为对比衬托上层更加宽敞的大玻璃窗而故意减小下层窗户的尺度等手法。墨菲通过使住宅平面逐渐螺旋上升的作法设计了一栋具有流动室内空间的住宅。

立面上可清楚地看到悬臂梁结构，特别是在就餐区、主卧卫生间以及起居室巨大的透明玻璃窗等位置。住宅的墙面采用了传统的混凝土砌块，上层地面采用镀锌钢架和木板。这些木板是刷成深色的欧洲红木，被镀锌钢架夹着，与亨特利住宅博物馆的颜色相匹配。屋顶覆盖着苏格兰石板瓦和铅槽。

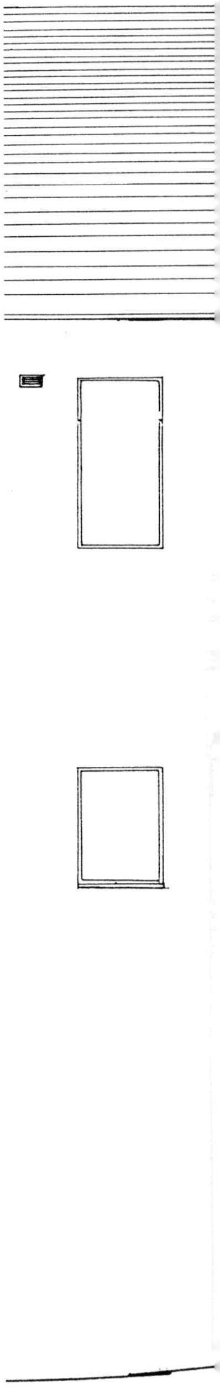

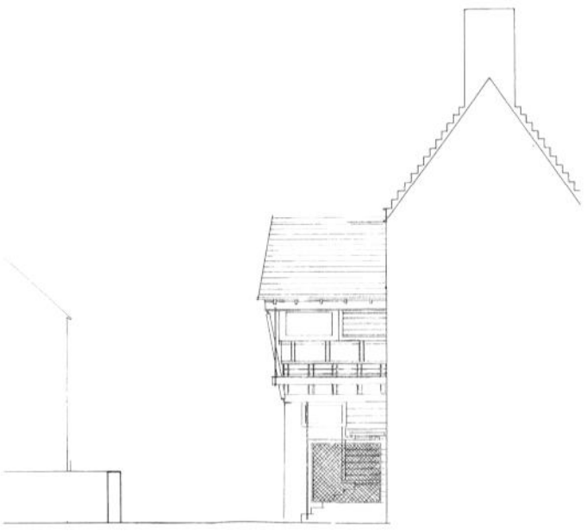

北立面

东立面

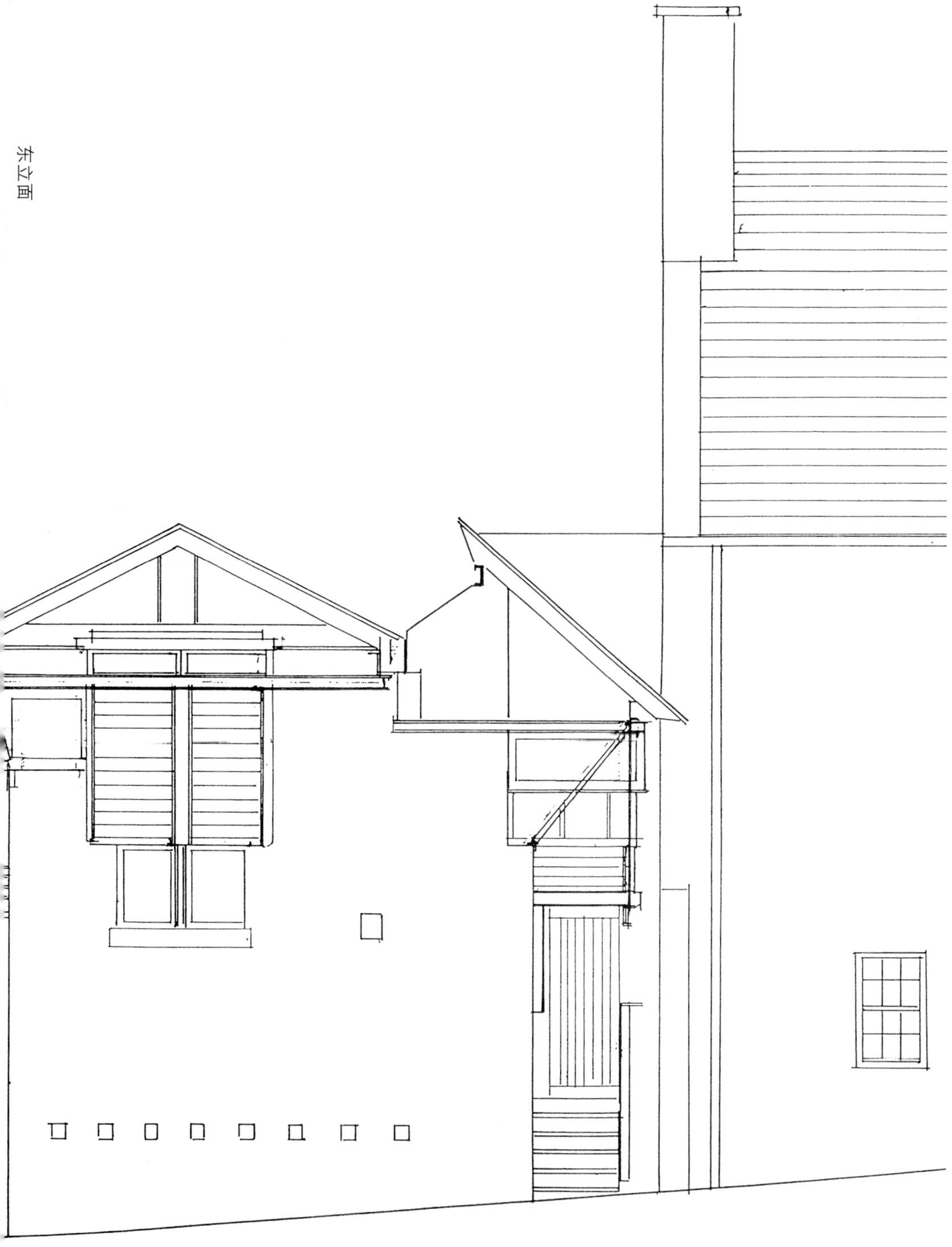

二层平面

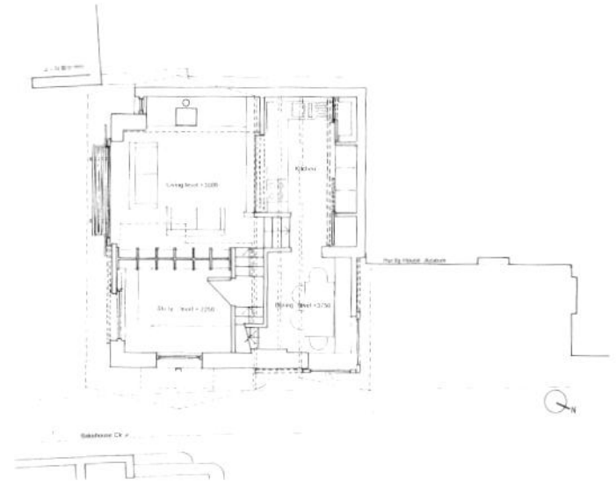

夹层平面

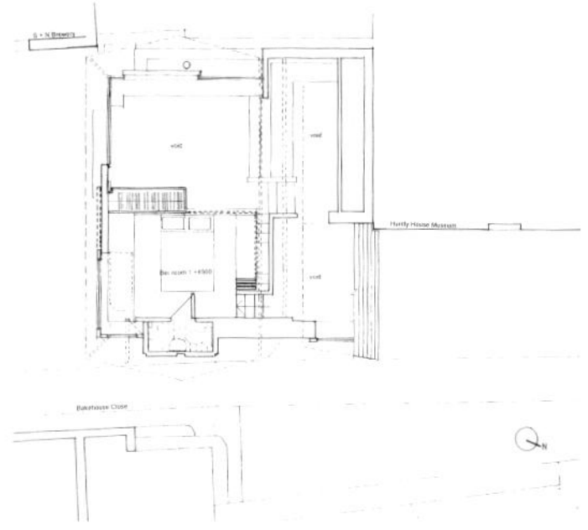

首层平面

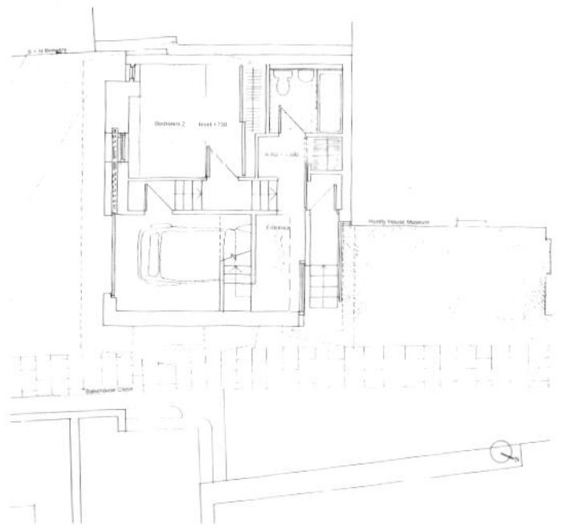

MVRDV Rotterdam

MVRDV 建筑师事务所 鹿特丹

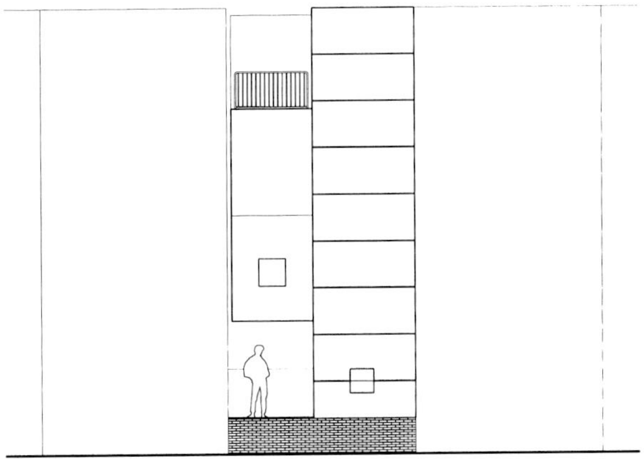

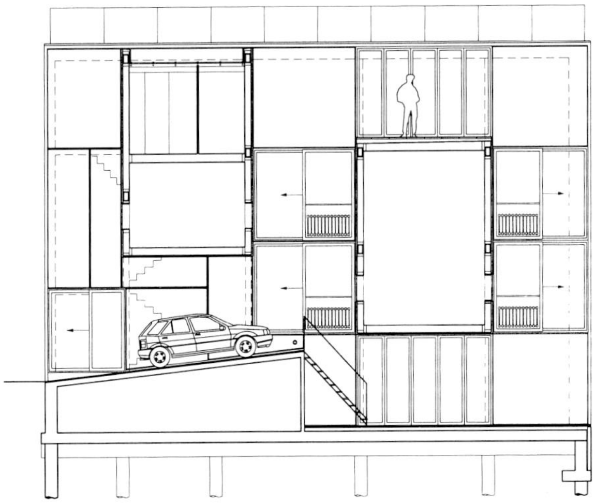

第 12 号住宅剖面

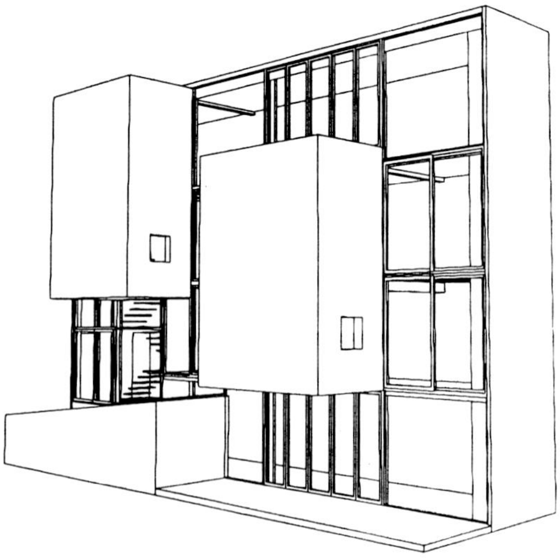

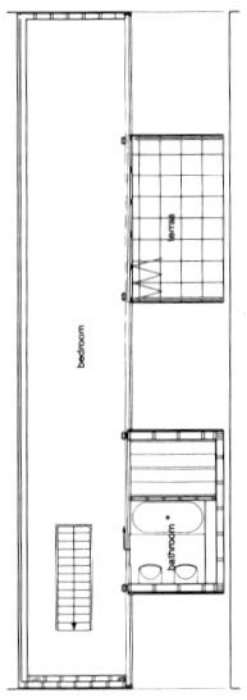

四层平面

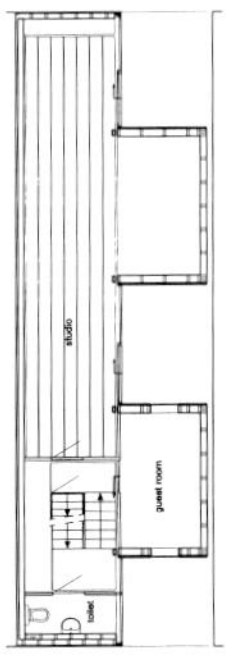

三层平面

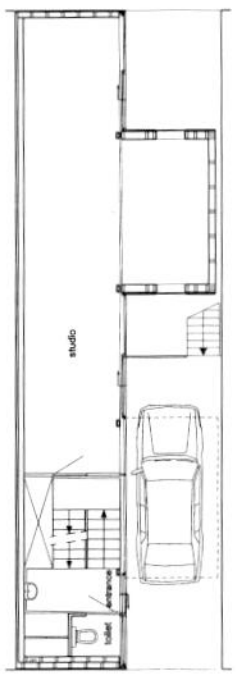

二层平面

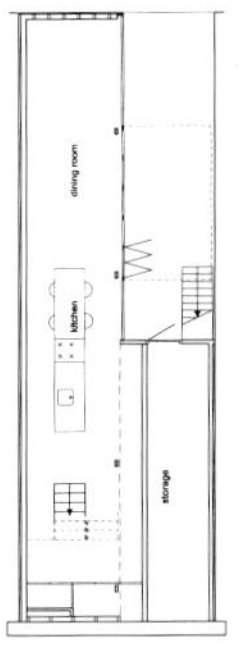

首层平面

这一对住宅代表了荷兰住宅新的发展前沿。博诺－斯波若堡(Borneo-Sporenburg)是荷兰最稠密的发展地区之一，位于狭长的条形土地上，曾经是城市的港口。建筑师通过一个非传统的视点来探索基地的潜能 即对MVRDV建筑师事务所而言，幽闭恐惧并不一定是消极的。两栋房子在尺度和占地位置上是相似的，并且紧密相邻。然而它们采用了截然不同的到达方式。其中一个被缩减到可以想象的最为狭长的基地上，它仅有2.5m(8.2 英尺)宽，却有16m(54英尺)长，只保留着一条与邻居相通的小巷，面对夹缝的全透明的正立面为住宅提供自然采光。进入基地要通过倾斜至人行道层的一个屋顶，这里可允许停放一量汽车，在它的下方还有一间储藏室。两个封闭的体块悬挂在一侧的玻璃立面上，它们容纳了客房和浴室并且为住宅的两个工作室提供了延展的深度。

另一栋住宅则位于一块在传统意义上被认为足够盖三层建筑的基地上：MVRDV 建筑师事务所却试图设计一栋四层住宅。除了两个封闭的体块、首层的车库及封闭卫生间，这些楼层其实是作为一个连续的房间。一系列高度与私密程度不同的房间，都有彼此自身与室外联系的方式：要么排列在两层的外廊上面向水面；起居室带有一个法式窗户的阳台；卧室带有玻璃凸窗；而位于阁楼层的工作室则带有一个屋顶花园。

Two houses in Borneo-Sporenburg, No. 12 and No. 18
Amsterdam, the Netherlands

Winy Maas, Jacob van Rijs, Nathalie de Vries

Project team
Winy Maas, Jacob van Rijs and Nathalie de Vries with Joost Glissenaar, Bart Spee, Alex Brouwer and Frans de Witte for No. 18, Pieters Bouwtechniek, Haarlem (structure), DGMR, Arnhem (building physics)

Construction
1997–99

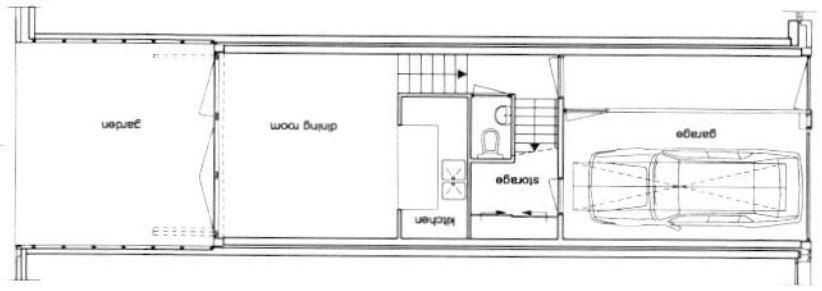

首层平面

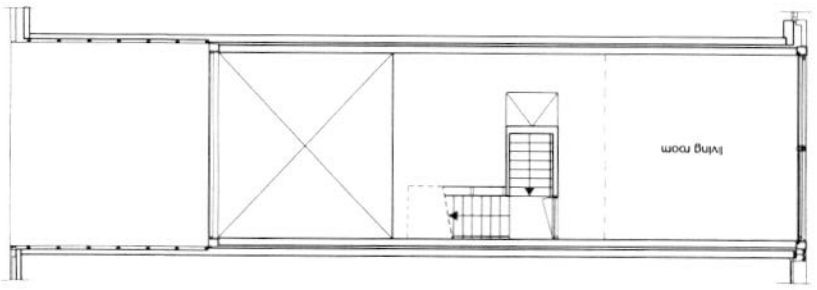

二层平面

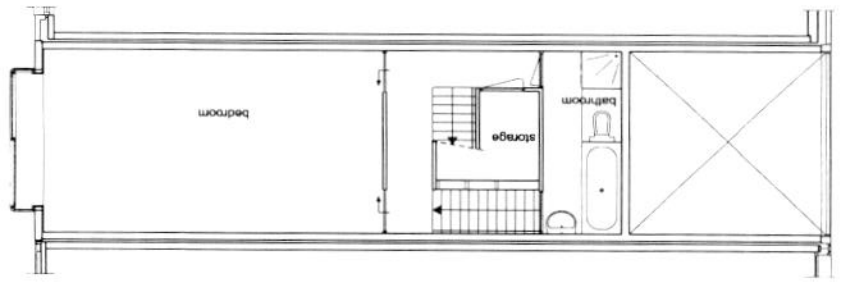

三层平面

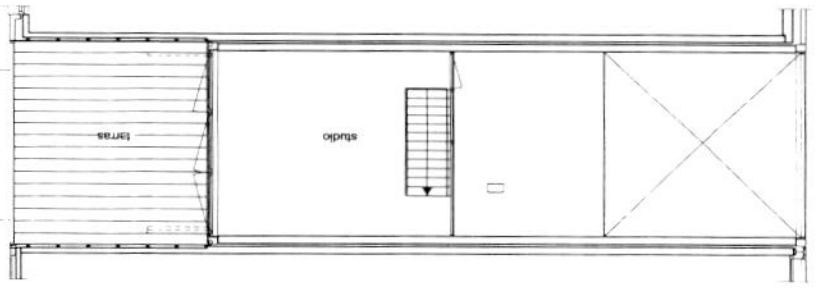

四层平面

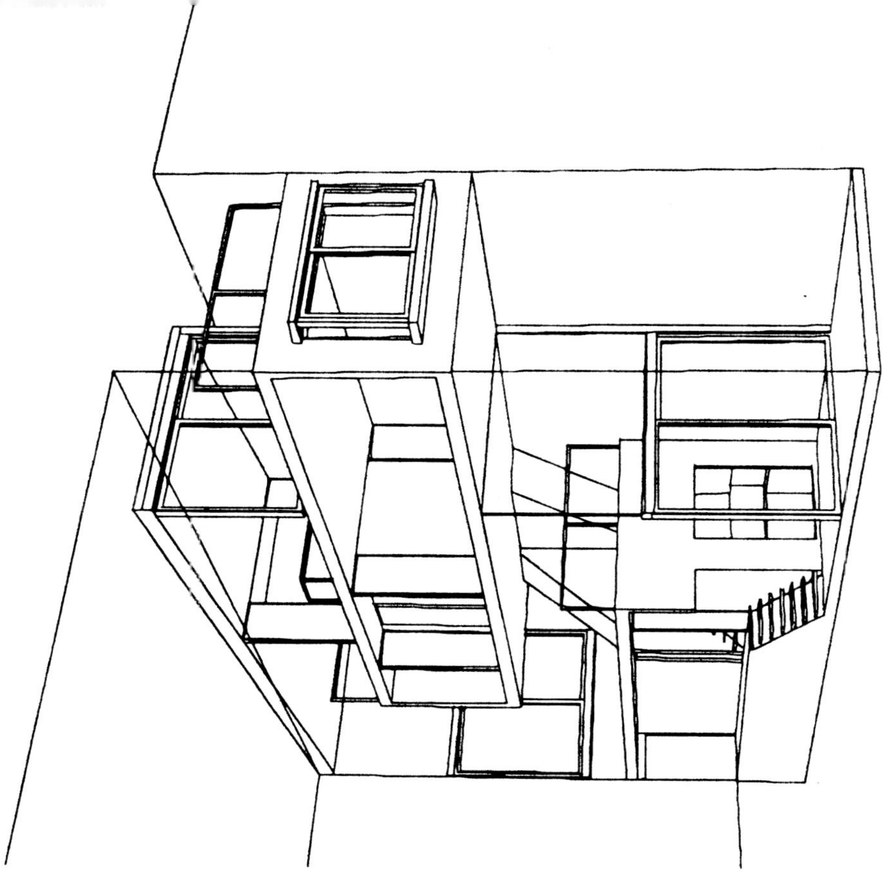

博尔诺－斯波若堡的两个住宅，第12号与第18号
阿姆斯特丹，荷兰

温尼·马斯，雅各布·范·里耶斯，纳塔莉·德·弗里斯

项目组
温尼·马斯，雅各布·范·里耶斯与纳塔莉·德·弗里斯及乔斯特·格里森纳，巴特·斯毕，艾里克斯·布劳威尔与弗朗斯·德·韦特设计第18号住宅，彼德斯·布泰齐乃克，哈勒姆（结构工程师），DGMR，阿纳姆市（建筑物理），

建造时间
1997–1999

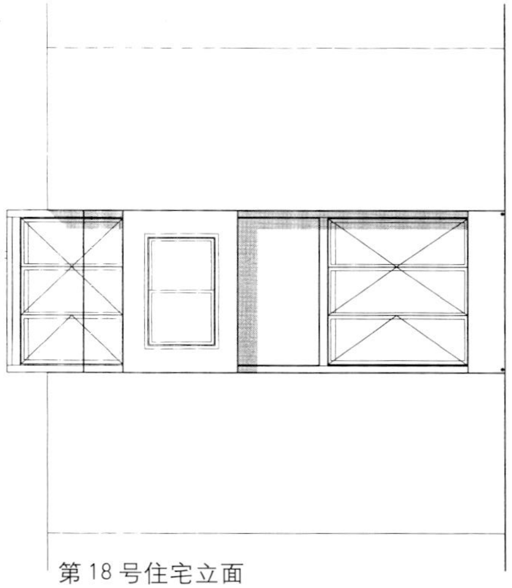

第18号住宅立面

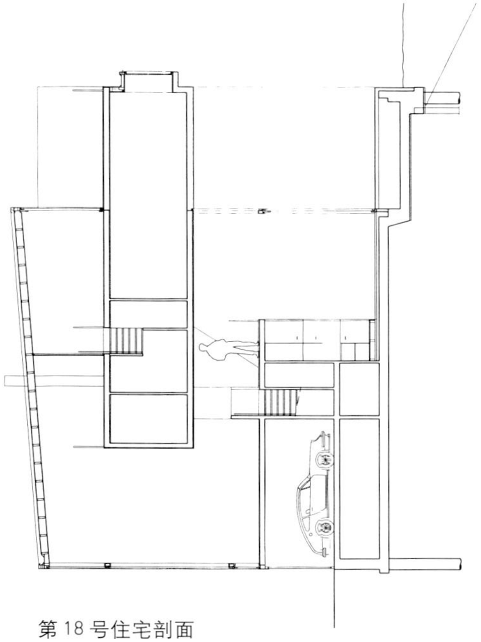

第18号住宅剖面

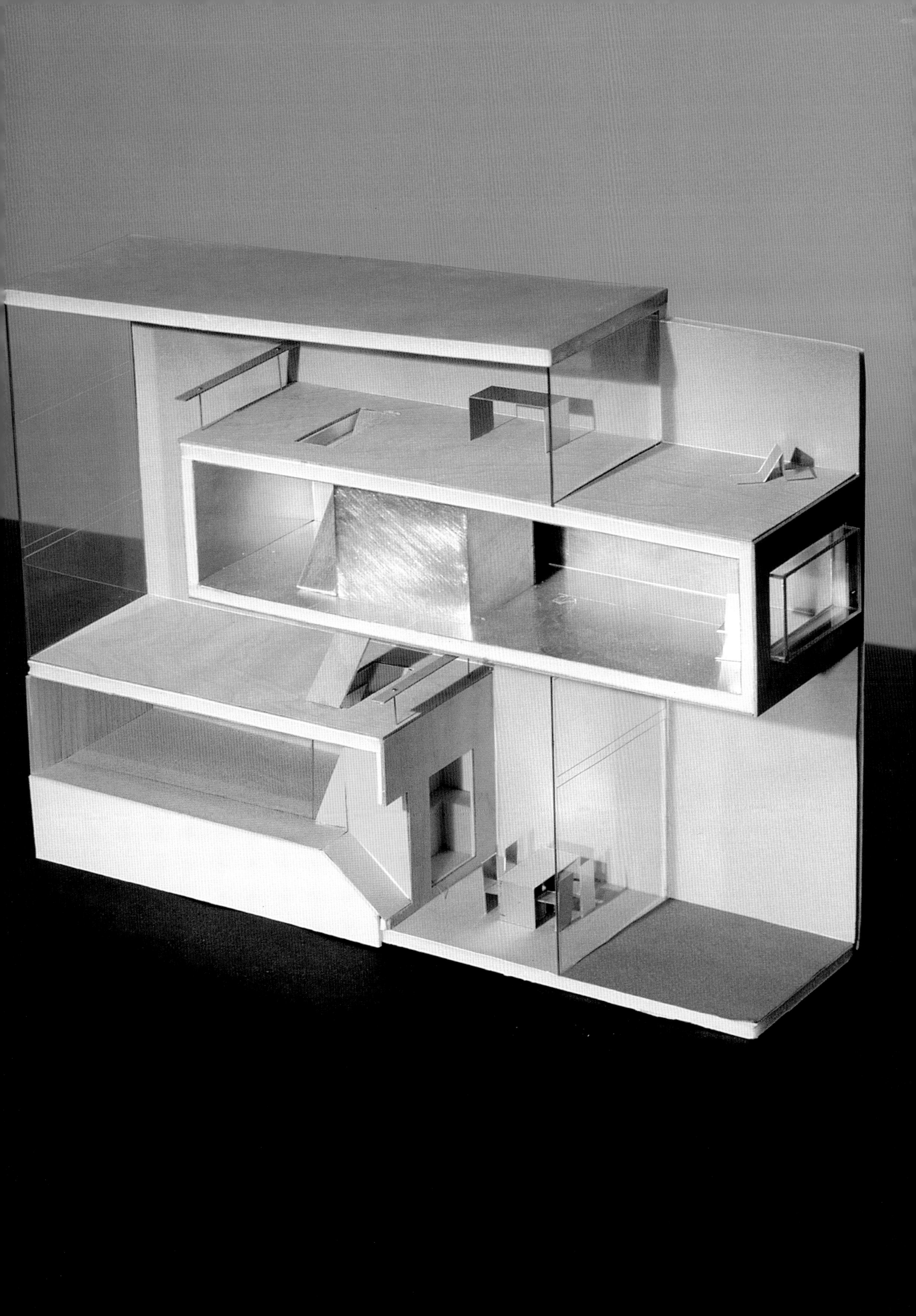

O'Donnell and Tuomey Dublin

欧·唐奈与图奥米尼联合建筑师事务所 都柏林

铁路大街一个现有餐馆后面的一块狭长的线形花园就是赫德森住宅的基地。住宅的设计是为了满足业主特殊的要求：他们希望住靠近工作地点但又与它相隔离。原先他们住在餐馆上面，并利用原有的庭院——在一个废弃车间中挖空的屋架——作为一间户外房间。

住宅围绕三个庭院组织，它们形成了联系起居空间与睡眠区之间的室外环路。起居空间和卧室塔楼分别位于原先车间痕迹的两侧。一层高的挡土墙遮挡了庭院两侧邻居地势较高的花园，同时起居室的屋顶也与相邻花园处在同一层的高度。

现场浇注的弯曲屋顶赋予起居空间一种洞穴般的特征。玻璃幕门把起居空间与庭院空间连接在一起，同时石材地面也从室内延伸到室外。通向三间卧室楼层的通道跨越下沉庭院。而上层的卧室拥有穿越花园俯瞰爱尔兰纳文市天际线的视野。混凝土台阶从庭院层沿侧院一直通往后部原有的地势高的花园。该住宅由混凝土建造，室内衬以石膏板和胶合板。室外细木装修采用不加处理的东非绿柄桑木。

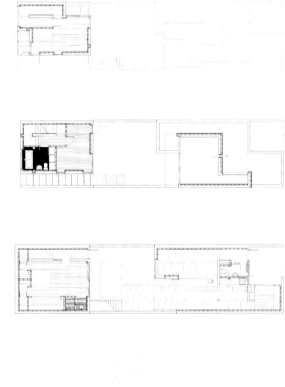

三层平面

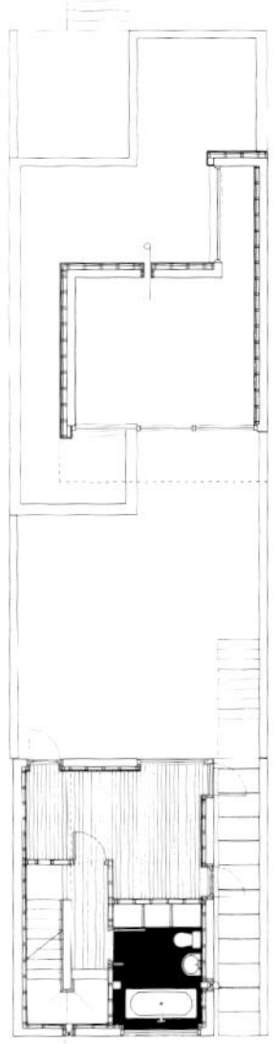

二层平面

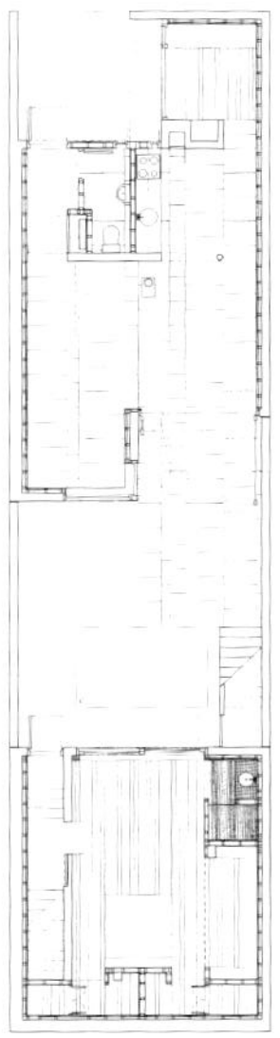

首层平面

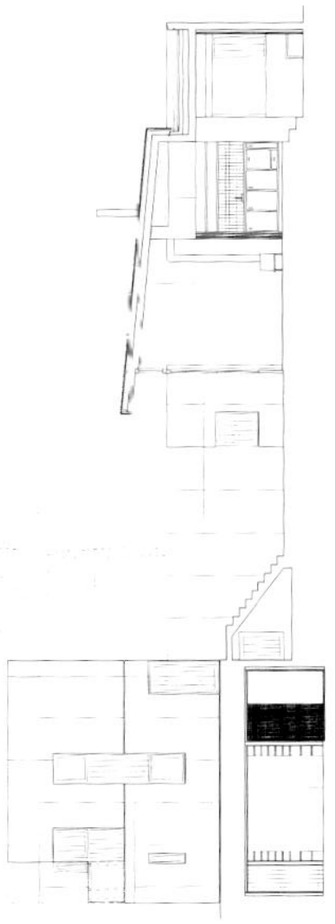

南立面

Hudson house
Navan, Co. Meath, Ireland

Sheila O'Donnell
and John Tuomey

Project team
Sheila O'Donnell, John Tuomey
with Fiona McDonald

Construction
1997–98

赫德森住宅
纳文市，米斯郡，爱尔兰

希拉·欧·唐奈与约翰·图奥米尼

项目组
希拉·欧·唐奈，约翰·图奥米尼
及菲奥娜·麦克唐纳德

建造时间
1997–1998

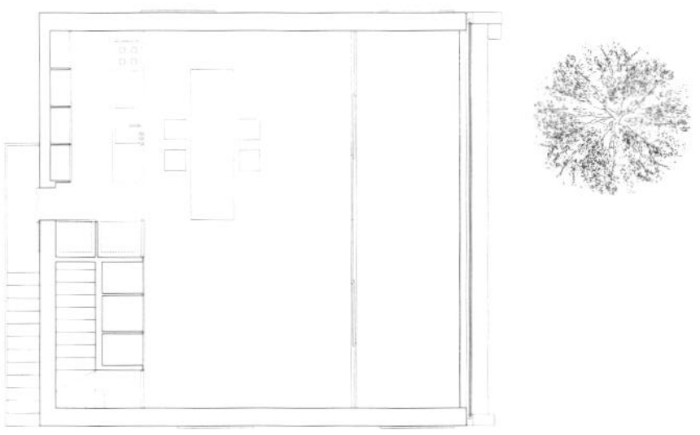

三层平面

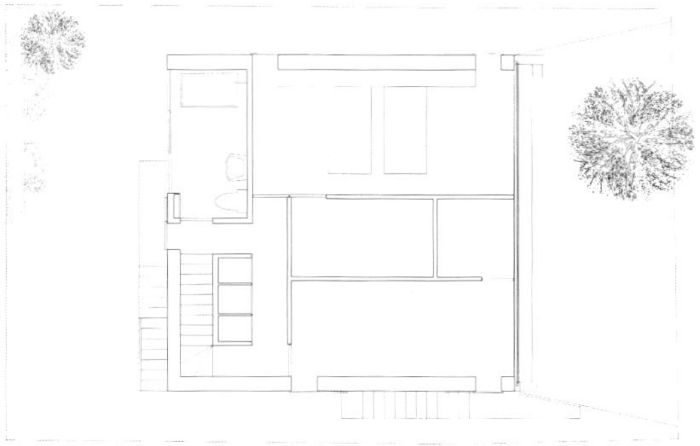

二层平面

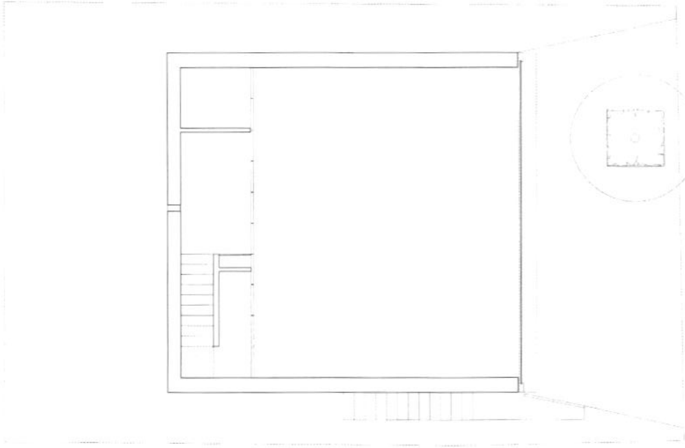

首层平面

Shinichi Ogawa & Associates Hiroshima

小川信一(Shinichi Ogawa)联合建筑师事务所 广岛

White Cube
Hiroshima, Japan

Project team
Shinichi Ogawa & Associates, FIT (general contractors)

Construction
1997–98

白色立方体
广岛，日本

项目组
小川信一联合建筑师事务所，FIT(全面承包商)

建造时间
1997–1998

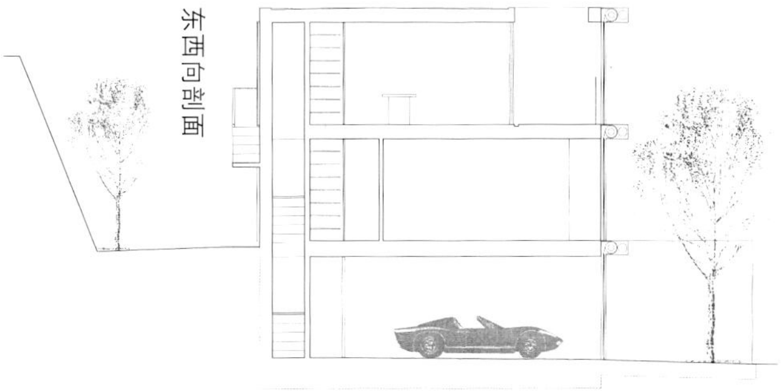

东西向剖面

小川信一的三层白色钢筋混凝土立方体的尺寸为8.1m × 8.1m × 8.1m(26.5 英尺 × 26.5 英尺 × 26.5 英尺)，每层层高2.7m(8.8 英尺)。基地位于广岛的郊区，住宅就坐落在基地中央一块下沉的空间上。东立面每层一个的卷帘百叶提供了一定程度的私密性。车库占据了首层；卧室与卫生间在二层，并向庭院开敞；三层包含了起居／就餐空间，以及室内与景观之间的一个内庭院。通过一个卷帘百叶的开启，可以把这个虽小但很精致亲切的内庭院变成观赏周围景观的露台。服务区和楼梯间都布置在立方体的后部并相互交叠。

John Pawson London

约翰·鲍森建筑师事务所 伦敦

对于这栋位于科罗拉多州滑雪胜地特柳赖德镇的住宅，其设计的中心就是它的城市文脉，因为这里曾经是落基山脉的旧采矿区。因此设计方案决不会是一件模仿维多利亚式的作品，它俨然采用的是由本土拓荒者发展起来的地方建筑形式，这种形式可帮他们抵御科罗拉多州冬季的极寒。

住宅为两层，但它看上去要更小一些：因为仅在首层侧墙上开窗，二层仿佛被隐藏起来了。屋顶为坡顶，保持了历史上特柳赖德镇住宅的尺度。通过保留住宅东边的基地，这栋住宅维持并改善了现有景观。公共房间位于住宅上层，这是为了利用透过镶嵌玻璃的山墙端的山脉景观，而卧室与卫生间都安排在首层。

材料选用反映了地方色彩，如石材的侧墙、木质的上层结构与金属屋顶。住宅位于一块受保护的湿地上，因此周围景观必须周密设计以保护这里脆弱的生态系统。

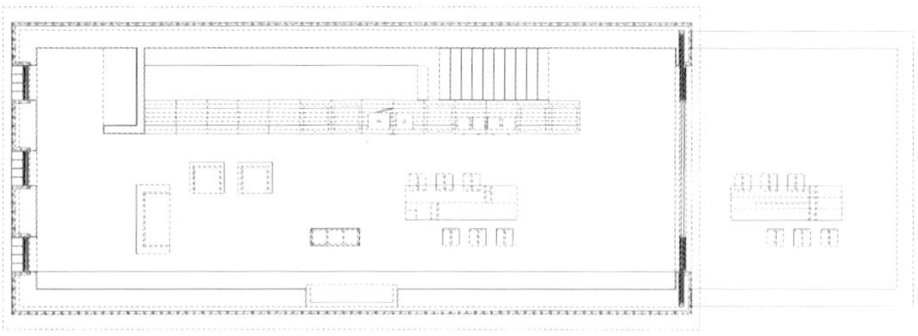

二层平面

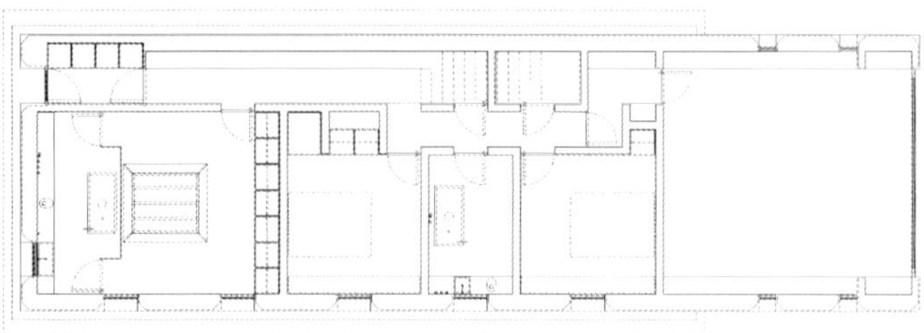

首层平面

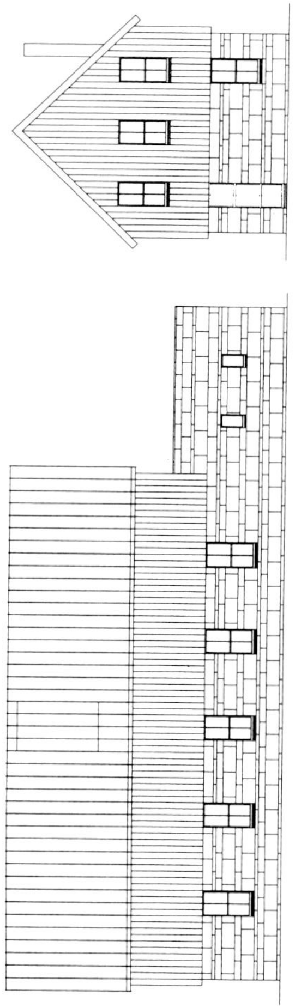

沃尔什住宅，特柳赖德镇
科罗拉多州，美国

建筑师
约翰·鲍森

建造时间
1998–1999

Walsh house, Telluride
Colorado, USA

Architect
John Pawson

Construction
1998–99

Pichler & Traupmann Vienna

皮希勒与特劳普曼联合建筑师事务所
维也纳

德雷克斯勒住宅

平卡费尔德(Pinkafeld)，奥地利

克里斯托夫·皮希勒与汉内森·特劳普曼

建造时间

1995–1997

Drexler house

Pinkafeld, Austria

Christoph Pichler and Hannes Traupmann

Construction

1995–97

德雷克斯勒住宅是周围景观的回应，不仅是露台和入口的位置安排，而且还包括个人房间的一些独特处理手法。例如高且封闭的入口就是对住宅附近相邻一个小深谷的阐释。

上层是视觉上感觉很“重”的混凝土，它坐落在看上去较轻的白色基座上，它们是控制该建筑的两个主要元素。白色抹灰的建筑基座容纳了入口，以及厨房、就餐和起居区域，还包括一个室外游泳池。在这个基座上，一个连续片状的混凝土雕塑体呈现为一种复杂的建筑结构，其间容纳了卧室与卫生间。

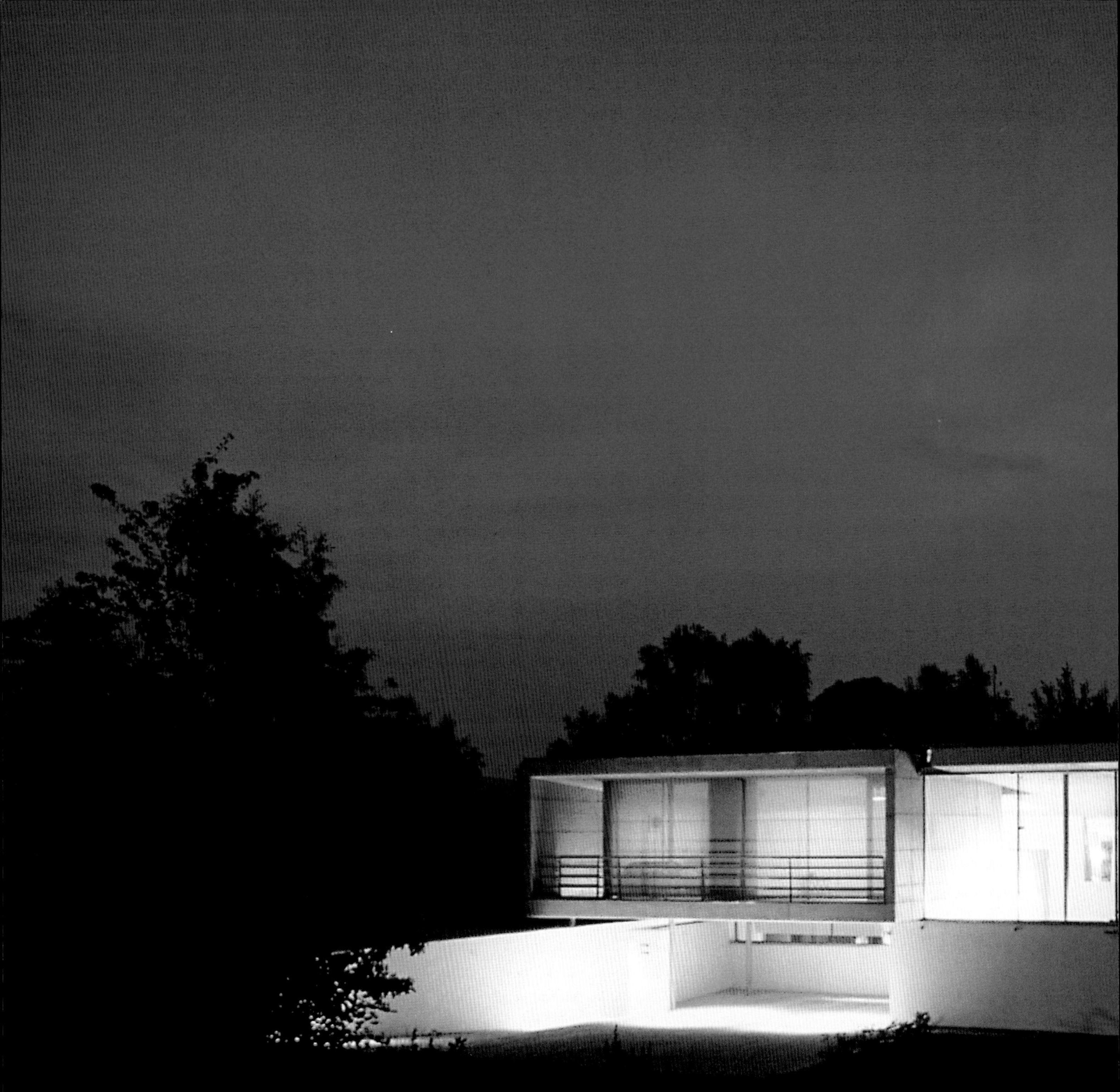

Buchholz-Ost
Berlin, Germany

Project team
Helmut Richter with
Ahmet Alata

Design
1997

布赫霍尔茨－奥斯特住宅
柏林，德国

项目组
赫尔穆特·里希特及艾哈迈德·阿拉塔

设计时间
1997

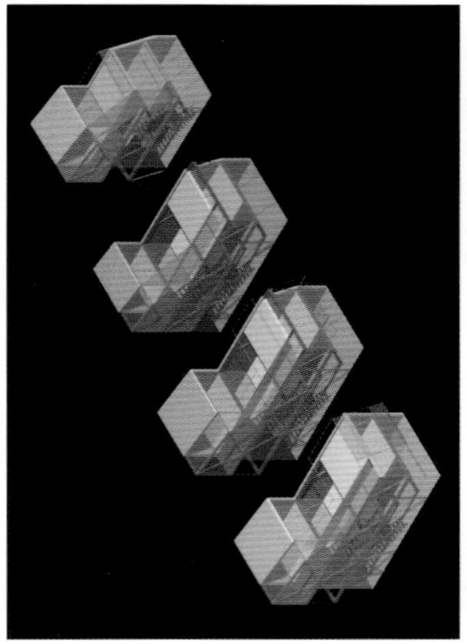

Helmut Richter Vienna

赫尔穆特·里希特建筑师事务所
维也纳

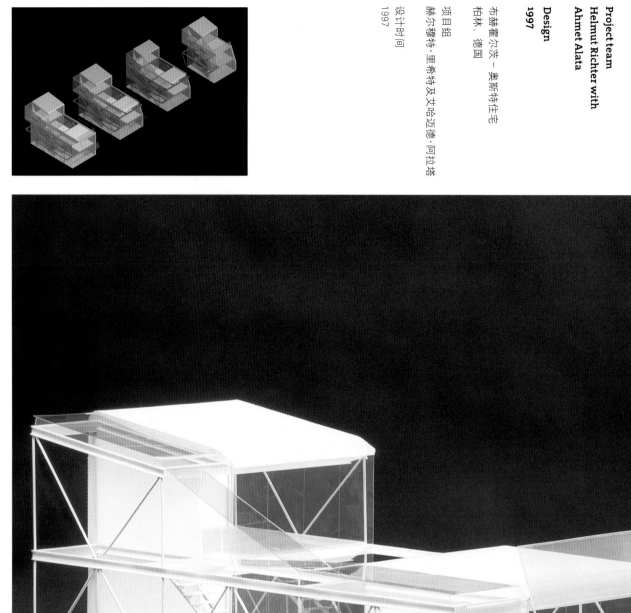

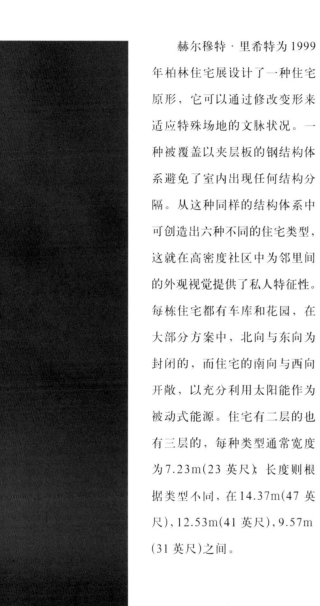

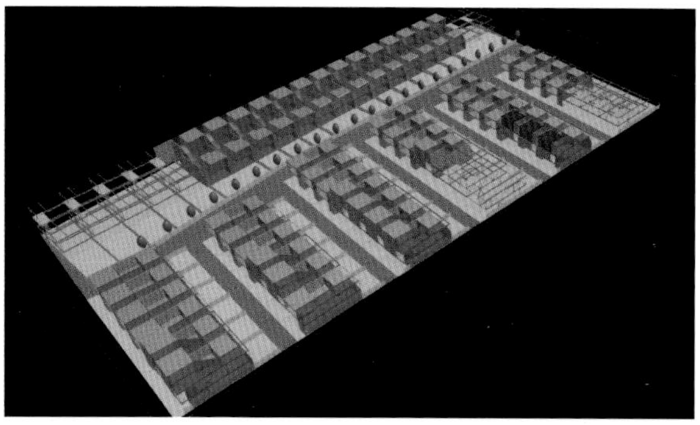

赫尔穆特·里希特为1999年柏林住宅展设计了一种住宅原形，它可以通过修改变形来适应特殊场地的文脉状况。一种被覆盖以夹层板的钢结构体系避免了室内出现任何结构分隔。从这种同样的结构体系中可创造出六种不同的住宅类型，这就在高密度社区中为邻里间的外观视觉提供了私人特征性。每栋住宅都有车库和花园，在大部分方案中，北向与东向为封闭的，而住宅的南向与西向开敞，以充分利用太阳能作为被动式能源。住宅有二层的也有三层的，每种类型通常宽度为7.23m(23英尺)；长度则根据类型不同，在14.37m(47英尺)，12.53m(41英尺)，9.57m(31英尺)之间。

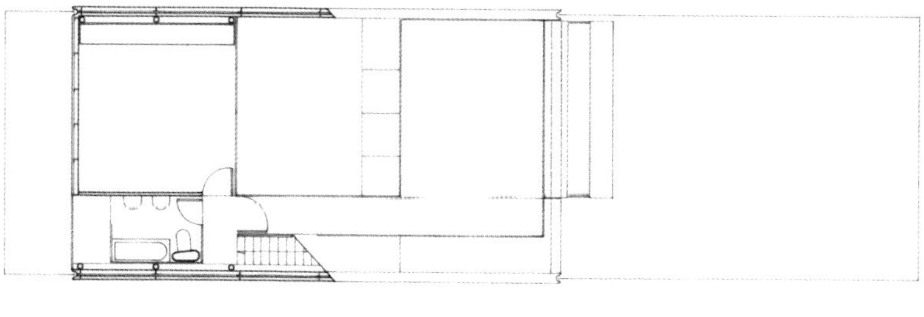

三层平面

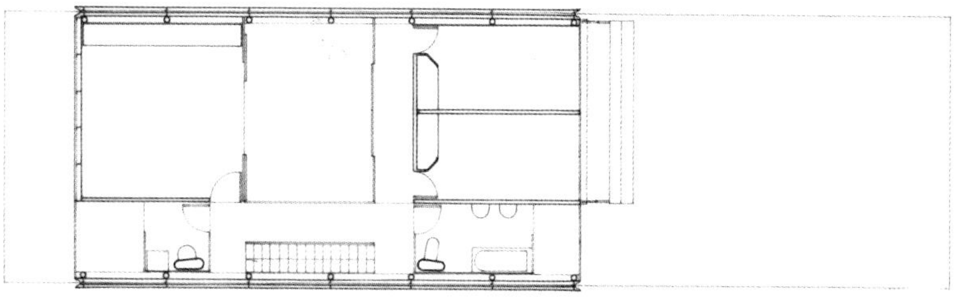

二层平面

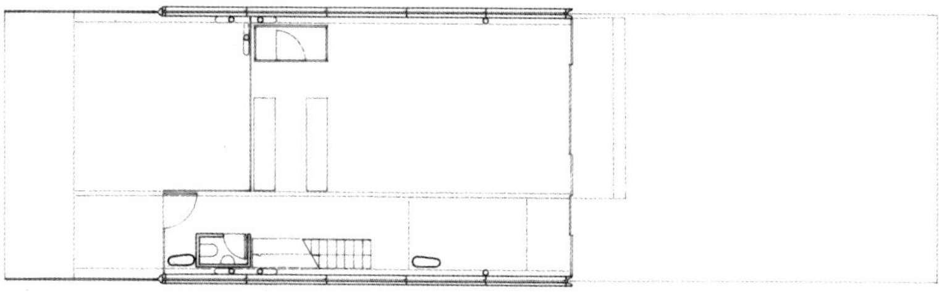

首层平面

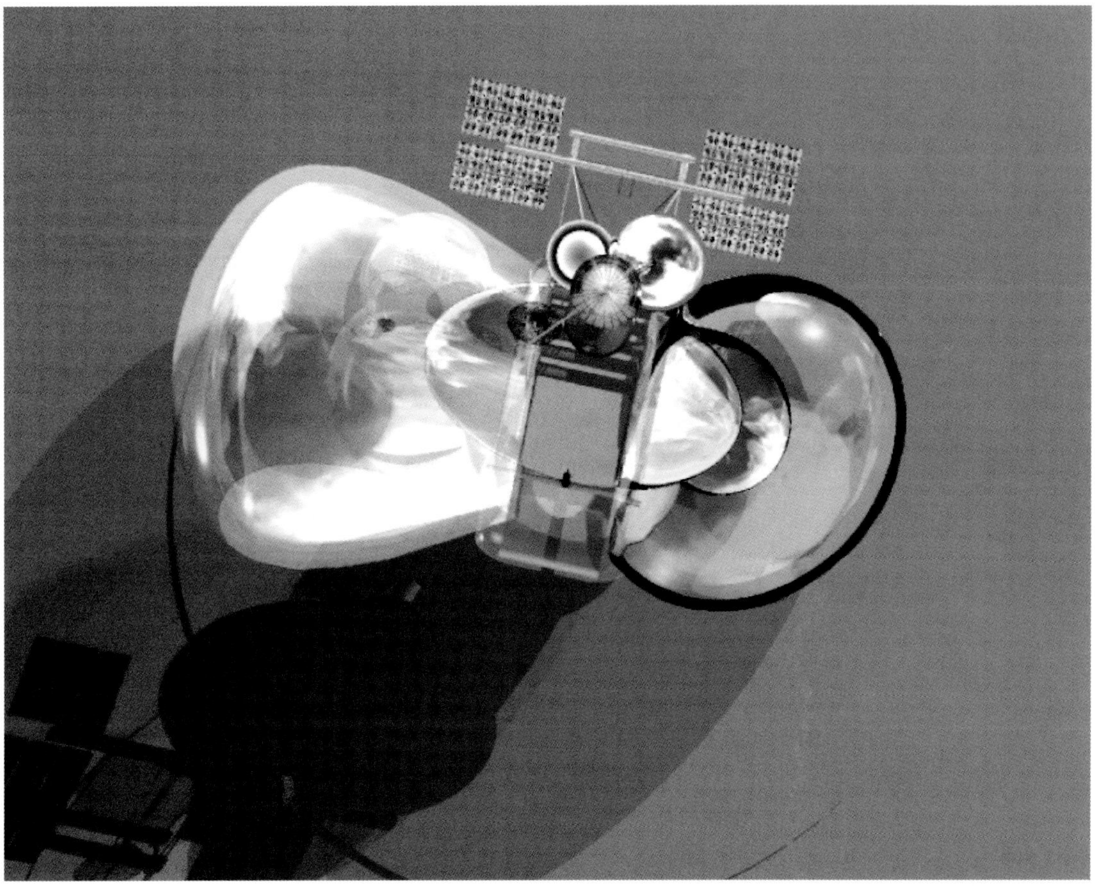

最主要想法就是设计一个现代的 Kolonihaven —— 一种基于原先 19 世纪模型的供短期生活与娱乐的配置系统。住宅是为部分哥本哈根的百万富翁庆祝2000年到来而设计建造的。设计是可适应性的、可迁徙的短期生活围合体，它蕴涵变化的潜能，利用一种简单的轻质建筑形式，它可以一小时接一小时地变化，从白天变到夜晚。建筑被设计成能够适应基地日常以及季节特质的变化，但同时又显示出个人的需求。

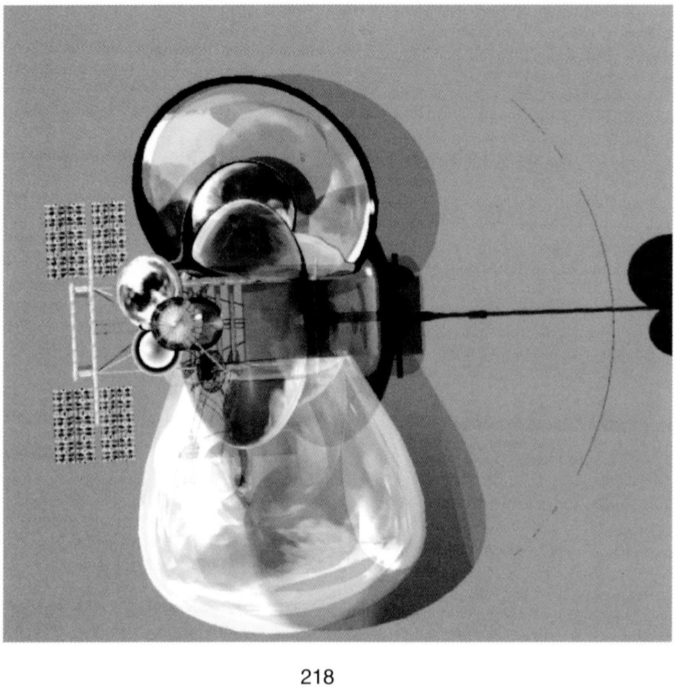

Richard Rogers Partnership London

理查德·罗杰斯联合建筑师事务所
伦敦

Kolonihaven
Copenhagen, Denmark

Project team
Richard Rogers, Mike Davies, Marco Goldschmied, John Young with Jenny Jones, Harvinder Gabhari, Maurice Brennan

Client
Jointly Museum of Modern Art/ Royal Academy in Copenhagen

Construction
1996–99

Kolonihaven
哥本哈根，丹麦

项目组
理查德·罗杰斯，
迈克·戴维斯，马尔科·戈德施米德
约翰·扬及珍尼·琼斯
哈维德·盖伯哈瑞
莫里斯·布伦纳恩

业主
茹安利现代艺术博物馆／哥本哈根皇家学会

建造时间
1996–1999

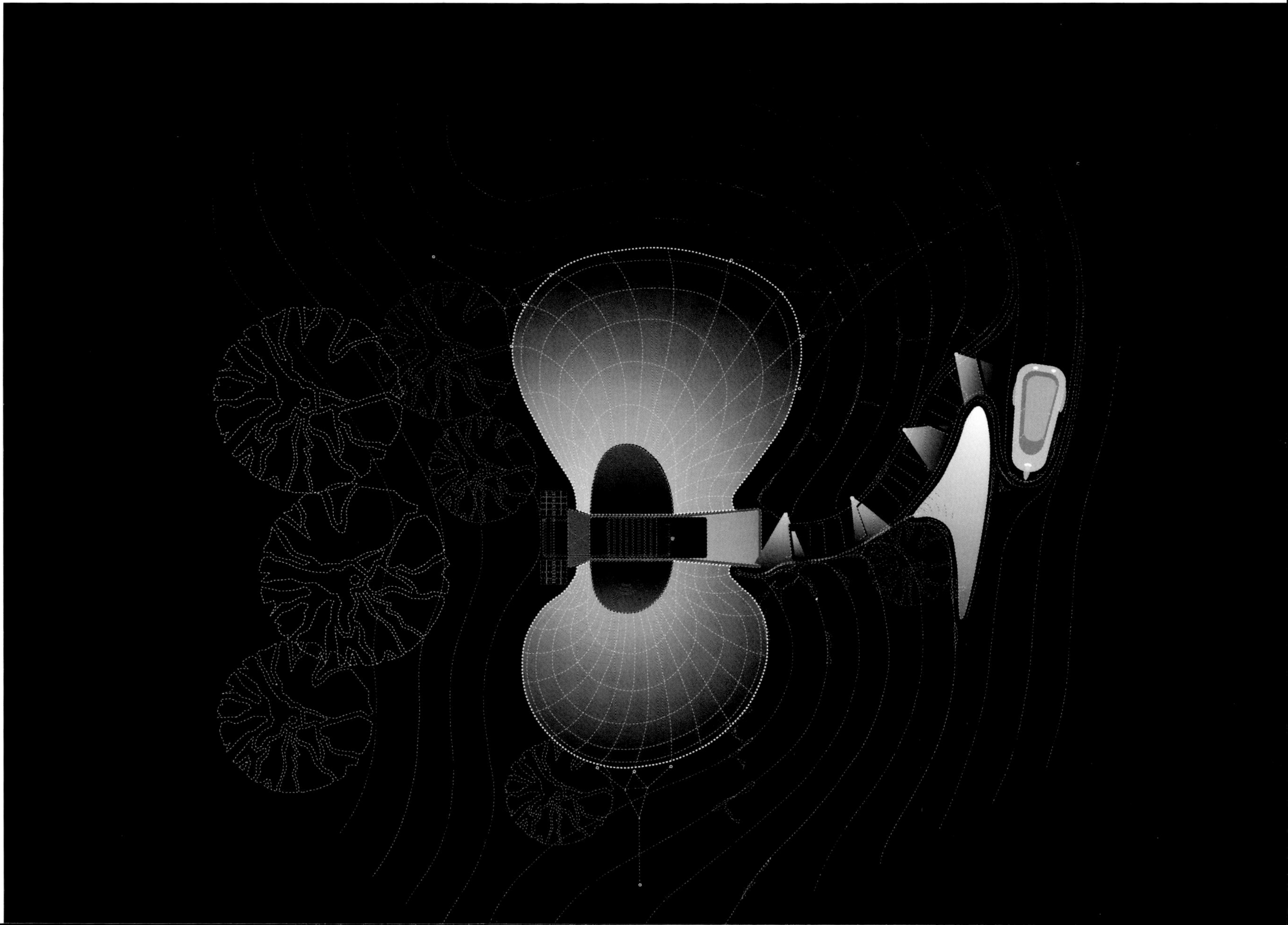

单身住宅
明尼阿波利斯，明尼苏达州，美国

项目组
乔尔·桑德斯及查尔斯·斯通
克雷斯·阿庇尔奎斯特
尼古拉斯·哈根森
塞德里克·康努
马克·楚苏玛姬
艾里克桑德拉·乌尔特斯奇

设计与建造时间
1997–1999

The Bachelor house
Minneapolis, Minnesota, USA

Project team
Joel Sanders with Charles Stone,
Claes Appelquist,
Nicholas Haagensen,
Cedric Cornu,
Mark Tsurumaki,
Alexandra Ultsch

Design and construction
1997–99

Joel Sanders New York

乔尔·桑德斯建筑师事务所 纽约

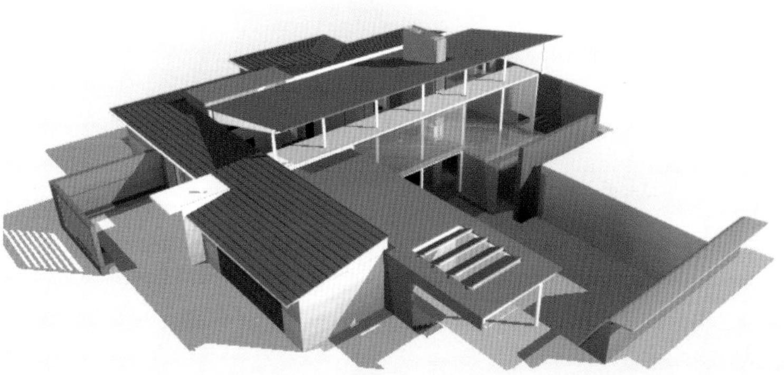

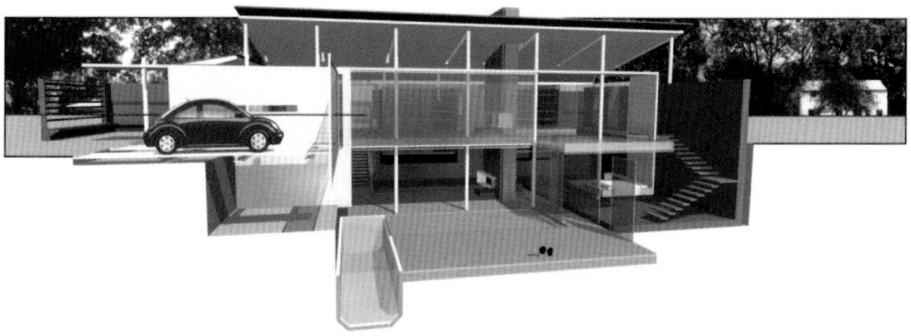

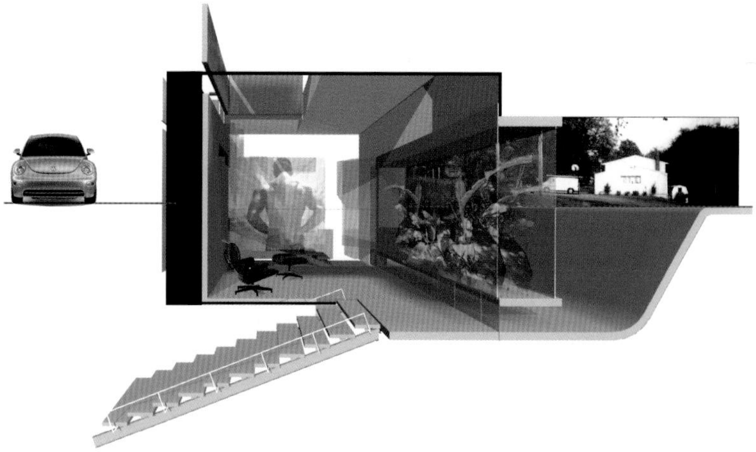

单身住宅反映了存在于传统核心家庭——即典型的美国郊区居住方式——中的生活需求与目前流行的独身生活方式间的差异，这里的独身是指不打算结婚或生育的人。这栋住宅位于明尼阿波利斯市距闹市区仅几分钟路程的近郊，方案设计——严格地建造在20世纪50年代“蔓藤”的基础上——这既保持了原有的立面，同时又利用蔓藤作为遮罩，隐藏后面那些令人惊讶的非传统的建筑。

针对单身们不喜欢向户外开敞，以及希望保持独处而不受邻居干扰，建筑师所做的与其说是建造不如说是在挖掘。一个Astroturf围墙抬高了一端的水平高度，同时也阻挡了邻居的视线，它倾斜至另一端后院的地下室，形成了一个柔软的地平面，这里可供独身人士运动锻炼甚至懒洋洋地躺在室内游泳池中休息。住宅采用木构架与砖饰面构造、钢管柱、铝板及玻璃幕墙。

为适应居住在这里的单身专业人士的住家需要，方案取消了郊区住宅中常见的分隔房间，而是采用开敞式的厨房、就餐与起居空间，私人工作室和书房放在上层，而主卧室套间与温泉浴室设在下层与下沉后院毗邻。

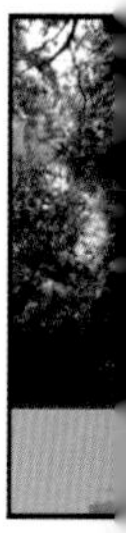

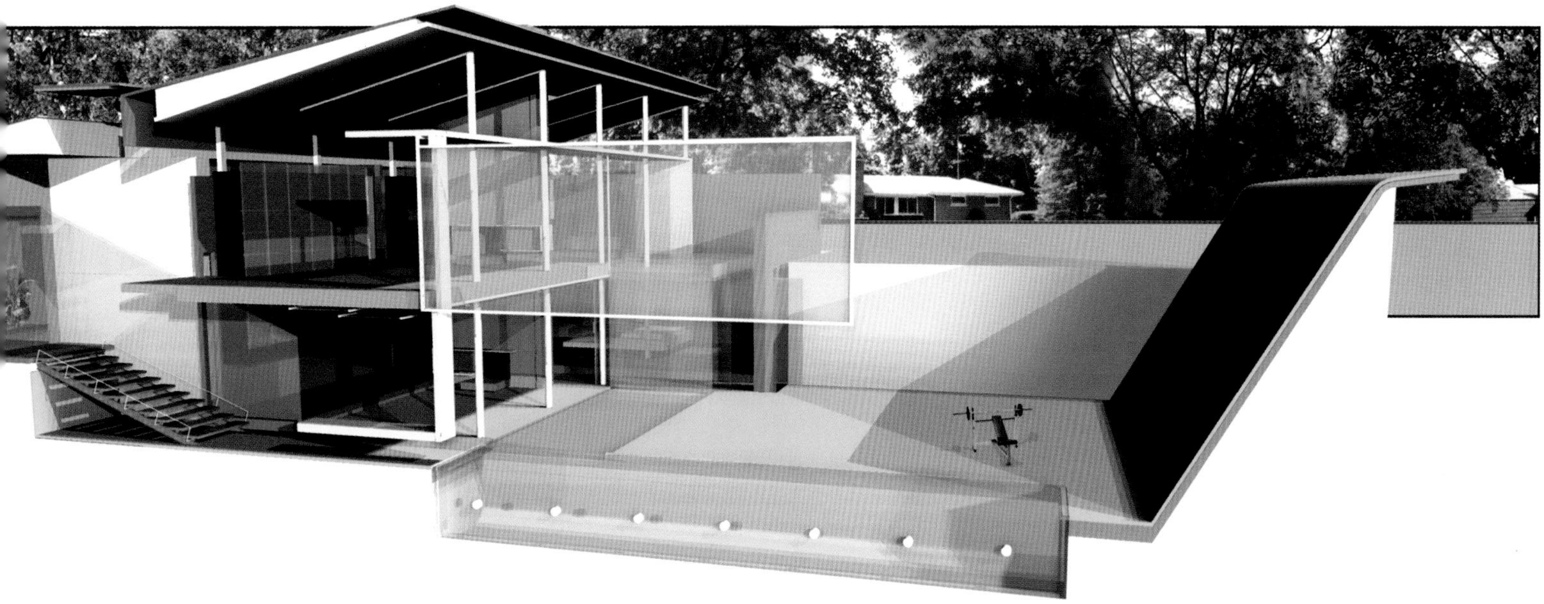

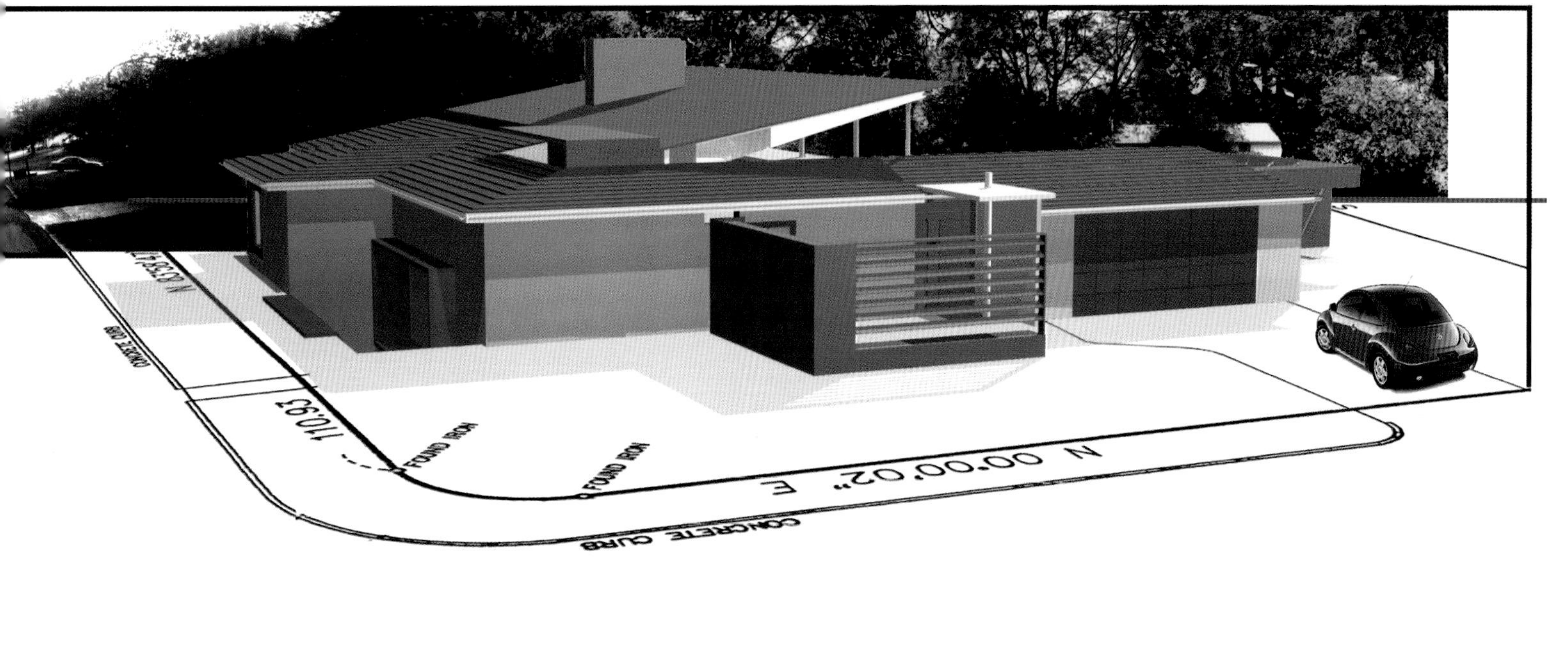
FOUND IRON
FOUND IRON
CONCRETE CURB

The n-house
West London, UK

Matthias Sauerbruch
and Louisa Hutton

Project team
Matthias Sauerbruch,
Louisa Hutton with
Andrew Llowarch
(project architect),
Dinka Izetbegovic (drawings)

Construction
1997–99

N住宅
西伦敦，英国

马蒂亚斯·绍尔布鲁赫与路易莎·赫顿

项目组
马蒂亚斯·绍尔布鲁赫、路易莎·赫顿及安德鲁·劳瓦奇（项目负责建筑师）、丁卡·伊泽特伯格威克（绘图）

建造时间
1997–1999

Sauerbruch Hutton Architects London/Berlin

绍尔布鲁赫与赫顿联合建筑师事务所 伦敦／柏林

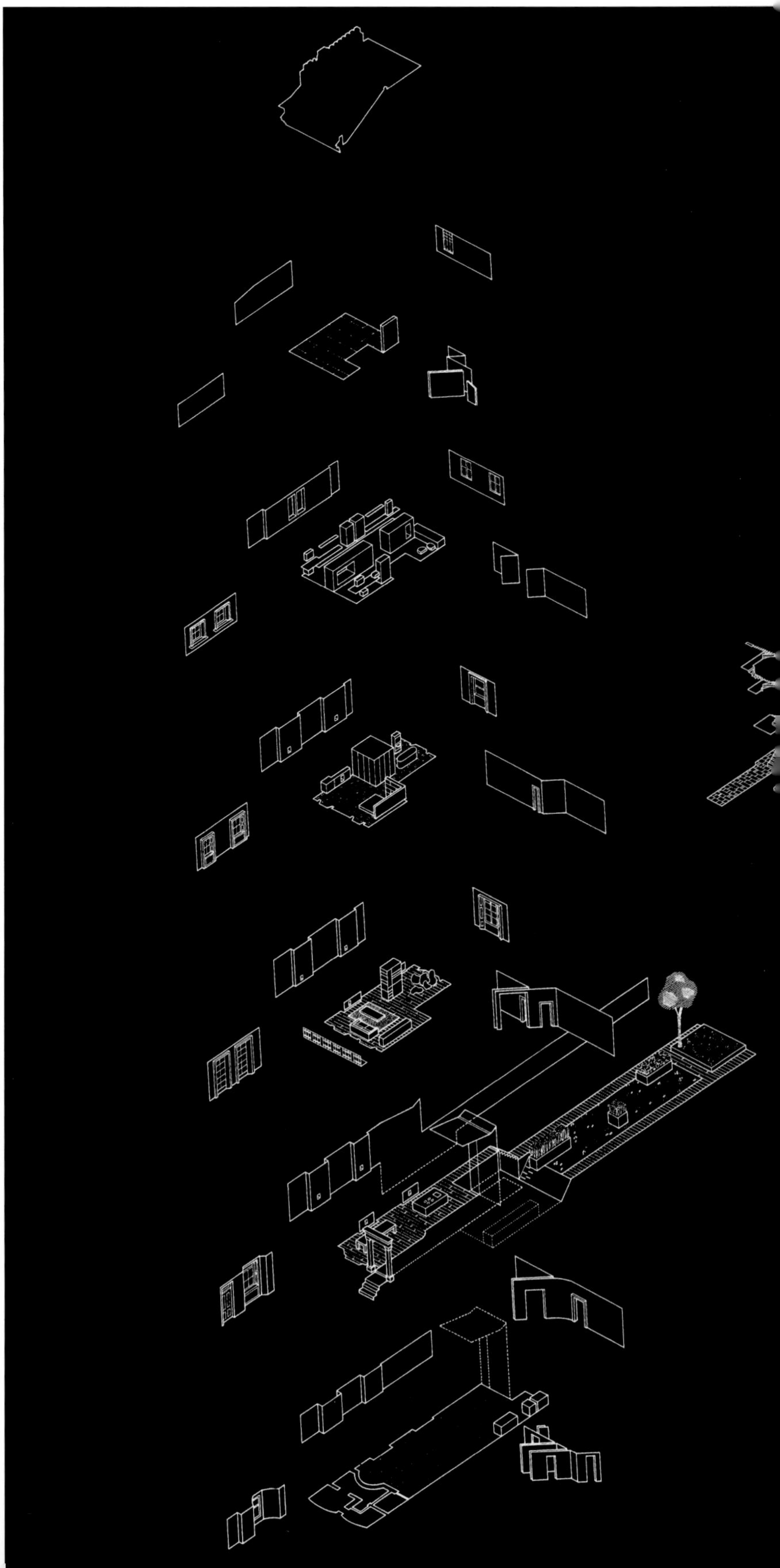

在西伦敦的一块台地上，一栋原先是旅馆的叠摞的维多利亚式住宅被改造成为一个家庭居所。这栋住宅可以被解读为一系列的空间体量，它们由封闭的历史建筑的表面所限定，通过檐口、额枋与护墙板而完善。这些空间中的每一个又都由铺在地板层面上的新垫层所重新定义。这些新垫层的材料选用——硬木与石材(其下贯穿橡胶、找平层、砂砾)、地毯与皮革——则反映了房间的社会与空间等级秩序。住宅中新限定的空间里充斥着一系列的现代物品，满足了日常生活的个人嗜好需求。这些片段的秩序——指它们的数量和频率——是历史结构的有益补充，它们在住宅中的存在被压缩为从首层和“钢琴室”贯穿至上层的一个过程。

在历史性的空间里，嵌入式家具趋向于是巨大的独立物品，它们带有丰富和对比的花纹与材质——橡胶，混凝土，硬木，钢和亮漆——并与住宅原有的语汇一起创造出引人注目的强烈感受。而在别处，嵌入式家具由大尺度的空间构成元素组成，以颜色的深浅为特征，颜色趋向于把这些元素非具体化，同时允许它们首先是作为一种现象，其次才是一件物品出现。此外，在空间的边界上还集结着一些较小的片段。

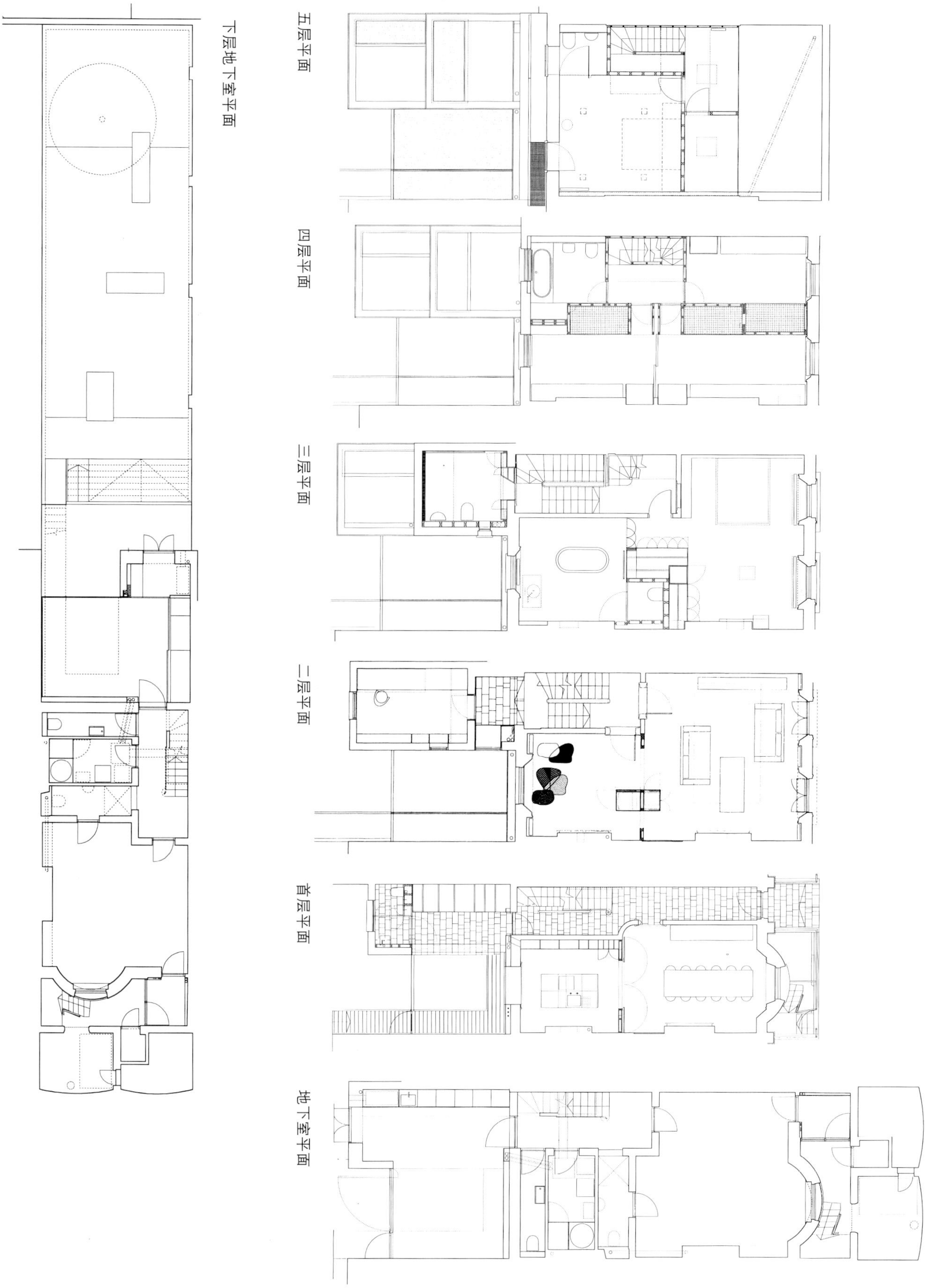
下层地下室平面
五层平面
四层平面
三层平面
二层平面
首层平面
地下室平面

沙耶住宅：加建结构的再扩建方案
洛杉矶，加利福尼亚州，美国
亨利·史密斯－米勒与劳里·霍金森

项目组
亨利·史密斯－米勒，
劳里·霍金森及斯塔林·基恩（项目负责建筑师），
艾里克西斯·克拉福特（项目经理），
玛吉·格莱戈威克·诺萨德（概念设计），
菲尔达·克莱顿，凯司·克鲁姆韦德，
奥利弗·阆，克里斯蒂恩·林奇（设计组），
斯蒂文·迈泽耶及助手（结构），
海尔曼／哈尔鲁西姆（机械），
阿奇瓦·本金伯格·斯坦因（景观），
原型公司（承包商）

建造时间
1995－1998

在加利福尼亚的贝弗利山，史密斯－米勒＋霍金森事务所新做的一个加建结构的再扩建方案是一栋住宅，这是为一名越来越成功因而越来越富有的电影制片人设计的。最初的建筑是20世纪50年代由唐纳德·波尔斯基设计的。沙耶住宅加建是由史密斯－米勒+霍金森事务所于20世纪80年代初设计的。最新的住宅方案既没有沿用最初建筑的现代主义的符号，也没有沿袭建筑师本人所做的原有设计。相反，以原有建筑作为对照，促成了占据这个有着严格建筑限制地区的想法。

通过滑动推拉门来区分室外与室内的想法，最终提供了比法律实际允许的要多的空间。这些无形的法律与法规——最初曾使得这个项目无法成立——与业主的想法一起定义了一系列仿佛因果相连的建筑。平面组成上建议建筑的入口穿过一个开敞的车库而不是传统上常见的前门，住宅中包括一间大放映室，一个客房套间，一间二层私人办公室，若干不同的停车空间与一个绘画室。

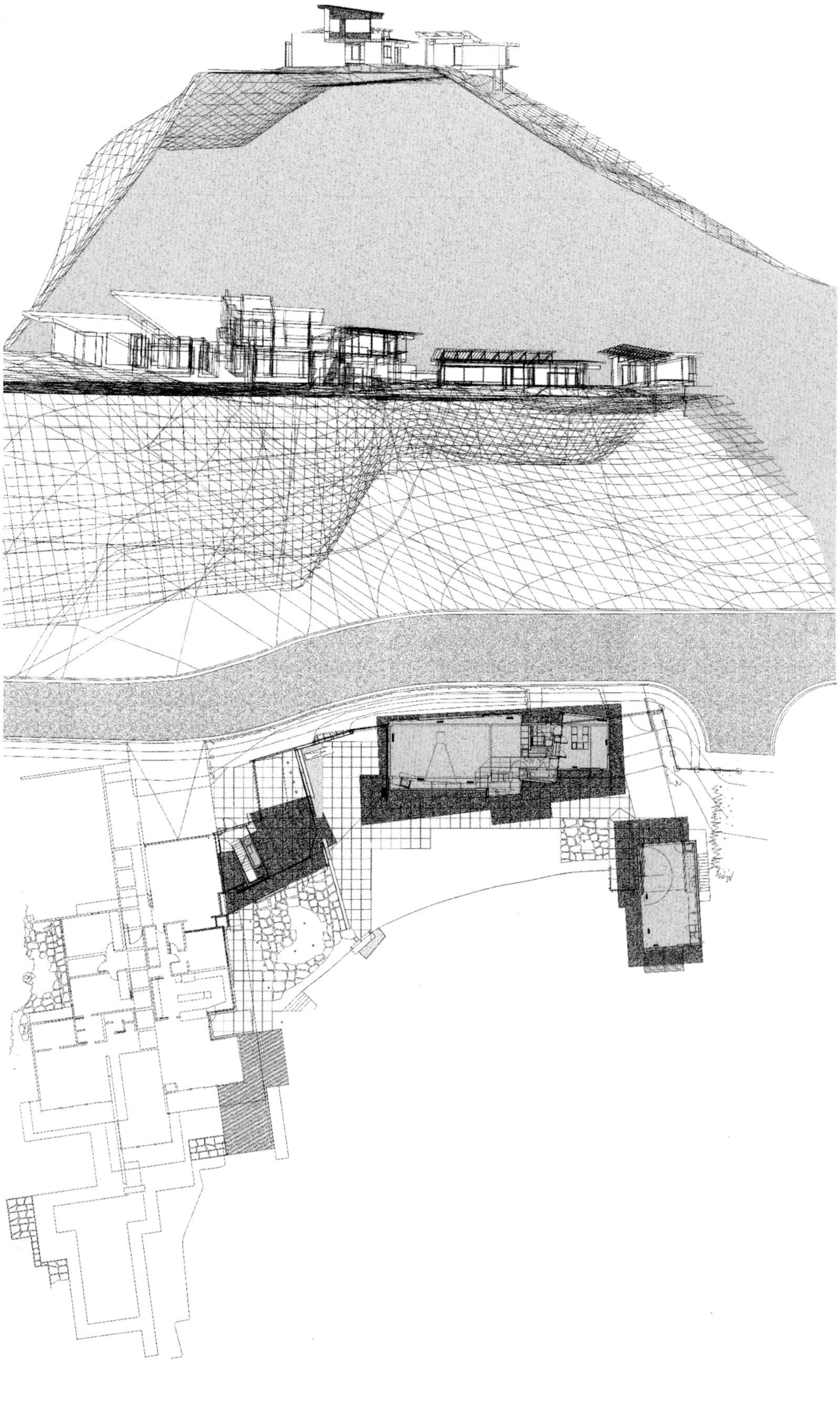

Smith-Miller + Hawkinson Architects New York

史密斯－米勒＋霍金森联合建筑师事务所
纽约

Shaye residence:
addition to an addition
Los Angeles, California, USA

Henry Smith-Miller and
Laurie Hawkinson

Project team
Henry Smith-Miller, Laurie Hawkinson with Starling Keene (project architect),
Alexis Kraft (project manager),
Margi Glagovic Nothard (concept design),
Ferda Kolatan, Keith Krumwiede, Oliver Lang, Christian Lynch (design team),
Steven Mezey & Associates (structural),
Helman/Haloosim (mechanical),
Achva Benzinberg Stein (landscape),
Archetype (contractor)

Construction
1995–98

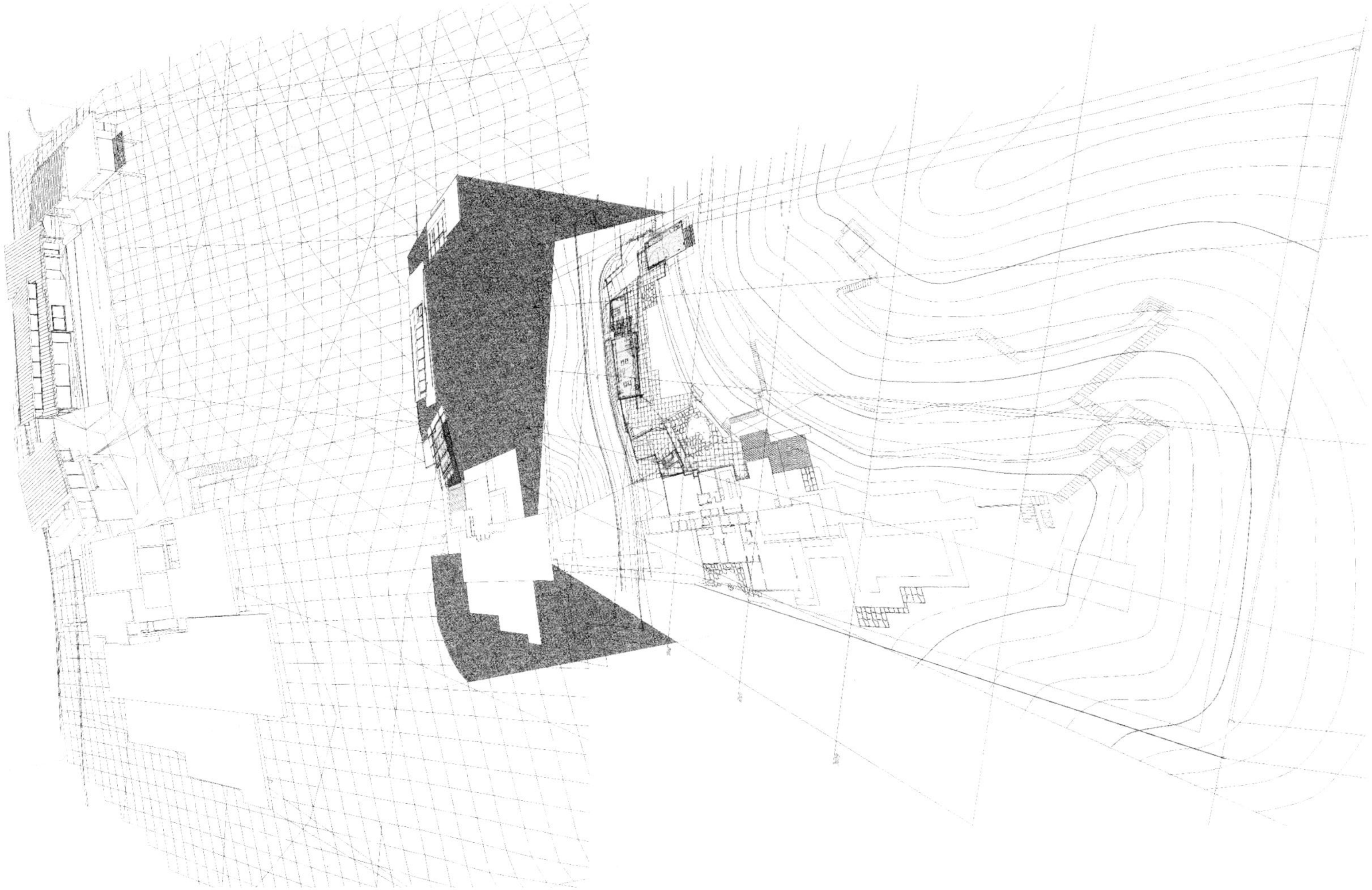

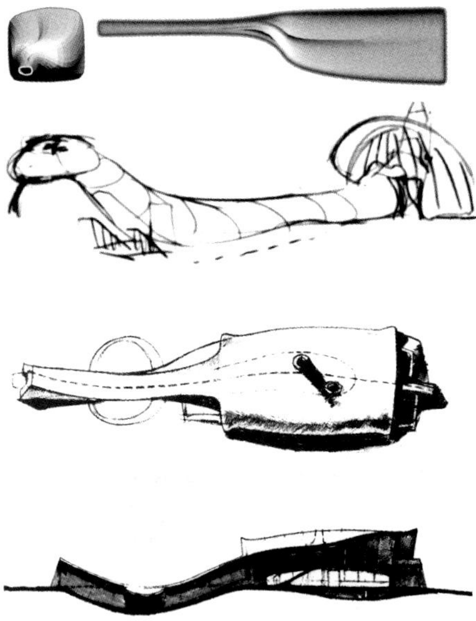

Michael Sorkin Studio
New York

迈克尔·索金建筑工作室
纽约

主体规划中的一部分是根据请求把前公社转变为大范围的住宅区，因此聚居住宅被设计成与原有公寓住宅、新建楼房及独立住宅小区相连，以便创造多样性的基地。聚居住宅中的每一栋——尽管它们都基于重复的外观——都将被精心构筑以满足其居住者的特殊需要：例如首层空间可以被当作一间车库、工作间、卧室、店铺抑或是作为社会交往空间。同时，这里也保持一点最初的公社气氛，住宅——通过它们的可上人屋顶与横切环路——将以全新的方式共同编排公共与私密的使用空间。

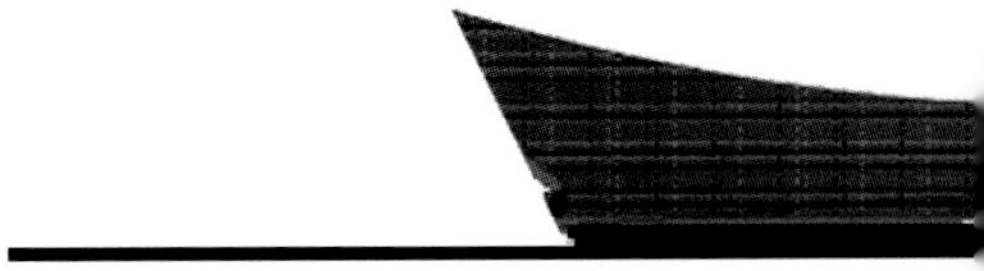

Herd houses
Friedrichshof, Austria

Project team
Michael Sorkin
with Andrei Vovk,
Mitchell Joachim,
Victoria Marshall

Construction
1998–99

聚居住宅
腓特烈肖夫(Friedrichshof)，奥地利

项目组
迈克尔·索金及安德烈·沃夫克
米切尔·约奇姆
维多利亚·马歇尔

建造时间
1998–1999

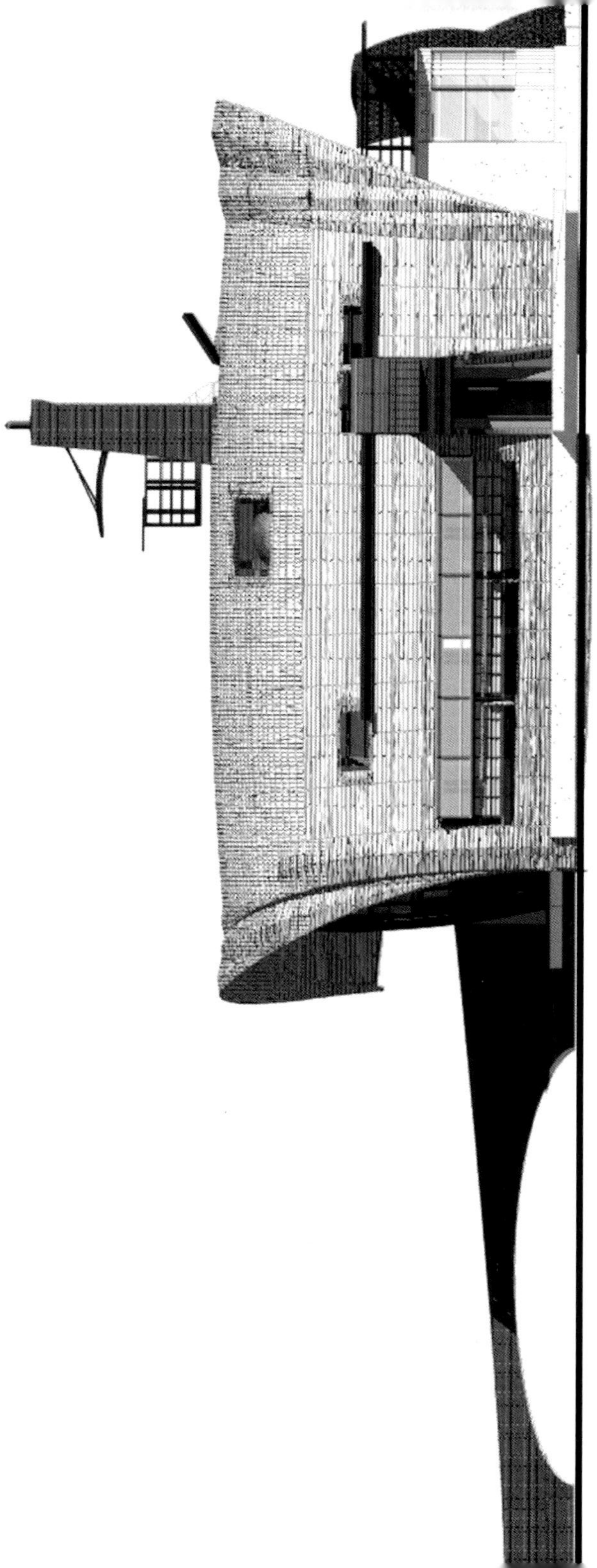

Sottsass Associati Milan

索特萨斯联合建筑师事务所 米兰

纳诺住宅
拉纳肯(Lanaken)，比利时
项目组
埃托雷·索特萨斯
乔安娜·格雷文德及奥里弗·雷耶塞卡(项目负责建筑师)
诺伯特·福斯特(助理建筑师)

建造时间
1995–1998

Nanon house
Lanaken, Belgium

Project team
Ettore Sottsass,
Johanna Grawunder
with Oliver Layseca
(project architect),
Norbert Forster
(associated architect)

Construction
1995–98

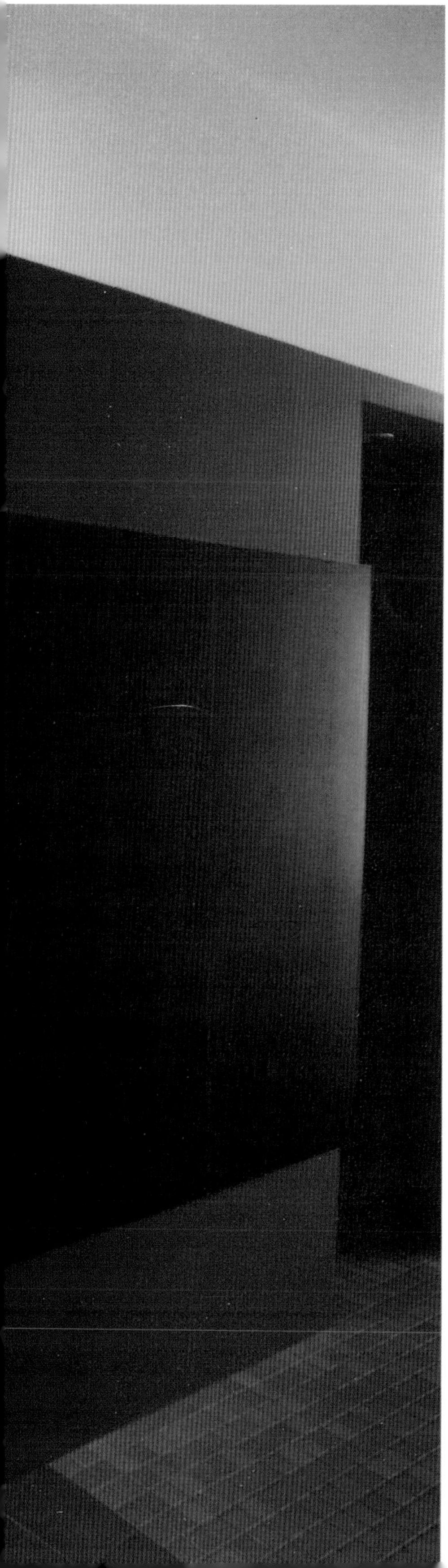

纳诺住宅位于一块巨大平坦的基地上，周围环绕着高大的树木。它的建筑面积足有800m²(8600平方英尺)，它有三个卧室，一个厨房与就餐区域，带一个巨大中央庭院的起居室和书房以及500m²(5380平方英尺)的健身区，健身区包括室内游泳池、桑拿/蒸汽浴室和练习室。从建筑学的角度来看，由于那些暴露的柱子和虚空间，这个方案与其说是一栋单体建筑，不如说更像一个村庄。

楼层平面

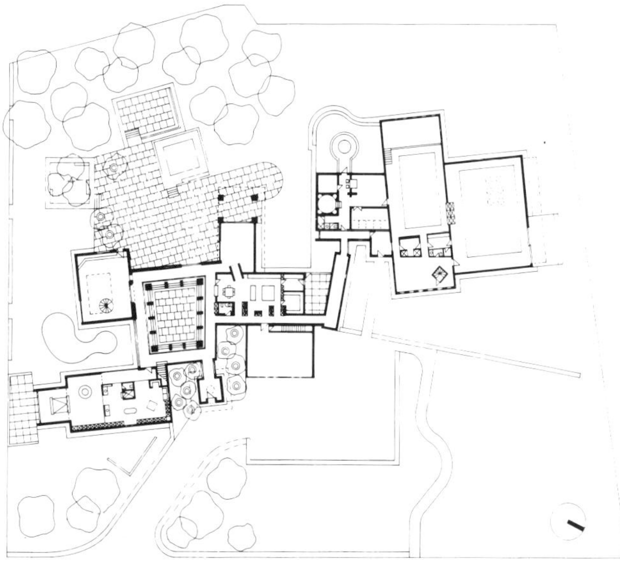

Tusquets, Diaz & Associades Barcelona

图斯奎茨，迪亚斯联合建筑师事务所 巴塞罗那

一群朋友为一位挑剔的业主工作。这是一栋位于巴塞罗那北部，马雷斯姆山上的拥有美丽海岸线的旧房子。这栋仍保持着17世纪原始风貌的房子一直在被有规律地改造与扩建，其顶点是1900年的一次最重要的重建。向海边倾斜的优美而宽敞的基地，周围是松树、橡树、柏树、橄榄树以及其他一些地中海植物的森林，形成了一个令人沉醉的花园。

“一名敢于冒险的委托人信任我们。我希望这次机会可以带给我们启发、多样性和一个成功结果的喜悦。”——奥斯卡·图斯奎茨。

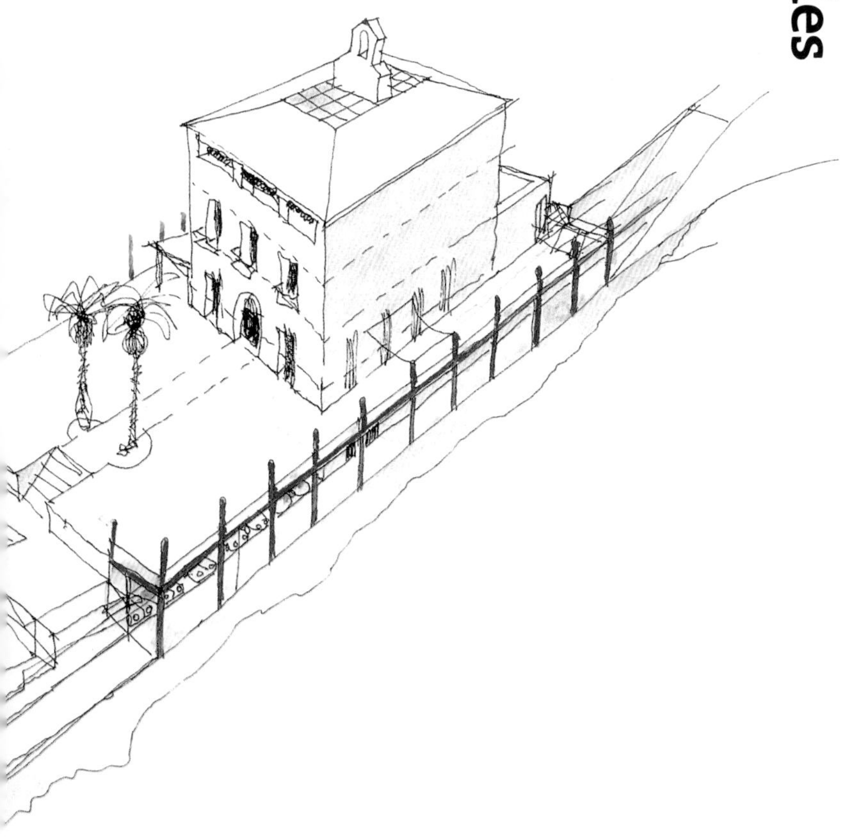

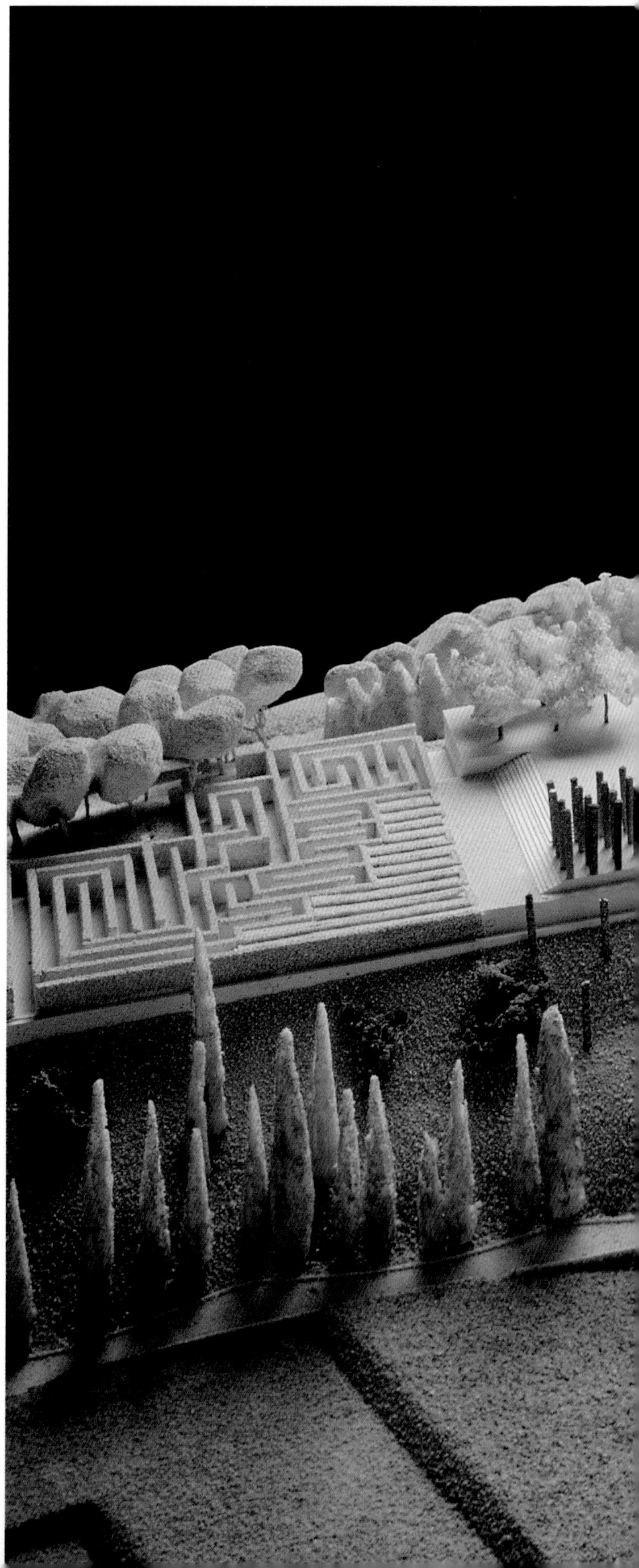

Can Misser
Barcelona, Spain

Oscar Tusquets

Project team
Oscar Tusquets with Carles Diaz, Carles Vinardell, Maria Roger (project architect), Enric Torrent (structural architect), Pierre Arnaud (exterior lighting), Ingo Maurer (interior lighting), Jesús Jiménez (engineer), Pere Valldepérez (glazier), Bet Figueras (landscape), Sunchi Echegaray (interior furnishings), Jaume Tresserra (furniture design), Naxo Farreras (model), Lluís Casals (model photography)

Construction
1998–99

康・米塞住宅
巴塞罗那，西班牙

奥斯卡・图斯奎茨

项目组
奥斯卡・图斯奎茨及卡勒斯・迪亚斯
卡勒斯・韦纳戴尔，玛利亚・罗杰（项目负责建筑师）
恩里克・托伦特（结构建筑师）
皮埃尔・阿诺德（室外照明）
因戈・莫里尔（室内照明）
耶瑟斯・希梅内斯（工程师）
佩雷・瓦尔蒂派雷斯（玻璃工）
柏特・菲格雷斯（景观设计）
苏奇・埃切加莱（室内布置）
饶姆・特雷瑟拉（家具设计）
纳克索・法雷拉斯（模型）
路易斯・卡萨尔斯（模型摄影）

建造时间
1998–1999

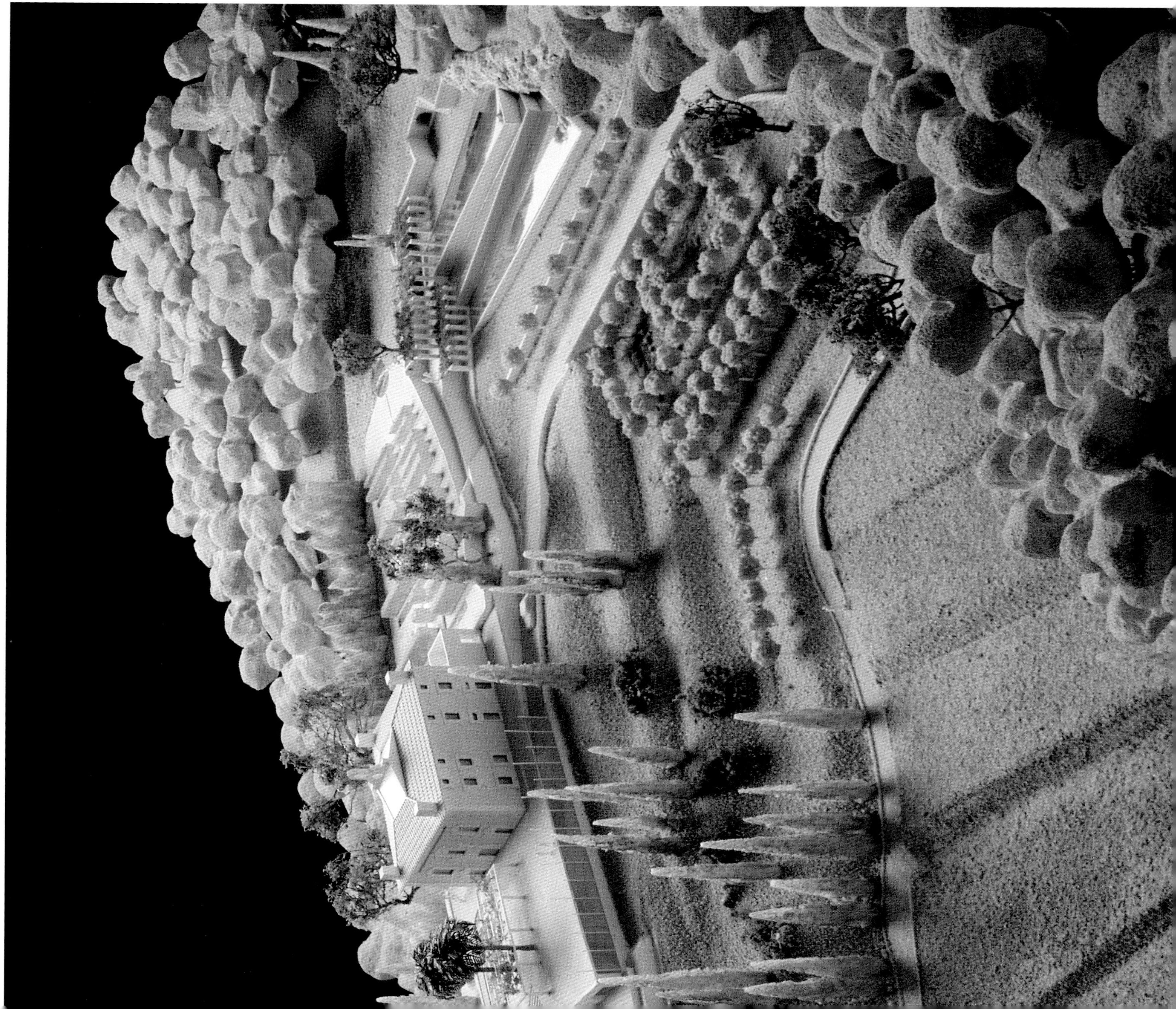

Ulla and Lasse Vahtera Oulu

乌拉·瓦赫泰拉与拉塞·瓦赫泰拉建筑师事务所
奥卢(芬兰)

立面图

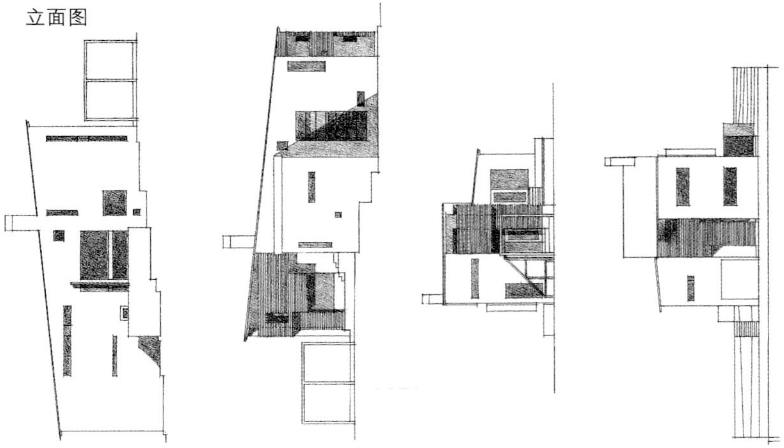

Laitinen house
Oulu River, Finland
Ulla and Lasse Vahtera
Construction
1998

莱蒂宁住宅
奥卢河，芬兰
乌拉·瓦赫泰拉与拉塞·瓦赫泰拉
建造时间
1998

莱蒂宁住宅是受一对科学家夫妇委托的设计项目，他们有两个儿子，一个9岁另一个17岁。设计的出发点与其说是出于考虑基地本身——奥卢河边一块幽静私密的土地——不如说是出于对家庭成员口味和个性的考虑：业主理性的、科学的气质暗示出设计方案应基于对材料与色彩冷静且注重功能性的利用。

基地向北边的道路倾斜并且被高大的白桦树环绕。住宅是简单的白色方盒子，在后部覆盖以胶合板。一个朝南的院落形成了亲切私密、遮蔽的室外起居室。

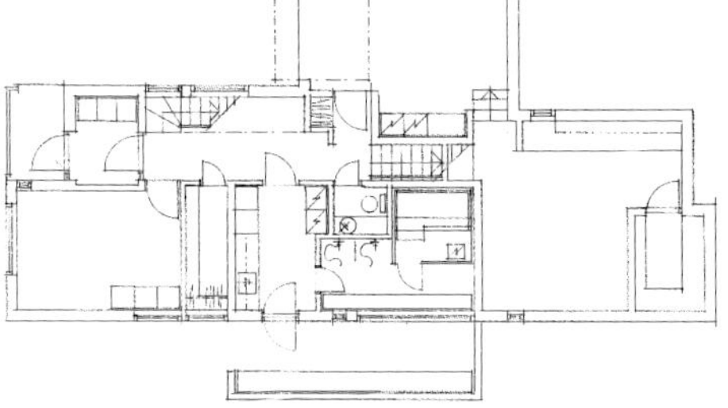

楼层平面

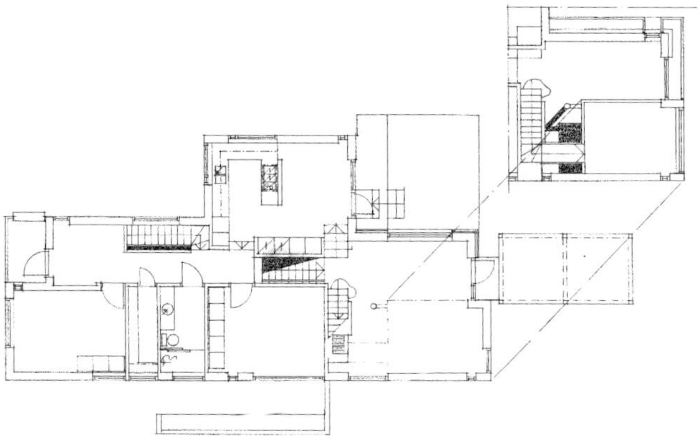

楼层平面

萨塞克斯的住宅
萨塞克斯(Sussex)，英国

项目组
迈克尔·威尔福德及苏珊·加勒特
和戴维·盖伊，
怀特必·伯德及助手(结构与机械
工程师)，
马丁·奥斯伯恩(承包商)

建造时间
1996–1999

House in Sussex
Sussex, UK

Project team
Michael Wilford
with Suzanne Garrett
and David Guy,
Whitby Bird and Partners
(structural and
mechanical engineering),
Martin Osborn (contractor)

Construction
1996–99

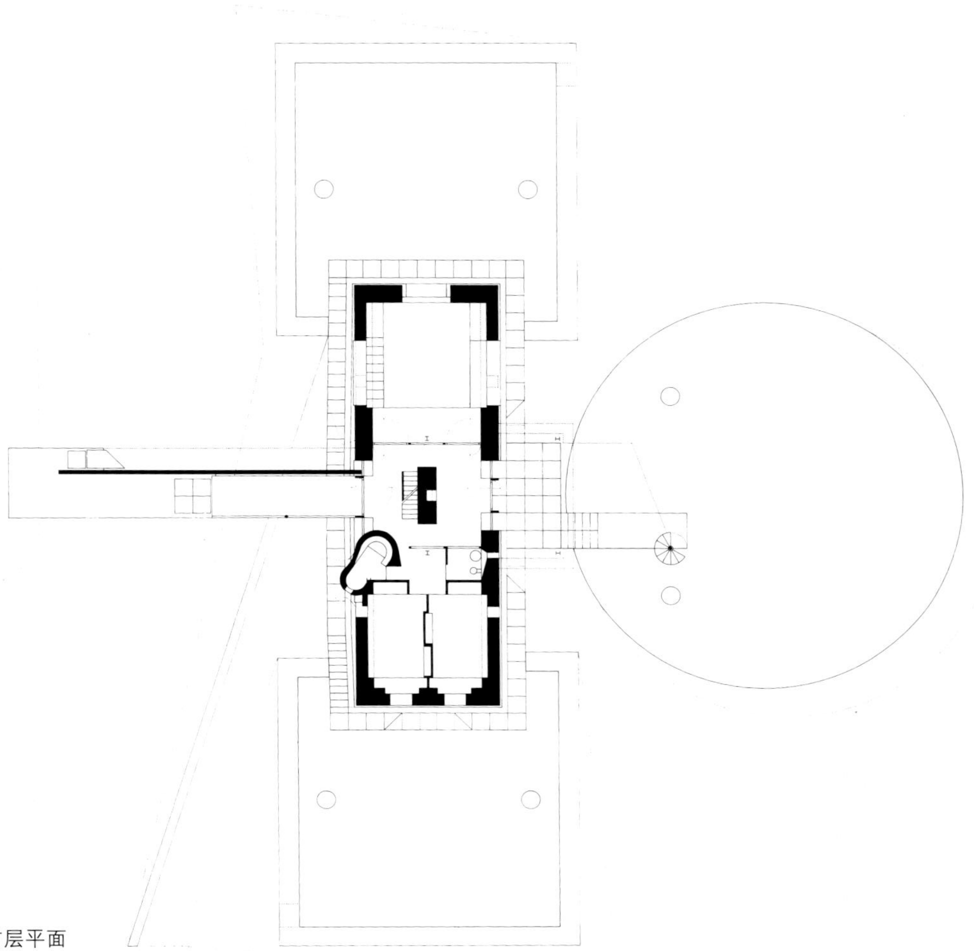

首层平面

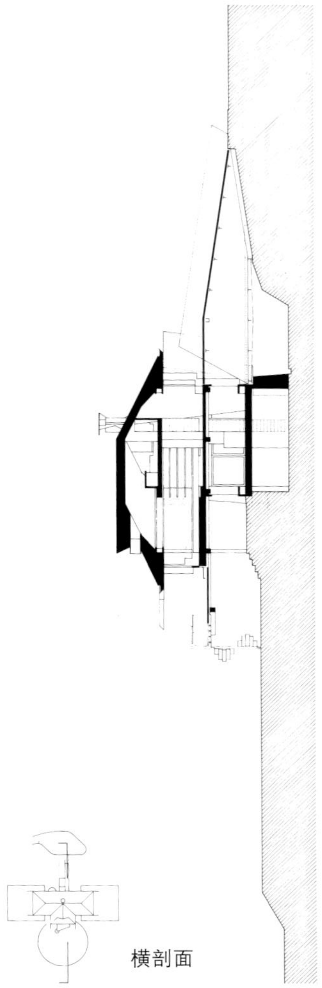

横剖面

Michael Wilford London

迈克尔·威尔福德建筑师事务所
伦敦

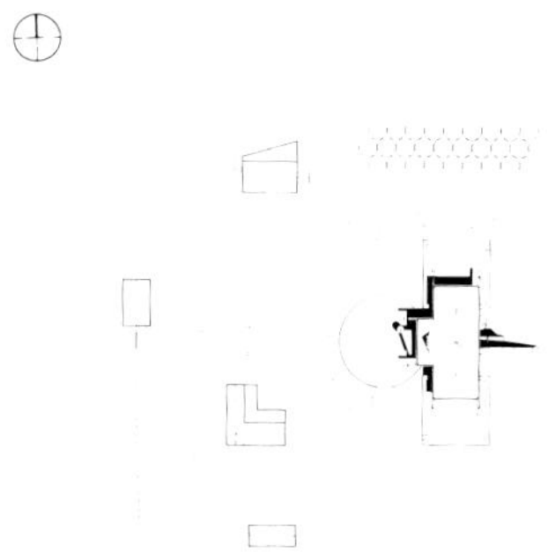

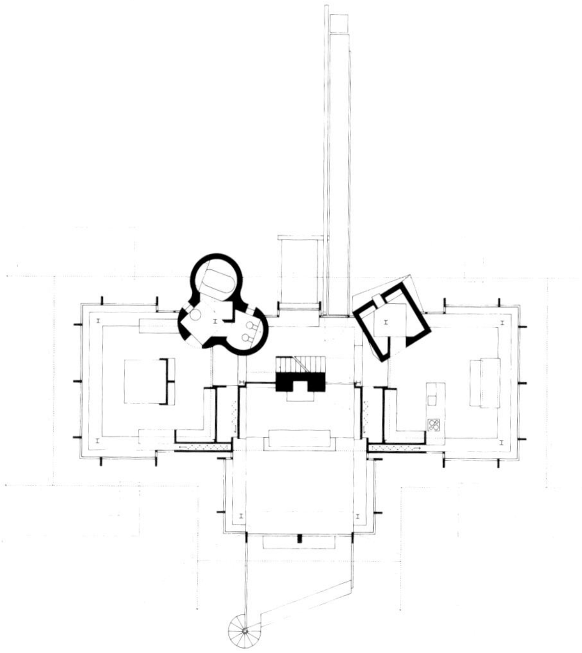

二层平面

这个设计通过现代生活的供应设施平衡了对乡村环境的敏感反应。它采用把传统建筑技术与现代建筑理念相拼贴的办法，使当地的天然砂石和木料与平板玻璃及不锈钢结合在一起。

地势沿对角线从东南角开始倾斜，同时围绕着整个房子的通路依次展现在我们面前。沿私人环行车路的修建树篱遮蔽了住宅，直到到达基地高处入口的位置。住宅同从其中延伸出来的平坦的、几何形的“室外房间”一起，与周围倾斜的自然景观形成了一种协调的平衡。主要的起居空间设在二层，这里可以欣赏到广阔的常青灌木与树林景观。正方形起居室，厨房／餐厅以及主卧室串联在上层入口门厅周围，而中央烟囱／楼梯核则在全抱式缓坡屋顶的下方。错层的起居室的内部区域形成了围绕开敞壁炉的一个小而舒适的客厅，而它的外部区域是开敞的，通过推拉窗，经过通往下面的环形草地的螺旋楼梯与露台相连。小客厅上方的夹层可俯瞰起居室与入口门厅。地下室服务空间上方矩形石材基座中，在入口休息室两侧容纳了客房和跳水泳池。三叶形装饰和入口天桥形成了与整栋住宅水平形式的垂直对比趋向。在建筑的外部形象、空间、形式及材料使用的扩展上，使得它们既互相对比，又彼此结合。

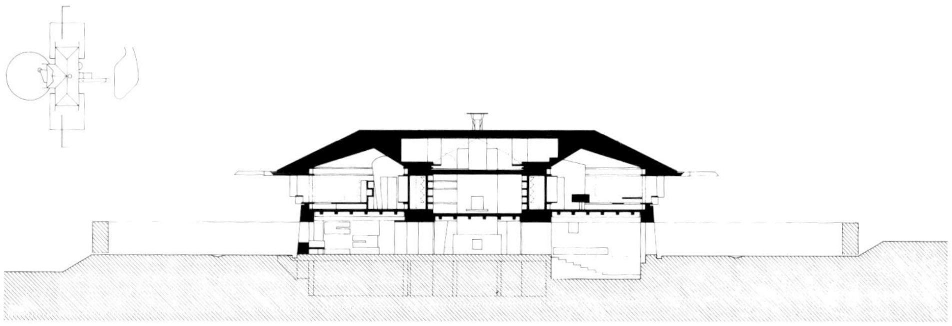

纵剖面

索 引

斜体数字标明的是插图页码

致 谢

Introduction © Michael Halberstadt/Arcaid (7)

Chapter 1 Niall Clutton/Arcaid (13 top)
Architectural Association (13 bottom)
© Richard Bryant/Arcaid (15 top)
© Clay Perry/Arcaid (15 bottom)
Sotheby's, London (17 top)
Science and Society Picture Library (17 bottom)
© Richard Bryant/Arcaid (18, 19)
Architectural Association (21 top)
Sotheby's, London (21 bottom)
Photographer: Anthony Oliver (22,23)

Chapter 2 © Paul Rocheleau (25)
© Rainer Martini/Look (26-27)
© Josef Beck/AllOver (27 top)
Paul Raftery/Arcaid (27 bottom)
Angelo Hornak Library (28-29)
© Lewis Gasson/Architectural Association (29 top)
© Joe Kerr/Architectural Association (29 bottom)
Gisela Erlacher/Arcaid (30 top)
Peter Cook/Architectual Association (30 bottom)
Corbis (31 top)
Science Museum (31 bottom)

Chapter 3 Franck Eustache/Archipress (33 top)
Sotheby's, London (33 bottom)
© Nathan Willock/Architectural
Association (34 top)
Richard Bryant/Arcaid (34 bottom left 34-35)
© Lewis Gasson/Architectural Association (36 top)
Martin Jones/Arcaid (36 bottom, 37 top)
David Churchill/Arcaid (37 bottom)
© Photograph by Lucia Moholy. Bauhaus-Archiv,
Berlin (38 top)
© Photograph by Lucia Moholy. Bauhaus-Archiv,
Berlin (38 bottom)
Courtesy Philippe Garner (39)
Vitra Design Museum (40 top)

Chapter 4 Sotheby's, London (43 top)
AKG London/Eric Lessing (44 right)
Lynne Bryant/Arcaid (right 44-45, 45 top)
© Peter Cook/View (46, 47 top, bottom)
© Scott Frances/Esto/Arcaid (48-49)
© Carlos Nino/Architectural Association (50 top)
Vitra Design Museum (50 bottom)
Wolfgang Voigt, Frankfurt (52, 53)

Chapter 5 Advertising Archives (54)
Bauhaus-Archiv, Berlin (55 top, bottom)
Luke Kirwan (56 top, bottom)
© Time Inc., reprinted by permission/Katz (57)
© Peter Cook/View (58, 58-59, 60-61)
© Paul Rocheleau (62 top)
© 1994 Norman McGrath (62 bottom, 63 top)
© Paul Rocheleau (63 bottom)
© Tim Street-Porter (64, 65, 66-67)

Chapter 6 The Gordon Russell Trust (68 top)
Vitra Design Museum (68 bottom, 69 top, bottom)
© Roger Whitehouse/Architectural Association (70)
The Design Council (71 top, middle)
Braun AG (71 bottom)
Michel Moch/Archipress (72)
Habitat (73 top)
© Inter IKEA Systems, BV (73 bottom)
Elizabeth Whiting Associates (74, 75)

Chapter 7 Vitra Design Museum (77)
Vitra Design Museum (78 top)
The Design Council (78 bottom)
Richard Bryant/Arcaid (80-81)
© Ezra Stoller/Esto (82 top)
A. Minchin/Architectural Association (82 bottom)
© Scott Frances/Esto(83)
© Richard Einzig/Arcaid(84, 85)

Chapter 8 Corbis (86 top)
© Paul Rocheleau (86 bottom)
Robert A. M. Stern (87 top)
Alo Zanetta (87 bottom)
Elizabeth Whiting Associates (88,89,90-91)
Mark Fiennes/Arcaid (92, 93)

Chapter 9 © Alessi, Italy (94)
Design Museum (95 top)
Vitra Design Museum (95 middle)
Ron Arad Associates (95 bottom)
Mitsuo Matsuoka/Tadao Ando Architect
& Associates (96 top)
Hiroshi Kobatashi/Tadao Ando Architect
& Associates (96 bottom, 97 top)
Tomio Ohashi/Tadao Ando Architect
& Associates (96-97)
© Richard Bryant/Arcaid (98, 99)
© Richard Bryant/Arcaid (100, 101)

Chapter 10 Franck Eustache/Archipress (102 top)
James Johnson (102 bottom)
Hélène Binet/Ben van Berkel (103 top)
© Margherita Spiluttini (106, 107)

The next generation Shigeo Ogawa/The Japan
Architect Co. Ltd (110, 111, 112-113)
Photographer: Kim Zwarts (117)
Photographer: © Margherita Spiluttini
(120, 121,122-123)
Photographer: © Hiroyuki Hirai (124,125, 126-127)
Photographer: © Günter Laznia (128,129, 130-131)
Photographer: © Richard Davies (134, 135)
Photographer: John Gollings
(146, 147, 148-149, 150-151)
© Jock Pottle/Esto Photographics inc. (162,163)
Photographer: © Margherita Spiluttini
(168,169,170-171)
Photographer: © Martin Ciassen (175,176,177)
Photographer: © Philippe Ruault (180, 181, 182-183)
Richard Bryant/Arcaid (186, 187, 188-189)
Paul Groh/Eric Owen Moss (192, 193)
© Rob't Hart fotografie (200, 201)
Photographers: Dennis Gilbert and John Searle
(202, 203, 204, 205)
© Shinkenchiku-sha/The Japan Architect Co. Ltd
(206, 207, 208-209)
Photographer: © Margherita Spiluttini
(212, 213, 214-215)
© Franz Schachinger (216, 217)
Photographer: Santi Caleca (228, 229, 230-231)